普通高等院校计算机基础教育“十四五”规划教材

大学计算机

主　编◎钟　琦　何显文　尹　华　范林秀
副主编◎巫华芳　严深海　周香英　武　燕

中国铁道出版社有限公司
CHINA RAILWAY PUBLISHING HOUSE CO., LTD.

内 容 简 介

本书紧紧围绕通识教育的核心理念，结合新时代背景下教育部对高等院校大学计算机课程的新思想、新要求、新标准，以及编者在多年教学实践中总结提炼出的经验编写而成。本书以计算文化、计算基础与信息安全为主线，从计算平台（硬件、软件与网络）、算法设计到问题求解与实现，最后介绍前沿技术与交叉学科应用。全书共分 8 章：第 1 章介绍计算文化，包括什么是计算机、信息技术与普适计算、人与计算机、计算思维等内容；第 2、3 章介绍计算机硬件与软件系统，包括计算机系统组成、数据的表示和编码、操作系统等内容；第 4、5 章讨论数据的通信、安全、存储及挖掘，包括计算机网络与安全、数据库及数据挖掘等内容；第 6 章介绍算法与程序设计基础，包括算法基础、程序设计基础、Python 程序设计；第 7、8 章讨论人工智能、大数据、云计算、物联网等前沿交叉学科知识内容。

本书整体结构清晰，内容描述简洁，适合作为普通高等院校大一新生的第一门计算机课程的教材，也可作为对计算机感兴趣的学习者的自学参考书。

图书在版编目（CIP）数据

大学计算机/钟琦等主编. —北京：中国铁道出版社有限公司, 2021.8（2025.1 重印）
普通高等院校计算机基础教育“十四五”规划教材
ISBN 978-7-113-28175-5

Ⅰ.①大… Ⅱ.①钟… Ⅲ.①电子计算机-高等学校-教材 Ⅳ.①TP3

中国版本图书馆 CIP 数据核字（2021）第 144965 号

书　　名：大学计算机
作　　者：钟　琦　何显文　尹　华　范林秀

策　　划：曹莉群　　　　**编辑部电话：**（010）51873090
责任编辑：刘丽丽　徐盼欣
封面设计：曾　程
责任校对：苗　丹
责任印制：赵星辰

出版发行：中国铁道出版社有限公司（100054，北京市西城区右安门西街 8 号）
网　　址：https://www.tdpress.com/51eds
印　　刷：三河市兴博印务有限公司
版　　次：2021 年 8 月第 1 版　2025 年 1 月第 8 次印刷
开　　本：787 mm×1 092 mm 1/16　**印张：**14.75　**字数：**340 千
书　　号：ISBN 978-7-113-28175-5
定　　价：48.00 元

前　言

强国必先强教，中国式现代化需要教育现代化的支撑。在党的二十大报告中，习近平总书记站在党和国家事业发展全局的高度，对办好人民满意的教育作出重要部署，强调要“推进教育数字化，建设全民终身学习的学习型社会、学习型大国”。这为我们推动教育变革和创新、加快建设教育强国指明了前进方向、提供了根本遵循。

当今世界，科技进步日新月异，互联网、云计算、大数据等现代信息技术深刻改变着人们的思维、生产、生活和学习方式，信息化已成为当今世界经济和社会发展的大趋势，信息化水平已成为衡量一个国家现代化水平的重要标志。如何顺应信息技术的发展，推动教育变革和创新，培养大批创新人才，是迫切需要解决的重大课题。

随着信息技术的高速发展和广泛应用，各学科领域在不同程度上呈现出了与“计算”相关的各类需求，云计算、网格计算、可穿戴计算和普适计算等“计算”，已渐渐渗透到人们的社会生活的各个环节。信息化已成为当今世界经济和社会发展的大趋势，信息化水平已成为衡量一个国家现代化水平的重要标志。

当今社会，任何一门学科都迫切需要将计算机技术与应用结合起来，才能真正成为一个现代的学科。大学计算机课程是面向非计算机专业的公共基础课，应该客观地分析相关学习计算机基础课程的学生群体，他们是互联网时代的“原住民”，对计算机、信息和技术的认知程度远远高出其父辈，是信息社会真正的推动者。这一代人，生活、学习、工作基本上都与计算机、智能手机密切联系在一起，对“计算机（硬件）”具有本能的认知，对 App（Application，应用程序）和“大数据（Big Data）”等名词已熟知。因此，需要从当下信息社会发展特点的视角，与他们分享相关的知识和技术。

不同的人对计算机的认识是不同的，计算机科学的基础就是数制、逻辑、体系、数据组织和表达、算法、语言、软件原理等。本书紧紧围绕通识教育的核心理念，从一个新的视角重组大学计算机课程的教学内容，在重点阐述计算科学基础理论的同时，讲解计算机科学与技术的实际应用；既体现了计算思维的培养目标，又展示了计算机学科的前沿技术。本书以计算思维为导向，较全面地介绍了计算机科学的基础概念、各种类型的数据及其数字化方法，同时侧重不断涌现的实际应用，介绍大量的新技术和主流应用，以此说明计算机技术与各学科的交叉融合，兼顾具体应用技术的介绍，让读者具备应用具体软件解决本专业实际问题的能力。全书内容丰富，结构合理。本书提供的教学内容较多，不同学校和专业可结合专业特点和学时条件进行相应的选择和组合。

全书共 8 章。第 1 章主要介绍计算文化，展示计算机在人类的生活、学习、交流方式中的角色演进图谱，突出计算思维培养；第 2、3 章主要介绍计算机硬件与软件系统，在操作系统内容中引入了智能手机与物联网操作系统；第 4、5 章主要介绍数据的通信、安全、存储及挖掘等内容，突出数据思维培养；第 6 章主要介绍算法与程序设计基础，突出算法思维培养，其特色是加入了被称为 21 世纪超级语言的 Python 程序设计；第 7、8 章主要介绍人工智能、大数据、云计算、物联网等前沿交叉学科知识内容，拓展阅读部分展示了无人驾驶、全息投影、3D 打印等前沿技术及应用。

参与本书编写的都是从事计算机基础教育多年、一线教学经验丰富的高校教师。本书由钟琦、何显文、尹华、范林秀任主编，巫华芳、严深海、周香英、武燕任副主编。具体编写分工为：第 1~3 章由钟琦和何显文编写，第 4 章由尹华编写，第 5 章由范林秀编写，第 6 章由巫华芳编写，第 7、8 章由钟琦和严深海编写，习题由周香英和武燕编写，全书由钟琦统稿。

本书是赣南师范大学教材建设基金资助项目，也是全国高等院校计算机基础教育研究会计算机基础教育教学研究项目成果、教育部产学合作协同育人项目成果。

本书在编写过程中参考了大量的网络资料、文献和书籍，对相关知识进行了系统梳理，在此对其作者表示衷心的感谢。

鉴于编者能力有限，加之时间仓促，本书疏漏及不妥之处在所难免，请同行专家和读者朋友不吝赐教。

编　者
2023 年 7 月

目 录

第1章 计算文化

计算机的出现对人类的影响之大已无人质疑，已经成为一种生活形态，也是一种文化形态。随着计算机教育的普及，计算机文化正成为人们关注的热点。

计算机文化是指理解计算机是什么，以及它如何被作为资源使用，并改变人类的生活、学习、交流方式，它是计算机和信息社会所需要的知识、技能和价值观。

1.1 计算机概述

当今社会，人们对“计算机”的熟悉程度已今非昔比。计算机已经被公认为人类科学史上发展最快、影响最大的学科，计算机科学（Computer Science）、计算机技术（Computer Technology）、计算机工程（Computer Engineering）等术语越来越多地出现在各种学科的文献中，相应而生的信息技术（Information Technology，IT）产业在20世纪90年代就已经成为全球第一大产业。

17世纪，Computer（计算机）一词是指从事计算工作的人。20世纪40年代的第二次世界大战时期，为破译通信密码和解决新型火炮弹道的复杂计算，美国开始研制自动计算机装置，从此“计算机”被赋予了机器的含义。计算机是新技术革命的一支主力，也是推动社会向现代化迈进的活跃因素。计算机科学与技术是第二次世界大战以来发展最快、影响最为深远的新兴学科之一。计算机产业已在世界范围内发展成为一种极富生命力的战略产业。

与70多年前相比，现在的计算机外在形式和内涵都发生了巨大的改变，但基本原理并没有本质性的变化。从技术上讲，越来越精细的大规模集成电路使计算机的体积越来越小，如现在日益普及的移动设备（便携式计算机、智能手机等）；计算机的功能越来越强，从最初单纯的计算发展到现在的以事务处理为主。从用途上看，过去昂贵的计算机被放置在专用机房，今天则已摆放在办公桌上、背在身上、握在手里了。计算机不但是科研、信息通信、工业生产中重要的设备，而且是人们学习和交流的工具。计算机进入家庭，成为了消费品，也是更新换代速度很快的消费类电子产品。

不论你将来从事什么工作，都离不开计算机。如果你需要把工作做得更好，就需要更好地利用计算机。因此，你不但需要知道计算机究竟能够帮助你做什么，还应该知道它是如何做到的。有科学家把这个问题归结为“计算思维”（Computation Thinking），也就是说，对客观世界中的问题进行抽象表示，再由计算机处理。

那么，计算机是什么？可以有许多种回答：计算机是改造自然的一种工具，是帮助我们进行各种计算的工具，是各种机器的“大脑”，是可以使我们跨越时空距离的工具，是可以为我们创造另一个世界——虚拟世界的工具，等等。按照《计算机科学技术百科全书》的说法：计算机是一种现代化的信息处理工具，它对信息进行处理并提供结果，其结果（输出）取决于所接收的信息（输入）及相应的处理算法。

按照上述定义，计算机科学与技术的核心包括计算机的设计、制造，以及运用计算机进行信息的获取、表示、存储、处理、控制等的相关理论、原则、方法和技术。计算机科学研究其现象和揭示其规律，计算机技术侧重研制机器和使用计算机进行信息处理的方法和手段。

1.1.1 计算工具的演变

计算机与计算（Computation）是密切相关的。计算是数学的基础，也是计算机的基础。最初人们期望计算机实现数学意义上的“自动计算”，但是随着计算机科学和技术的迅速发展，人们对计算机的巨大潜能开始有了新的认识：客观世界的许多形态都能够被“数字化”，也就是说，我们生存的这个世界上的各种物质的形态都能够被计算机所存储、处理、交换以及分析运用。

自古以来，人类就在不断地发明和改进计算工具。最初以手指为记数工具并采用十进制进行计算，虽然很方便，但计算范围有限，计算结果也无法存储；于是产生了“结绳记事”法，即用绳子、石子等作为工具来延长手指的计算能力，如中国古书中记载的“上古结绳而治”，拉丁文中“Calculus”的本意是用于计算的小石子。

早期的人造计算工具是算筹。算筹及数字的算筹表示法如图 1-1 所示。我国古代劳动人民最先创造和使用了这种简单的计算工具。算筹最早出现在何时，现在已经无法考证，但在春秋战国时期，算筹的使用已经非常普遍。根据史书的记载，算筹是一根根同样长短和粗细的小棍子，一般长为 13 ~ 14 cm，直径为 0.2 ~ 0.3 cm，多用竹子制成，也有用木头、兽骨、象牙、金属等材料制成的。计算工具发展史上的第一次重大改革是算盘，也是我国古代劳动人民首先创造和使用的。

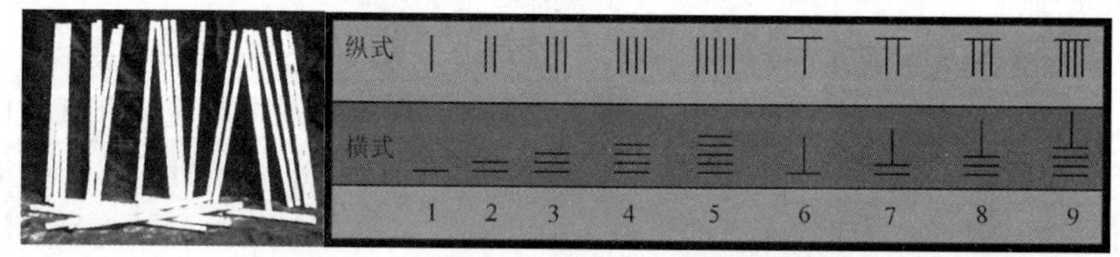

图 1-1 算筹及数字的算筹表示法

算盘是中国古代劳动人民发明创造的一种简便计算工具，如图 1-2 所示。算盘由算筹演变而来，并且和算筹并存了一个时期，在元代后期取代了算筹。算盘轻巧灵活，携带方便，应用极为广泛，先后流传到日本、朝鲜等国家，后来又传入西方。算盘采用十进制记数法并有一整套计算口诀，例如“三下五除二”“七上八下”等，这是最早的体系化算法，如同现

图 1-2 算盘

在的“软件”，从而提高了计算效率。算盘能够进行基本的算术运算，是公认的最早使用的计算工具。在计算机已被普遍使用的今天，古老的算盘不仅没有被废弃，反而因它的灵便、准确等优点被广泛使用。除此之外，古代其他民族也有各种形式的计算工具，虽然形式各异，但其原理都是一致的，即利用具体的物来表示数，通过对物的机械操作来进行计算。

1617 年，英国数学家约翰·纳皮尔(John Napier)发明了 Napier 乘除器，也称 Napier 算筹，如图 1-3 所示。Napier 算筹由十根长条状的木棍组成，每根木棍的表面雕刻着一位数字的乘法表，右边第一根木棍是固定的，其余木棍可以根据计算的需要进行拼合和调换位置。Napier 算筹可以用加法和一位数乘法代替多位数乘法，也可以用除数为一位数的除法和减法代替多位数除法，从而大大简化了数值计算过程。

1621 年，英国数学家威廉·奥特雷德(William Oughtred)根据对数原理发明了圆形计算尺，也称对数计算尺，如图 1-4 所示。对数计算尺在两个圆盘的边缘标注对数刻度，然后让它们相对转动，就可以基于对数原理用加减运算来实现乘除运算。17 世纪中期，对数计算尺改进为尺座和在尺座内部移动的滑尺。18 世纪末，改良蒸汽机的詹姆斯·瓦特(James Watt)独具匠心，在尺座上添置了一个滑标，用来存储计算的中间结果。对数计算尺不仅能进行加、减、乘、除、乘方、开方运算，而且可以计算三角函数、指数函数和对数函数，它一直使用到袖珍电子计算器面世。即使在 20 世纪 60 年代，对数计算尺仍然是理工科大学生必须掌握的基本功，是工程师身份的一种象征。

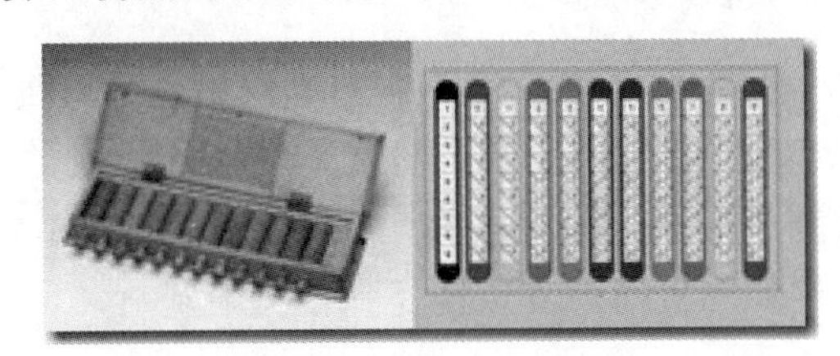

图 1-3 Napier 算筹

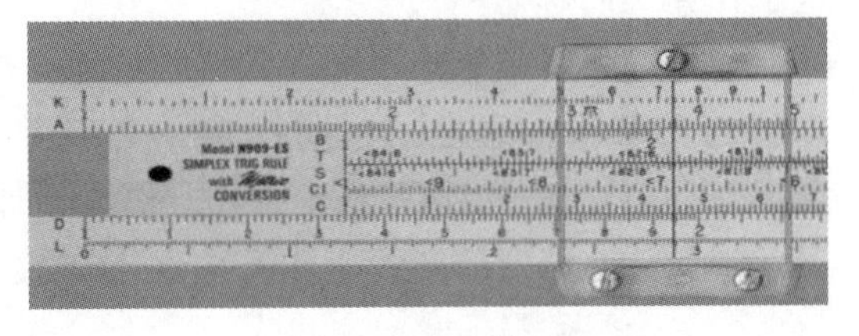

图 1-4 对数计算尺

现代计算机问世之前，计算机的发展经历了机械式计算机、机电式计算机和萌芽期的电子计算机几个阶段。

从 17 世纪到 19 世纪中期长达 200 多年的时间里，一批杰出的科学家相继进行了机械计算机的研制，其中的代表人物有帕斯卡(Blaise Pascal)、莱布尼茨(Gottfried Leibniz)和巴贝奇(Charles Babbage)。这一时期的计算机虽然构造和性能还非常简单，但是其中体现的许多原理和思想已经开始接近现代计算机。

1642 年，年仅 19 岁的法国数学家帕斯卡采用与钟表类似的齿轮传动装置，制成了最早的十进制加法器，称为帕斯卡加法器，如图 1-5 所示。1678 年，德国数学家莱布尼茨制成的四则运算器，如图 1-6 所示，进一步解决了十进制数的乘除运算。英国数学家巴贝奇在 1822 年制作差分机模型时提出一个设想，每次完成一次算术运算将发展为自动完成某个特定的完整运算过程。1884 年，巴贝奇设计了一种程序控制的通用分析机。这台分析机虽然已经描绘出有关程序控制方式计算机的雏形，但限于当时的技术条件而未能实现。

图 1-5　帕斯卡加法器

图 1-6　莱布尼茨四则运算器

巴贝奇的设想提出以后的一百多年期间，电磁学、电工学、电子学不断取得重大进展，在元件、器件方面接连发明了真空二极管和真空晶体管；在系统技术方面，相继发明了无线电报、电视和雷达等。这些成就为现代计算机的发展准备了技术和物质条件。与此同时，数学、物理也相应地蓬勃发展。到了 20 世纪 30 年代，物理学的各个领域经历着定量化的阶段，存在大量描述各种物理过程的数学方程，其中有的用经典的分析方法已很难解决。于是，数值分析受到了重视，研究出各种数值积分、数值微分，以及微分方程数值解法，把计算过程归结为巨量的基本运算，从而奠定了现代计算机的数值算法基础。

社会上对先进计算工具多方面迫切的需要，是促使现代计算机诞生的根本动力。20 世纪以后，各个科学领域和技术部门的计算困难堆积如山，已经阻碍了学科的继续发展。特别是第二次世界大战爆发前后，军事科学技术对高速计算工具的需要尤为迫切。在此期间，德国、美国、英国都在进行计算机的开拓工作，几乎同时开始了机电式计算机和电子计算机的研究。

德国的朱赛最先采用电气元件制造计算机。他在 1941 年制成的全自动继电器计算机 Z-3，已具备浮点记数、二进制运算、数字存储地址的指令形式等现代计算机的特征。在美国，1940—1947年期间相继制成了继电器计算机 MARK-1、MARK-2、Model-1、Model-5 等。不过，继电器的开关速度大约为 0.01 s，使计算机的运算速度受到很大限制。

1.1.2　计算机的产生与发展

电子计算机的开拓过程，经历了从制作部件到整机，从专用机到通用机，从“外加式程序”到“存储程序”的演变。1938 年，美籍保加利亚学者阿塔纳索夫首先制成了电子计算机的运算部件。1943 年，英国外交部通信处制成了“巨人”电子计算机。这是一种专用的密码分析机，在第二次世界大战中得到了应用。

1946 年 2 月，美国宾夕法尼亚大学莫尔学院制成大型电子数字积分计算机（Electronic Numerical Integrator And Computer，ENIAC，见图 1-7）。ENIAC 最初专门用于火炮弹道计算，后经多次改进而成为能进行各种科学计算的通用计算机，能够重新编程，用于解决各种计算问题。这台完全采用电子线路执行算术运算、逻辑运算和信息存储的计算机，运算速度比继电器计算机快 1 000 倍。ENIAC 的诞生标志着科学技术的发展进入了电子计算机时代。但是，这种计算机的程序仍然是外加式的，存储容量也太小，尚未完全具备现代计算机的主要特征。

新的重大突破是由宾夕法尼亚大学的美籍匈牙利数学家冯·诺依曼（John von Neumann，见图 1-8）领导的设计小组完成的。1945 年 3 月，他们发表了一个全新的存储程序式通用电子计算机方案——电子离散变量自动计算机(EDVAC)。随后于1946年6月，冯·诺依曼等提出了更为完善的设计报告《电子计算机装置逻辑结构初探》。同年7—8月间，他们又在莫尔学院为美国和英国20多个机构的专家讲授了专门课程“电子计算机设计的理论和技术”，推动了存储程序式计算机的设计与制造。

图1-7 ENIAC

图1-8 冯·诺依曼

1949年，英国剑桥大学数学实验室率先制成电子离散时序自动计算机（EDSAC）；美国则于1950年制成了东部标准自动计算机（SFAC）。至此，电子计算机发展的萌芽时期宣告结束，开始了现代计算机的发展时期。

在创制数字计算机的同时，还研制了另一类重要的计算工具——模拟计算机。物理学家在总结自然规律时，常用数学方程描述某一过程；相反，解数学方程的过程，也有可能采用物理过程模拟方法。对数发明以后，1620年制成的计算尺，已把乘法、除法转化为加法、减法进行计算。麦克斯韦巧妙地把积分（面积）的计算转变为长度的测量，于1855年制成了积分仪。

19世纪数学物理的另一项重大成就——傅里叶分析，对模拟机的发展起到了直接的推动作用。19世纪后期和20世纪前期，相继制成了多种计算傅里叶系数的分析机和解微分方程的微分分析机。但是，当试图推广微分分析机解偏微分方程和用模拟机解决一般科学计算问题时，人们逐渐认识到模拟机在通用性和精确度等方面的局限性，并将主要精力转向了数字计算机。

电子数字计算机问世以后，模拟计算机仍然继续有所发展，并且与数字计算机相结合而产生了混合式计算机。模拟机和混合机已发展成为现代计算机的特殊品种，成为用在特定领域的高效信息处理工具或仿真工具。

20世纪中期以来，计算机一直处于高速度发展时期，计算机由仅包含硬件发展到包含硬件、软件和固件三类子系统的计算机系统。计算机系统的性能价格比，平均每10年提高两个数量级。计算机种类也一再分化，发展成微型计算机、小型计算机、通用计算机（包括巨型、大型和中型计算机），以及各种专用机（如各种控制计算机、模拟/数字混合计算机）等。

计算机器件从电子管到晶体管，再从分立元件到集成电路以至微处理器，促使计算机的发展出现了三次飞跃。

至今人们公认，1946年2月交付使用的第一台全自动电子数字计算机是“埃尼亚克”

（ENIAC）。它表明了电子计算机时代的到来，标志着人类历史上又一次工业技术革命的开始。

ENIAC 采用电子管作为计算机的基本元件，每秒可进行 5 000 次加减运算。它使用了 18 000 只电子管，10 000 只电容器，7 000 只电阻器，占地 170 m^2，质量为 30 t，功率为 150 kW，是一个名副其实的“庞然大物”。

ENIAC 本身存在两大缺点：一是没有存储器；二是用布线接板进行控制，计算速度也就被这一工作抵消了。ENIAC 的发明仅仅表明计算机的问世。冯·诺依曼研制出的第二台计算机 EDVAC，其思想是：计算机中设置了存储器，将符号化的计算步骤存放在存储器中，然后依次取出存储的内容进行译码，并按照译码结果进行计算，从而实现计算机工作的自动化。与 ENIAC 相比，EDVAC 有两个重要改进：一是采用二进制；二是把程序和数据存入计算机内部。EDVAC 的发明为现代计算机在体系结构和工作原理上奠定了基础。

从第一台电子计算机诞生到现在，电子计算机的发展大致可分为四代，并正在向第五代或称为新一代发展。下面根据计算机使用元件概述各代计算机的主要特征。

1．第一代（1946—1956 年）：电子管计算机时代

受当时电子技术的限制，计算机采用真空电子管（即电子管，Vacuum Tube，如图 1-9 所示；工作中的电子管就像白炽灯泡，如图 1-10 所示）和继电器作为基本物理器件，内存储器采用汞延迟线，外存储器采用纸带、卡片、磁鼓和磁芯。数据表示主要是定点数；确立了程序设计的概念，程序设计使用机器语言或汇编语言；出现了初级的输入/输出即 I/O 控制系统，主要用于军事和科学计算工作。运算速度每秒仅为几千次，内存容量仅几千字节，具有体积庞大、造价和能耗高、速度慢、存储容量小、价格昂贵、寿命短、可靠性差等特点。

图 1-9　电子管

图 1-10　工作中的电子管

2．第二代（1957—1964 年）：晶体管计算机时代

随着电子技术的发展，计算机的逻辑元件逐步由电子管改为晶体管（Transistor）作为基本物理器件，如图 1-11 所示。内存储器采用磁芯存储器，外存储增加了磁盘、磁带，外设种类也有所增加。运算速度达每秒几十万次，内存容量扩大到几十万字节。与此同时，计算机软件也有了较大的发展，出现了一系列独立于机器的高级语言（如 FORTRAN、COBOL、ALGOL 等），以及用以提高机器工作效率的操作系统。与第一代计算机相比，晶体管电子计算机体积减小，成本降低，功能增强，可靠性大大提高，运算速度提高到

图 1-11　晶体管

每秒几十万次，存储容量扩大。除了科学计算外，计算机的应用拓展到各种数据处理、事务处理和工业控制方面。不仅科学计算用计算机继续发展，而且中、小型计算机，特别是廉价的小型数据处理用计算机开始大量生产。

3．第三代（1965—1970年）：集成电路计算机时代

随着固体物理技术的发展，集成电路工艺已可以在几平方毫米的单晶硅片上集成由十几个甚至上百个电子元件组成的逻辑电路。计算机的主要逻辑元件采用小规模集成电路（Small Scale Integration，SSI）和中规模集成电路（Middle Scale Integration，MSI）。中小规模集成电路（Integrated Circuit，简称IC芯片）如图1-12所示，IC晶体管、电子管如图1-13所示。内存储器开始采用半导体存储器，取代了原来的磁芯存储器，磁盘成了不可缺少的辅助存储器，并且开始普遍采用虚拟存储技术，出现了大量的外围设备。计算机系统结构有了很大改进，体积和耗电量显著减小，可靠性大大提高，重量减轻，功能增强，成本进一步降低，寿命延长，运算速度达到每秒几百万次，存储容量进一步扩大。计算机向着标准化、多样化、通用化、系列化发展。软件则更趋于完善成熟，各类操作系统的出现，使计算机操作过程自动化，机器效率进一步提高。出现了数据库软件，各种程序设计方法进入了实用阶段，计算机应用已进入社会生活的各个领域。

图1-12　IC芯片

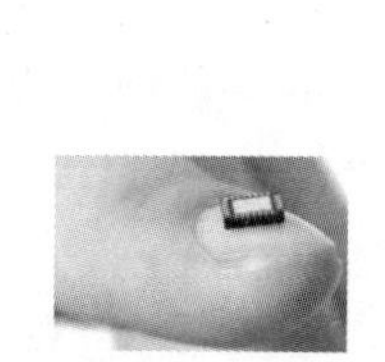

图1-13　IC（左）、晶体管（中）、电子管（右）

4．第四代（1971年至今）大规模集成电路电子计算机

进入20世纪70年代以来，计算机逻辑器件采用大规模集成电路（Large Scale Integration，LSI，见图1-14）和超大规模集成电路（Very Large Scale Integration，VLSI）作为基本物理器件；集成度很高的半导体存储器代替了磁芯存储器，磁盘容量越来越大，出现了光盘；各种使用方便的外围设备相继出现。计算机的速度最高可以达到每秒9.3亿亿次浮点运算。操作系统更加完善，出现了分布式操作系统和分布式数据库系统，程序设计语言由非结构化程序设计语言，到结构化程序设计语言，到面向对象程序设计语言；应用软件已成为现代工业的一部分；计算机制造和软件生产形成产业化；计算机技术与通信技术相结合，形成计算机网络化；

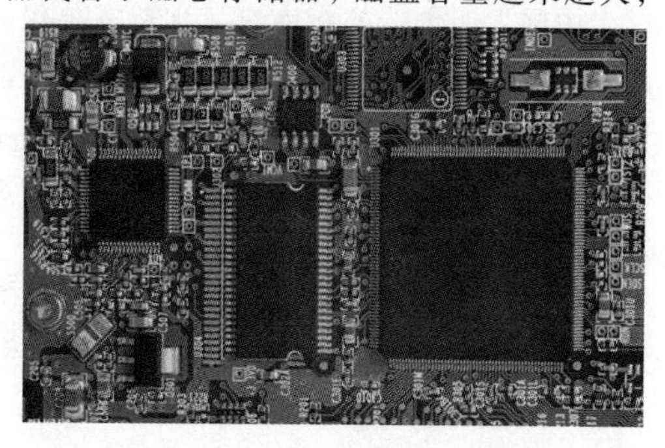

图1-14　大规模集成电路

微处理器和微型计算机应运而生，各类计算机的性能迅速提高。随着字长 4 位、8 位、16 位、32 位和 64 位的微型计算机相继问世和广泛应用，对小型计算机、通用计算机和专用计算机的需求量也相应增长了。微型计算机在社会上大量应用后，一座办公楼、一所学校、一个仓库常常拥有数十台以至数百台计算机。实现它们互连的局部网随即兴起，进一步推动了计算机应用系统从集中式系统向分布式系统的发展。计算机已经普及深入到各行各业之中，微型计算机落户到家庭。

5. 第五代电子计算机

自第一台计算机诞生至今的 70 多年时间里，计算机的性能获得了惊人的提高，价格大幅度下降。从 1982 年以来，日本及一些西方国家提出了研制第五代计算机的任务，其特点是更大限度地实现计算机的智能化，希望能突破原有的计算机体系结构，以大规模和超大规模集成电路或其他新器件为逻辑部件，以实现网络计算和智能计算为目标。现在随着计算机技术的发展，也出现了新划代方法，即将计算机按其功能和计算方式分为：主机（Mainframe）代，中、小型机（Minicomputer）代，微型机（Microcomputer）代，客户机/服务器（Client/Server）代和 Internet/Intranet 代。新的划分反映了新的技术内容。

第五代计算机是人类追求一种更接近人的人工智能计算机。它能理解人的语言、文字和图形，人无须编写程序，靠讲话就能对计算机下达命令，驱使它工作。它能将一种知识信息与有关的知识信息连贯起来，作为对某一知识领域具有渊博知识的专家系统，成为人们从事某方面工作的得力助手。新一代计算机是把信息采集存储处理、通信和人工智能结合在一起的智能计算机系统。它不仅能进行一般信息处理，而且能面向知识处理，具有形式化推理、联想、学习和解释的能力，将能帮助人类开拓未知的领域，获得新的知识。

1.1.3 计算技术在中国的发展

在人类文明发展的历史上，中国曾经在早期计算工具的发明创造方面书写过光辉的篇章。远在商代，中国就创造了十进制记数方法，领先于世界千余年。到了周代，发明了当时最先进的计算工具——算筹。中国古代数学家祖冲之，就是用算筹计算出圆周率在 3.141 592 6 和 3.141 592 7 之间。这一结果比西方早一千年。算盘是中国的又一独创，也是计算工具发展史上的第一项重大发明。

中国发明创造的指南车、水运浑象仪、记里鼓车、提花机等，不仅对自动控制机械的发展有卓越的贡献，而且对计算工具的演进产生了直接或间接的影响。例如，张衡制作的水运浑象仪，可以自动与地球运转同步，后经唐、宋两代的改进，成为世界上最早的天文钟。记里鼓车则是世界上最早的自动计数装置。提花机原理对计算机程序控制的发展有过间接的影响。

经过漫长的沉寂，中华人民共和国成立后，中国计算机技术迈入了新的发展时期，先后建立了研究机构，在高等院校建立了计算技术与装置专业和计算数学专业，并且着手创建中国计算机制造业。

1958 年和 1959 年，中国先后制成第一台小型和大型电子管计算机。20 世纪 60 年代中期，中国研制成功一批晶体管计算机，并配制了 ALGOL 等语言的编译程序和其他系统软件。60年代后期，中国开始研究集成电路计算机。70年代，中国已批量生产小型集成电路计算机。80年代以后，中国开始重点研制微型计算机系统并推广应用；在大型计算机、特别是巨型计算机技术方面也取得了重要进展；建立了计算机服务业，逐步健全了计算机产业结构。

在研制大型机及巨型机方面，我国国防科技大学计算机研究所研制成功“银河”系列：1983年的银河-Ⅰ，运算速度每秒1亿次；1994年的银河-Ⅱ，运算速度每秒10亿次；1997年的银河-Ⅲ，运算速度每秒130亿次；2000年的银河-Ⅳ，运算速度每秒1万亿次；2010年世界超级计算机排名世界第一的天河一号，运算速度每秒 2 507 万亿次；2013年的天河二号，如图1–15所示，运算速度每秒5 490万亿次，成为当时全球最快的超级计算机，同年11月，国际TOP500组织公布了全球超级计算机 500 强排行榜榜单，天河二号以比排名第二位的美国泰坦快近一倍的速度再度登上榜首，2014年6月天河二号连续第三次获得冠军。

图1–15　天河二号

中科院计算技术研究所研制的“曙光”系列：1992年的曙光一号，运算速度每秒6.4亿次；1995年的曙光-1000，运算速度每秒25亿次；1996年的曙光-1000A，运算速度每秒40亿次；1998年的曙光-2000Ⅰ，运算速度每秒200亿次；1999年的曙光-2000Ⅱ，运算速度每秒1117亿次；2000年的曙光-3000，运算速度每秒4032亿次；2003年的曙光-4000L，运算速度每秒4.2万亿次；2004年的曙光-4000A，运算速度每秒11万亿次；2008年的曙光-5000A，运算速度每秒230万亿次；2009年开始研发的曙光6000超级计算机采用曙光“星云”系统，该系统以其实测每秒达1 271万亿次的Linpack峰值速度，成为亚洲和中国首台、世界第三台实测性能超千万亿次的超级计算机，在第37届全球超级计算机500强中排名第四，2012年正式全面开通运行。

国家并行计算机工程技术中心研制的“神威”系列：1999 年的神威-Ⅰ，运算速度每秒3 840亿次；2007年的神威3000A，运算速度每秒18万亿次；2011年的神威蓝光，运算速度每秒1 100万亿次，是我国第一台全部采用国产CPU的超级计算机。

联想集团研制的“深腾”系列：2002年的深腾1800，运算速度每秒1万亿次；2003年的深腾 6800，运算速度每秒 5.3 万亿次；2008 年的深腾 7000，运算速度每秒 106.5万亿次；在研的深腾X，运算速度每秒 1 000 万亿次。

“十三五”期间，中国国家超级计算天津中心计划研制中国新一代百亿亿次超级计算机。该计算机特点是突出全自主：自主芯片，自主操作系统，自主运行计算环境。近年来随着我国科技快速发展，我国的超级计算机多次登顶500强榜首。

在计算机科学与技术的研究方面，中国在有限元计算方法、数学定理的机器证明、汉字信息处理、计算机系统结构和软件等方面都有所建树。在计算机应用方面，中国在科学计算与工程设计领域取得了显著成就。在有关经营管理和过程控制等方面，计算机应用研究和实践也日益活跃。

1.1.4 计算机的特点及分类

1. 计算机的特点

计算机是一种高度自动化的信息处理设备。作为一种计算工具或信息处理设备，计算机具有以下五个特点。

（1）运算速度快

计算机的运算速度（或称处理速度）用每秒可执行多少百万条指令（MIPS）来衡量。现代巨型机的运行速度可达数万 MIPS，每秒可运行几百亿条指令，数据处理的速度相当快，计算机这么高的数据处理（运算）速度是其他任何处理（计算）工具无法比拟的，使得许多过去需要几年甚至几十年才能完成的复杂运算，现在只要几天、几小时，甚至更短的时间就可完成，使大量复杂的科学计算问题得以解决。例如，卫星轨道的计算、大型水坝的计算、24 小时天气计算，用计算机只需几分钟就可完成。这是计算机广泛使用的主要原因之一，也是衡量一台计算机性能好坏的最重要标志。

（2）计算精度高

数据在计算机内是用二进制数编码的，数的精度主要由表示这个数的二进制码的位数决定。现代计算机的计算精度相当高，能满足复杂计算对计算精度的要求。通过软件技术可以实现任何精度的要求。

（3）具有记忆能力

计算机的存储器类似于人的大脑，可以“记忆”（存储）大量的数据和计算机程序，在计算的同时还可以把中间结果存储起来，供以后使用。计算机存储器容量大小也是衡量一台计算机性能好坏的一个重要标志。

（4）具有逻辑判断能力

具有逻辑判断能力是计算机的一个重要特点，是计算机能实现信息处理自动化的重要保证。计算机在程序的执行过程中会根据上一步的执行结果，运用逻辑判断方法自动确定下一步该做什么，应该执行哪一条指令，能进行逻辑判断，使计算机不仅能对数值数据进行计算，也能对非数值数据进行处理，使得计算机能广泛应用于非数值数据处理领域，如信息检索、图像识别以及游戏和各种多媒体应用等。

（5）可靠性高，通用性强

计算机可以连续无故障地运行几个月，甚至几年，具有非常高的可靠性。通用性强涉及两方面：一是现代计算机之间的软件通用性强；二是现代计算机不仅可用来进行科学计算，还可用于数据处理、实时控制、辅助设计、办公自动化及网络通信等，其通用性非常强。

2. 计算机的分类

随着计算机技术的发展和应用的推动，尤其是微处理器的发展，计算机的类型越来越多样化。根据用途及其使用的范围，计算机可以分为通用机和专用机。通用机的特点是通用性强，具有很强的综合处理信息的能力，能够解决各类问题。专用机则功能单一，配有解决特定问题的软硬件，但能够高速、可靠地解决特定的问题。从计算机的运算速度等性能指标来看，计算机主要有高性能计算机、微型计算机、工作站、服务器、嵌入式计算机等。

（1）高性能计算机

高性能计算机（又称超级计算机，Supercomputers）是指速度最快、处理能力最强的计算机，被称为巨型机或大型机。其计算速度可达每秒千万亿次。高性能计算机数量不多，但却有重要和特殊的用途。在军事上，可用于战略防御系统、大型预警系统、航天测控系统等。在民用方面，可用于大区域中长期天气预报、大型科学计算等。

神威·太湖之光超级计算机是由国家并行计算机工程技术研究中心研制、安装在国家超级计算无锡中心的超级计算机，如图1-16所示。神威·太湖之光超级计算机安装了40 960个中国自主研发的“申威26010”众核处理器，该众核处理器采用64位自主申威指令系统，峰值性能为12.5亿亿次/秒，持续性能为9.3亿亿次/秒。

图1-16　神威·太湖之光

2016年6月20日，在法兰克福世界超算大会上，国际TOP500组织发布的榜单显示，“神威·太湖之光”超级计算机系统登顶榜单之首，不仅速度比第二名“天河二号”快出近两倍，其效率也提高三倍；11月14日，在美国盐湖城公布的新一期TOP500榜单中，“神威·太湖之光”以较大的运算速度优势轻松蝉联冠军；11月18日，我国科研人员依托“神威·太湖之光”超级计算机的应用成果首次荣获“戈登·贝尔”奖，实现了我国高性能计算应用成果在该奖项上零的突破。

2017年6月19日下午，在德国法兰克福召开的ISC2017国际高性能计算大会上，“神威·太湖之光”超级计算机再次斩获世界超级计算机排名榜单TOP500第一名。本次夺冠也实现了我国国产超算系统在世界超级计算机冠军宝座的首次三连冠，国产芯片继续在世界舞台上展露光芒。

（2）微型计算机

由于微型计算机具有体积小、重量轻、价格便宜、耗电少、可靠性高、通用性和灵活性强等特点，再加上超大规模集成电路技术的迅速发展，使得微型计算机技术得到极其迅速的发展和广泛的应用，而应用的需求又进一步推动了计算机的发展。微型计算机技术在近十年内发展速度迅猛，平均每2～3个月就有新产品出现，1～2年产品就更新换代一次。平均每两年芯片的集成度可提高一倍，性能提高一倍，价格降低一半，目前还有加快的趋势。微型计算机已经应用于办公自动化、数据库管理、图像识别、语音识别、专家系统，多媒体技术等领域，并且已成为家庭的一种常规电器。

微型计算机的种类很多，主要分三类：台式计算机、笔记本式计算机和个人数字助理。

（3）工作站

工作站（Workstation）是一种以个人计算机和分布式网络计算为基础，介于微型计算机与小型计算机之间的高档微机系统，主要面向专业应用领域，具备强大的数据运算与图形、图像处理能力，为满足工程设计、动画制作、科学研究、软件开发、金融管理、信息服务、模拟仿真等专业领域而设计开发的。

（4）服务器

服务器是一种在网络环境中为多个用户提供服务的计算机系统。从硬件上来说，一台普通的微型计算机也可以充当服务器，关键是它要安装网络操作系统、网络协议和各种服务软件。服务器的管理和服务有文件、数据库、图形、图像、打印、通信、安全、保密和系统管理、网络管理等服务。根据提供的服务，服务器可以分为文件服务器、数据库服务器、应用服务器和通信服务器等。

（5）嵌入式计算机

从 20 世纪 80 年代起，许多家用设备，不只包括电视游戏控制器，而且延伸到移动电话、录像机、PDA 和许多其他的工业、电子设备，都内嵌有特定用途的计算机。这些计算机通常被称为嵌入式计算机。

1.1.5 计算机的应用领域

随着计算机技术的发展，计算机已渗透到人类社会生活的各个领域，不仅在科学研究和工农业、医学等自然科学领域得到广泛的应用，而且已进入社会科学各领域及人们的日常生活，计算机已成为未来信息社会的强大支柱。计算机的应用包括以下六个方面。

1. 科学计算

科学计算，即数值计算，是计算机应用的一个重要领域。计算机的发明和发展首先是为了完成科学研究和工程设计中大量复杂的数学计算，没有计算机，许多科学研究和工程设计将无法进行。

2. 数据处理

数据处理，泛指非科技工程方面的所有计算、任何形式数据资料的处理，包括 OA（办公自动化）、MIS（管理信息系统）、ERP（企业资源计划）等。其特点是要处理的原始数据量大，而算法较简单，结果常以表格或文件形式存储、输出。例如，学生成绩统计工作，铁路、飞机客票预售系统，会计系统，图书资料情报检索以及图像处理系统等。

3. 过程控制

过程控制也称自动控制、实时控制，是涉及面很广的一门学科，工业、农业、国防，以至我们日常生活等各个领域都广泛得到应用。在实际控制过程中，其输入信息往往是电压、温度、位移等模拟量，所以要先将这些模拟量转换成数字量，然后再由计算机进行处理或计算。计算机处理的结果是数字量，一般又要将它们转换成模拟量才能去控制对象。因此，在计算机控制系统中，需要有专门的数字/模拟转换设备和模拟/数字转换设备（称为 D/A 转换和 A/D 转换）。由于过程控制一般都是实时控制，所以对计算机速度的要求不高，但要求可靠性高，否则将生产出不合格的产品，甚至造成重大的事故。

把计算机用于生产过程的实时控制，可大大提高生产自动化水平，提高劳动生产率和产品质量，减轻人类劳动强度，降低生产成本以及缩短生产周期，如数控机床、自动化流水线等。

4. 计算机辅助系统

计算机辅助系统是近几年来迅速发展的一个计算机应用领域，它包括计算机辅助设计(Computer Aided Design，CAD)、计算机辅助制造(Computer Aided Manufacture，CAM)、计算机辅助教学（Computer Assisted Instruction，CAI）等多个方面。CAD广泛应用于船舶设计、飞机设计、汽车设计、建筑设计、电子设计；CAM则是使用计算机进行生产设备的管理和生产过程的控制；CAI使教学手段达到一个新的水平，即利用计算机模拟一般教学设备难以表现的物理或工作过程，并通过交互操作极大地提高了教学效率。

5. 网络应用

计算机技术与现代通信技术的结合构成了计算机网络。计算机网络的建立，不仅解决了一个单位、一个地区、一个国家中计算机与计算机之间的通信，各种软硬件资源的共享，也大大促进了国际间的文字、图像、视频和声音等各类数据的传输与处理。

6. 人工智能

人工智能是计算机科学的一个研究领域。它试图赋予计算机人类智慧的某些特点，用计算机来模拟人的推理、记忆、学习、创造等智能特征，主要方法是依靠有关知识进行逻辑推理，特别是利用经验性知识对不完全确定的事实进行的精确性推理。

1.1.6 计算机的发展方向

1. 巨型化

巨型化是指计算机的运算速度更高、存储容量更大、功能更强。巨型计算机的发展集中体现了计算机科学技术的发展水平，主要用于尖端科学技术和军事国防系统的研究开发。

2. 微型化

微型计算机已进入仪器、仪表、家用电器等小型仪器设备中，同时也作为工业控制过程的“心脏”，使仪器设备实现“智能化”。随着微电子技术的进一步发展，笔记本型、掌上型等微型计算机已经以更优的性能价格比受到人们的欢迎。

3. 网络化

随着计算机应用深入，网络技术可以更好地管理网上的资源，整个互联网犹如一台巨型机，在这个动态变化的网络环境中，实现计算资源、存储资源、数据资源、信息资源、知识资源、专家资源的全面共享，从而让用户享受可灵活控制的、智能的、协作式的信息服务，并获得前所未有的使用方便性。计算机网络的发展水平已成为衡量国家现代化程度的重要指标，在社会经济发展中发挥着极其重要的作用。

4. 智能化

计算机人工智能的研究建立在现代科学基础之上。智能化是计算机发展的一个重要方向，新一代计算机，将能够模拟人类的智力活动，如学习、感知、理解、判断、推理等能力。具备理解自然语言、声音、文字和图像的能力，具有说话的能力，使人机能够用自然语言直接对话。它可以利用已有的和不断学习到的知识，进行思维、联想、推理，并得出结论，能解决复杂问题，具有汇集记忆、检索有关知识的能力。

1.2 信息技术与普适计算

1.2.1 信息和信息技术

计算的本质是获得信息的一种过程，是人类分析问题所采用的方法。计算是动态的，而信息的获得是计算的静态延伸。

那么，信息是什么？几种影响较大的对信息的解释是这样描述的：信息是可以减少或消除不确定性的内容；信息是控制系统进行调节活动时，与外界相互作用、相互交换的内容；信息是事物运动的状态和状态变化的方式；信息定义所揭示的是信息的本质属性，但信息本身还存在许多由本质属性派生而来的特性，其主要特性包括普遍性、客观性、时效性、传递性、共享性、可伪性、可存储性、可处理性等，它们大都从其一个侧面体现了信息的基本特点。

分类是人们认识事物的一种有效方法，也是科学研究活动中常用的一种方法。由于信息在信息界和人类社会生产中存在和流动的范围极其广泛，所以对信息的分类也相对较复杂。不同学科领域的研究人员依据不同的分类标准，可对信息进行不同的划分。对信息进行分类常见的有八种方法：内容和使用领域、存在形式、发展状态、外化结果、符号种类、流通方式、信息论方法、价值观念。下面简要列举几种分类：

① 按信息内容与使用领域划分，可将信息分为经济信息、政务信息、文教信息、科技信息、管理信息、军事信息等。

② 按符号种类划分，可将信息分为语言信息和非语言信息。语言信息是指语言符号，它是最重要、最基本的信息沟通工具，能表达最抽象的思想、最复杂的感情以及最丰富的内容。非语言信息主要是指表情、手势、拥抱等所显示的信息。

③ 按流通方式划分，可将信息分为可传递信息和非传递信息。可传递信息是指通过各种媒体（如报纸、广播、电视、书籍等）进行传播的信息。非传递信息是指不进行传递的信息，如日记、机密文件等。

④ 按信息论方法划分，可将信息分为未知信息和冗余信息。未知信息是指根据信息论可以消除事物“不确定性”的信息。冗余信息是指借助语言符号传递信息时仅起构句等语法作用而非直接消除“不确定性”的那些语言信息。

信息技术是主要用于管理和处理信息所采用的各种技术的总称。它主要是应用计算机科学和通信技术来设计、开发、安装和实施信息系统及应用软件。它也常被称为信息和通信技术（Information and Communications Technology，ICT），主要包括传感技术、计算机技术和通信技术。

信息时代的到来，是以现代化电子信息技术的出现和发展，即人们利用信息的方法和手段的根本变化作为前提和条件的。它包括：

① 通信技术。为了达到联系的目的，使用电或电子设施，传送语言、文字、图像等信息的过程、就是通常所说的通信。

所谓光纤通信技术，就是利用半导体激光器或者发光二极管，把电信号转变为光信号，经过光导纤维传输，再用探测器把光信号还原为电信号，从而实现通信。它被称为现代社会的高速公路。

② 计算机技术。计算机发展史可以被看作人们创造设备来收集和处理日益复杂的信息的过程，到今天的超级计算机，人们创造了功能日益强大的设备来促进信息处理的过程。目前，人们正在研究各种新的计算机，如生物计算机、光计算机（并行处理）等，其运算速度将更高，存储容量也更大。

现代信息技术是一个内容十分广泛的技术群，它包括微电子技术、光电子技术、通信技术、网络技术、感测技术、控制技术、显示技术等。

1.2.2 普适计算

随着计算机、网络等技术的蓬勃发展，信息技术的软件和硬件环境均发生了巨大的变化，这种变化使得由通信和计算机构成的信息空间与人们生活和工作的物理空间逐渐融为一体。在这种背景下，普适计算应运而生。

普适计算又称普存计算（Pervasive Computing）、普及计算（Ubiquitous Computing），这一概念强调和环境融为一体的计算，而计算机本身则从人们的视线里消失。在普适计算的模式下，人们能够在任何时间、任何地点、以任何方式进行信息的获取与处理。

普适计算最早起源于 1988 年 Xerox PARC 实验室的一系列研究计划。在该计划中，美国施乐（Xerox）公司 PARC 研究中心的 Mark Weiser 首先提出了普适计算的概念。1991 年 Mark Weiser 在 *Scientific American* 上发表文章"The Computer for the 21st Century"，正式提出了普适计算。1999 年，IBM 也提出普适计算（IBM 称之为 Pervasive Computing）的概念，即为无所不在的、随时随地可以进行计算的一种方式。和 Weiser 一样，IBM 也特别强调计算资源普存于环境当中，人们可以随时随地获得需要的信息和服务。

普适计算的核心思想是小型、便宜，网络化的处理设备广泛分布在日常生活的各个场所，计算设备将不只依赖命令行、图形界面进行人机交互，而更依赖"自然"的交互方式，计算设备的尺寸将缩小到毫米甚至纳米级。在普适计算的环境中，无线传感器网络将广泛普及，在环保、交通等领域发挥作用；人体传感器网络会大大促进健康监控以及人机交互等的发展。各种新型交互技术（如触觉显示、OLED 等）将使交互更容易、更方便。

普适计算的目的是建立一个充满计算和通信能力的环境，同时使这个环境与人们逐渐地融合在一起，在这个融合空间中，人们可以随时随地、透明地获得数字化服务。在普适计算环境下，整个世界是一个网络的世界，众多为不同目的服务的计算和通信设备都连接在网络中，在不同的服务环境中自由移动。

普适计算的含义十分广泛，所涉及的技术包括移动通信技术、小型计算设备制造技术、小型计算设备上的操作系统技术及软件技术等。间断连接与轻量计算（即计算资源相对有限）是普适计算最重要的两个特征。普适计算的软件技术就是要实现在这种环境下的事务和数据处理。

在信息时代，普适计算可以降低设备使用的复杂程度，使人们的生活更轻松、更有效率。实际上，普适计算是网络计算的自然延伸，它使得不仅个人计算机，而且其他小巧的智能设备也可以连接到网络中，从而方便人们即时地获得信息并采取行动。科学家认为，普适计算是一种状态，在这种状态下，iPad 等移动设备、谷歌文档或远程游戏技术 Online 等云计算应用程序、4G/5G 或广域 Wi-Fi 等高速无线网络将整合在一起，清除“计算机”作为获取数字服务的中央媒介地位。随着每辆汽车、每台照相机、每台计算机、每块手表以及每个电视屏幕都拥有几乎无限的计算能力，计算机将彻底退居到“幕后”，以至于用户感觉不到它们的存在。

1.2.3 信息技术的应用

1. 数据处理

数据处理是对数据的采集、存储、检索、加工、变换和传输。数据是对事实、概念或指令的一种表达形式，可由人工或自动化装置进行处理。数据的形式可以是数字、文字、图形或声音等。数据经过解释并赋予一定的意义之后，便成为信息。数据处理的基本目的是从大量的、可能是杂乱无章的、难以理解的数据中抽取并推导出对于某些特定的人们来说是有价值、有意义的数据。数据处理是系统工程和自动控制的基本环节。数据处理贯穿于社会生产和社会生活的各个领域。数据处理技术的发展及其应用的广度和深度，极大地影响着人类社会发展的进程。

2. 电子商务

电子商务（Electronic Commerce）的定义：以电子及电子技术为手段，以商务为核心，把原来传统的销售、购物渠道移到互联网上，打破国家与地区有形无形的壁垒，使生产企业达到全球化、网络化、无形化、个性化、一体化。

3. 过程控制

过程控制又称实时控制，指用计算机实时采集检测数据，按最佳值迅速地对控制对象进行自动控制或自动调节。

4. CAD/CAM/CIMS

CAD 利用计算机及其图形设备帮助设计人员进行设计工作。

CAM 的核心是计算机数值控制，是将计算机应用于制造生产过程的过程或系统。

CIMS 是 Computer Integrated Manufacturing Systems 或 Contemporary 的缩写，直译就是计算机/现代集成制造系统。

5. 多媒体技术

多媒体技术就是把声、图、文、视频等媒体通过计算机集成在一起的技术，即通过计算机把文本、图形、图像、声音、动画和视频等多种媒体综合起来，使之建立起逻辑连接，并对它们进行采样量化、编码压缩、编辑修改、存储传输和重建显示等处理。

6. 虚拟现实

虚拟现实（Virtual Reality，VR）是近年来出现的高新技术，也称灵境技术或人工环境。虚拟现实是利用计算机模拟产生一个三维空间的虚拟世界，提供使用者关于视觉、听觉、触觉等感官的模拟，让使用者如同身临其境一般，可以及时、没有限制地观察三维空间内的事物。

虚拟现实是人们通过计算机对复杂数据进行可视化、操作以及实时交互的环境，将用户和计算机视为一个整体，通过各种直观的工具将信息进行可视化，形成一个逼真的环境，用户直接置身于这种三维信息空间中自由地使用各种信息，并由此控制计算机。

7. 人工智能

人工智能（Artificial Intelligence，AI）是研究使用计算机来模拟人的某些思维过程和智能行为（如学习、推理、思考、规划等）的学科，主要包括计算机实现智能的原理、制造类似于人脑智能的计算机，使计算机能实现更高层次的应用。人工智能涉及计算机科学、心理学、哲学和语言学等学科。

8. ERP 的应用

ERP 是指建立在信息技术基础上，以系统化的管理思想，为企业决策层及员工提供决策运行手段的管理平台。ERP 系统集中信息技术与先进的管理思想于一身，成为现代企业的运行模式，反映时代对企业合理调配资源，最大化地创造社会财富的要求，成为企业在信息时代生存、发展的基石。

9. GPS 的应用

GPS（Global Positioning System，全球定位系统）最初只是运用于军事领域，目前已被广泛应用于交通、测绘等许多行业。利用定位技术结合无线通信技术（GSM 或 CDMA）、地理信息管理技术（GIS）等高新技术，实现对车辆的监控；经过 GSM 网络的数学通道，将信号输送到车辆监控中心；监控中心通过差分技术换算位置信息，然后通过 GIS 将位置信号用地图语言显示出来，最终可通过服务中心实现车辆的定位导航、防盗反劫、服务救援、远程监控、轨迹记录等功能。GPS 已被广泛应用于公交、地铁、私家车等各方面，交通运输行业已充分意识到它在交通信息化管理方面的优势。

10. RFID 的应用

RFID（Radio Frequency Identification，射频识别）是一种非接触式的自动识别技术，它通过射频信号自动识别目标对象并获取相关数据，识别工作无须人工干预，可工作于各种恶劣环境。RFID 技术可识别高速运动物体并可同时识别多个标签，操作快捷方便。短距离射频产品不怕油渍、灰尘污染等恶劣的环境，可在这样的环境中替代条码，例如用在工厂的流水线上跟踪物体。长距射频产品多用于交通上，识别距离可达几十米，如自动收费或识别车辆身份等。

1.3 人与计算机

人和计算机的共同进化已经成为共识，相比于人类的进化速度，计算机技术的进化速度更有指数增长的代表性，明显比人类进化速度快。

1.3.1 人与计算机的对弈

2015 年 10 月，谷歌旗下 DeepMind 的围棋程序 AlphaGo 以 5∶0 完胜欧洲围棋冠军、职业二段选手樊麾；2016 年 3 月对战世界围棋冠军、职业九段选手李世石，并以 4∶1 的总比分获胜。2006 年，在“浪潮杯”中国象棋人机大战中，五位特级大师均败在超级计算机浪潮天梭手下。再往前推十年，就是名噪一时的“深蓝”击败国际象棋大师卡斯帕罗夫。

棋类游戏成为人工智能研发的主战场，因为博弈游戏要求计算机更聪明、灵活，要用接近人类的思维方式解决问题。于是，计算机和人类棋手的对抗不断上演。人工智能并不是一个新名词，20 世纪 50 年代，科学界就已经明确了计算机要模拟人类智慧的伟大目标。当时，科学家们并没有太多的担忧情绪，而是沉浸在期望计算机能完成一系列只属于人类能力范畴的任务，如证明定理、求解微积分、完成动作等。但“智能”一词本就是模糊的，没有具体标准。1957 年，人工智能的先驱赫伯特·西蒙说：“现在世界上就已经有了可以思考、学习和创造的机器，它的能力还将与日俱增，一直到人类大脑能应用到的所有领域。”

未来的计算机是否会取代人甚至超越人，我们无法给出确切的答案。但是，现代计算机是肯定不会的。那么为什么人机对弈，人类会输给计算机呢？

AlphaGo 是一款围棋人工智能程序。这个程序利用“价值网络”去计算局面，用“策略网络”去选择下子。它的主要工作原理是“深度学习”。“深度学习”是指多层的人工神经网络和训练方法。一层神经网络会把大量矩阵数字作为输入，通过非线性激活方法取权重，再产生另一个数据集合作为输出。这就像生物神经大脑的工作机理一样，通过合适的矩阵数量，多层组织链接一起，形成神经网络“大脑”进行精准复杂的处理，就像人们识别物体标注图片一样。

它比起 20 年前的深蓝在计算能力上更胜一筹，也有了“思考”的能力，但并不属于智慧范畴，只是通过两个不同神经网络“大脑”合作来改进下棋。这些“大脑”是多层神经网络，和那些 Google 图片搜索引擎识别图片在结构上是相似的。它们从多层启发式二维过滤器开始，去处理围棋棋盘的定位，就像图片分类器网络处理图片一样。经过过滤，13 个完全连接的神经网络层产生对它们看到的局面进行判断。这些层能够做分类和逻辑推理。这些网络通过反复训练来检查结果，再去校对调整参数，以让下次执行更好。这个处理器有大量的随机性元素，所以人们是不可能精确知道网络是如何“思考”的，但经过更多的训练后能让它进化到更好。如果说这种能力算是一种“智慧”，也是人类赋予的。人类的潜在创造性和自我学习的能力以及非公式化的经验积累，是现代计算机无法比拟的。

1.3.2 人类思维形式

随着人工智能的发展，人们希望计算机能模仿人脑的高级思维活动，表现出比现在更高的智能。人脑有 10 亿个神经元，每个神经元可与几千个其他神经元连接，不考虑连接数，单从神经元总数来看，其复杂度也超过当今计算机 1 万倍以上。模拟人脑的思维活动可谓是困难重重、步履艰难。

关于思维，心理学家与哲学家都认为这是人脑经过长期进化而形成的一种特有机能，并把它定义为：“人脑对客观事物的本质属性和事物之间内在联系的规律性所作出的概括与间接的反映。”我国著名科学家钱学森认为人类思维的基本形式除了形象思维、逻辑思维以外，还包括创造思维。

形象思维，是指人们在认识世界的过程中，对事物表象进行取舍时形成的，是用直观形象的表象解决问题的思维方法。形象思维是对形象信息传递的客观形象体系进行感受、存储的基础上，结合主观的认识和情感进行识别（包括审美判断和科学判断等），并用一定的形式、手段和工具（包括文学语言、绘画线条色彩、音响节奏旋律及操作工具等）创造和描述形象（包括艺术形象和科学形象）的一种基本的思维形式。

逻辑思维，是指人们在认识过程中借助于概念、判断、推理等思维形式，能动地反映客观现实的理性认识过程。它是作为对思维及其结构以及规律的分析而产生和发展起来的。只有经过逻辑思维，人们才能达到对具体对象本质规定的把握，进而认识客观世界。逻辑思维具有规范、严密、确定和可重复的特点，它是人的认识的高级阶段，即理性认识阶段。逻辑思维又称“分析思维”、“理论思维”、“抽象思维”或“闭上眼睛的思维”。

创造思维是一种新颖而有价值的、非结论的，具有高度机动性和坚持性，且能清楚地勾划和解决问题的思维活动。表现为打破惯常解决问题的程式，重新组合既定的感觉体验，探索规律，得出新思维成果的思维过程。以往总是把创造性思维看作少数杰出科学家、发明家和艺术家的“专利”，一般人没有资格问津。20世纪80年代中期以后人们才真正把创造性思维看成人类思维的基本类型，认为普通人也可以具有这种思维。

由此可见，人脑的思维方式并不是计算机一朝一夕能够模拟的。

1.3.3 科学研究方法

科学研究一般是指利用科研手段和装备，为了认识客观事物的内在本质和运动规律而进行的调查研究、实验、试制等一系列的活动，为创造发明新产品和新技术提供理论依据。科学研究的基本任务就是探索、认识未知。我国教育部给出的定义是：“科学研究是指为了增进知识包括关于人类文化和社会的知识以及利用这些知识去发明新的技术而进行的系统的创造性工作。”

常用的科学研究方法有假设与理论；实验与观察；科学抽象，包括非逻辑方法（理想化方法、模型方法、类比方法）和逻辑方法（分析与综合、演绎与归纳）；数学方法；三论（控制论、信息论、系统论）与系统科学方法（耗散结构论、协同学理论、突变论）等。理论、实验和计算是当今科学研究的三大方法。

科学理论是系统化的科学知识，是关于客观事物的本质及其规律性的相对正确的认识，是经过逻辑论证和实践检验并由一系列概念、判断和推理表达出来的知识体系。科学理论方法构建的一般过程是从提出科学概念开始，再建立科学命题，最后形成科学命题系统。

在数学上，著名的理论有集合论、混沌理论、图论、数论和概率论；统计学上有极值理论（Extreme Value Theory）；物理学上有相对论、弦理论、超弦理论、大统一理论、M理论、声学理论（Acoustic Theory）、天线理论（Antenna Theory）、万物理论（Theory of Everything）、卡鲁扎—克莱恩理论（KK理论，Kaluza-Klein Theory）、圈量子引力理论（Loop Quantum Gravity）；行星科学与地球科学生物学上有进化论；地理学有大陆漂移学说、板块构造学说；气象学有全球暖化理论（全球变暖理论，Global Warming）；人类学上有批判理论；计算机科学有算法信息论、计算机理论等。各个学科都有各自的著名科学理论。

理论是技术的重要源泉。首先，理论为技术发明提供指导，尤其是在当今时代，离开理论指导的盲目的技术发明，很难取得成功；其次，理论在实践中的应用会生成新的技术。例如，系统理论、控制理论在各个领域中的运用，形成了丰富多彩的系统技术、控制技术。

科学实验、生产实践和社会实践并称为人类的三大实践活动。实践不仅是理论的源泉，而且是检验理论正确与否的唯一标准，科学实验是自然科学理论的源泉和检验标准。特别是现代自然科学研究中，任何新的发现、新的发明、新的理论的提出都必须以能够重现的实验结果为依据，否则就不能被他人所接受。即便是一个纯粹的理论研究者，也必须对他所关注的实验结果，甚至实验过程有相当深入的了解。可以说，科学实验是自然科学发展中极为重要的活动和研究方法。理论和实验方法是相辅相成、取长补短的。数千年来，人类主要通过理论和实验两种手段探索科学奥秘。理论和实验作为传统的两种研究手段共同完善、改进、充实着科学知识系统。

随着计算的发展，科学研究有了更多的方法。计算环境的变革、计算机的出现以及日益复杂的科学问题，使得人们越来越深刻地认识到科学计算是与理论分析、实验技术并立的第三大科学方法和手段。高效计算方法与高性能计算机的研究是同等重要的，高性能计算机的研制水平和计算技术的应用水平实质上是显示一个国家高性能计算能力的两个方面，其对当代科学技术的发展起着至关重要且不可替代的作用。计算技术的广泛应用使得人们对客观世界的探索由定性分析转向定量分析，许多困难科学问题得以迎刃而解，从全球天气预报到药物合成，从核爆模拟到材料演化，科学计算都展示了其强大的功能。科学计算的物质基础是计算机，而计算方法是科学计算的核心和灵魂。

1.3.4 计算机的局限性

计算机技术发展到今天，对人类世界的影响和改变是颠覆性的，但它不是万能的，不是什么问题计算机都能予以计算的。

现代计算机发展所遵循的基本结构形式始终是冯·诺依曼体系结构。计算机所做的一切都是按照人的指令来进行的，计算机只不过是一个处理指令的机器，即使有“智慧”，也是人放进去的。所以，计算机只能解决可计算性问题，不能解决那些不可计算的问题。

可计算性是指一个实际问题是否可以使用计算机来解决。从广义上讲，如“为我做一顿晚餐”这样的问题是无法用计算机来解决的。而计算机本身的优势在于数值计算，因此可计算性通常指这一类问题是否可以用计算机解决。事实上，很多非数值问题（如文字识别、图像处理等）都可以通过转化成为数值问题来交给计算机处理，但是一个可以使用计算机解决的问题应该被定义为“可以在有限步骤内被解决的问题”，故哥德巴赫猜想这样的问题是不属于“可计算问题”之列的，因为计算机没有办法给出数学意义上的证明，因此也没有任何理由期待计算机能解决世界上所有的问题。分析某个问题的可计算性意义重大，它使得人们不必浪费时间在不可能解决的问题上（因而可以尽早转而使用计算机以外更加有效的手段），集中资源在可以解决的问题集中。不可计算性问题主要包括被处理的信息无法表示为 0 或 1 的二进制状态；需要计算的数据无法表示为有限的和确定的；数据的大小和精度无法表示在固定的范围；问题的处理方法无法表示为无二义性的形式化算法，并无法在有限步骤内完成等情况。

从感觉到记忆到思维这一过程，称为“智慧”，智慧的结果就产生了行为和语言，将行为和语言的表达过程称为“能力”，两者合称“智能”，将感觉、记忆、回忆、思维、语言、行为的整个过程称为智能过程，它是智力和能力的表现。很明显，现代计算机并不具备智能的表现，在当下计算机时代，人类完全不必担心计算机会超越人的智慧。

1.4 计算思维

人类通过思考自身的计算方式，研究是否能由外部机器模拟，代替人们实现计算的过程，从而诞生了计算工具，并且在不断的科技进步和发展中发明了现代电子计算机。早在 1972 年，图灵奖得主 Edsger Dijkstra 曾说："我们所使用的工具影响着我们的思维方式和思维习惯，从而也深刻地影响着我们的思维能力。"这就是著名的"工具影响思维"的论点。

在此思想指引下产生了人工智能，用外部机器模仿和实现人类的智能活动。人类所制造出的计算机在不断强大和普及的过程中，反过来对人类的学习、工作和生活都产生了深远的影响，同时也大大增强了人类的思维能力和认识能力。随着信息化的全面推进，"计算机"变得无处不在，包括物联网在内的网络延伸到人类社会生活的各个角落。

1.4.1 计算思维的提出

计算思维（Computational Thinking）是计算时代的产物，是相关学者在审视计算机科学所蕴含的思想和方法时被挖掘出来的。2006 年 3 月，美国的周以真教授在 *Communications of the ACM* 上的一篇文章提到了计算思维的概念：计算思维是运用计算机科学的基础概念进行问题求解、系统设计以及人类行为理解等涵盖计算机科学之广度的一系列思维活动。

周教授为了让人们更易于理解，又将它更进一步地定义为：通过约简、嵌入、转化和仿真等方法，把一个看来困难的问题重新阐释成一个我们知道问题怎样解决的方法；是一种递归思维，是一种并行处理，是一种把代码译成数据又能把数据译成代码，是一种多维分析推广的类型检查方法；是一种采用抽象和分解来控制庞杂的任务或进行巨大复杂系统设计的方法，是基于关注分离的方法（SoC 方法）；是一种选择合适的方式去陈述一个问题，或对一个问题的相关方面建模使其易于处理的思维方法；是按照预防、保护及通过冗余、容错、纠错的方式，并从最坏情况进行系统恢复的一种思维方法；是利用启发式推理寻求解答，也即在不确定情况下的规划、学习和调度的思维方法；是利用海量数据来加快计算，在时间和空间之间，在处理能力和存储容量之间进行折中的思维方法。

计算思维方式实际上很早就有了，从算盘到计算机的发展过程就是计算思维内容不断拓展的过程。电子计算机出现后，计算思维逐渐被认识和强化，特别是随着信息化的全面推进，包括物联网在内的网络延伸到人类社会生活的各个角落，计算技术迅速发展和功能的快速增强，计算思维的重要性在近几年突显出来，今天的"计算（机）系统"已经具有非常强大的计算能力，成为更方便的计算工具，有了更广泛的应用，使得"计算"早已从基本的科学计算，并经过狭义的数据处理阶段，发展到了无所不在的阶段。

因此，计算思维中的"计算"是广义的计算。计算思维以设计和构造为特征，以计算机学科为代表。它是运用计算机科学的基础概念去求解问题、设计系统和理解人类行为。计算思维的本质是抽象（Abstraction）和自动化（Automation）。计算思维能力不仅是计算机专业人员应该具备的能力，而且也如同所有人都具备"读、写、算"能力（Reading, wRiting, and aRithmetic，合称 3R）一样，是所有受教育者应该具备的能力。正如印刷出版促进了 3R 的普及，计算和计算机也以类似的方式促进了计算思维的传播。

计算思维是一种基于数学与工程，以抽象和自动化为核心的，用于解决问题、设计程序、理解人类行为的概念。计算思维是一种思维，它可以程序为载体，但不仅仅是编程。它着重于解决人类与机器各自计算的优势以及问题的可计算性。计算机可以从事大量的、重复的、精确的运算。

大体来说，计算思维有以下几个特点：

① 计算思维是一种递归思维。它采用并行处理方式，把代码译成数据又把数据译成代码。对于别名或赋予人与物多个名字的做法，它既知道其益处又了解其害处。对于间接寻址和程序调用的方法，它既知道其威力又了解其代价。它评价一个程序时，不仅仅根据其准确性和效率，还有美学的考量，而对于系统的设计，还考虑简洁和优雅。

② 计算思维采用了抽象和分解来迎接庞杂的任务或者设计巨大复杂的系统。它选择合适的方式去陈述一个问题，或者是选择合适的方式对一个问题的相关方面建模使其易于处理。它是利用不变量简明扼要且表述性地刻画系统的行为。它使我们在不必理解每一个细节的情况下就能够安全地使用、调整和影响一个大型复杂系统的信息。它是为预期的未来应用而进行的预置和缓存。

③ 计算思维是按照预防、保护及通过冗余、容错、纠错的方式从最坏情形恢复的一种思维。它称堵塞为“死锁”，称约定为“界面”。计算思维就是学习在同步相互会合时如何避免“竞争条件”的情形。

④ 计算思维利用启发式推理来寻求解答，就是在不确定情况下的规划、学习和调度。它就是搜索、搜索、再搜索，结果是一系列的网页，一个赢得游戏的策略，或者一个反例。计算思维利用海量数据来加快计算，在时间和空间之间，在处理能力和存储容量之间进行权衡。

1.4.2 计算思维能力的培养

问题的可计算性使得我们通过可行的计算方法和模型去处理那些原本无法由任何个人独自完成的问题求解和系统设计。然而，我们面临的问题是：什么是可计算的？如何描述这样的计算过程？在这里，我们将计算思维作为一种与计算机及其特有的问题求解紧密相关的思维形式，并将人们根据自己工作和生活的需要，在不同的层面上利用这种思维方法去解决问题，定义为具有计算思维能力。

从“能力培养”及其不同要求的角度出发，将计算思维分为狭义的计算思维和广义的计算思维，以描述不同人群对计算思维能力培养的各自侧重。

狭义的计算思维是指“计算学科之计算思维”，以面向计算机专业人群的生产、生活等活动为主。它是基于“计算机”以及以计算机为核心的系统的研究、设计、开发、利用活动中所需要的一种适应计算机自动计算的“思维方式”，使人机的功能在互补中得到大力提升。从这个意义上讲，计算机相关的很多“东西”都可以被“计算思维”涵盖。主要有：最基本的问题描述方法——符号化、模型化；最主要的思维方法——抽象思维、逻辑思维；最基础的实现形式——程序、算法、问题表示（包括数据结构）、系统实现、操作工具……；最典型的问题求解过程——问题、形式化描述、计算机化；最基本的问题求解方法——方法论意义上的核心概念、典型方法。

我们可以用两种说法来描述狭义的计算思维，即“按照适应计算机求解问题的基本描述和思维方式考虑问题（构建计算系统、开发相适应的技术）的描述及求解”，或者“采用适应计算机求解问题的基本方式和有效方法考虑问题（构建计算系统、开发相适应的技术）的求解（描述、分析、构建）”。这里突出的是“如何使计算机和以计算机为核心的系统具有更强的工作能力，并开发更方便的实用技术”。在研究、设计、开发、利用四类活动中，以研究、设计为主，开发中主要指计算机专业本身所涉及的基本计算机系统、基本应用系统的开发，而利用则仅指专业活动中的利用。

狭义的计算思维还应该包括以下内容：

① 计算学科方法论意义上的核心概念：抽象层次、概念和形式模型、一致性和完备性、大问题复杂性、效率、折中与决策、绑定、演化、重用、安全性、按空间排序、按时间排序。

② 相关的典型数学方法：强调用数学语言表达事务的状态、关系和过程，经推导形成解释和判断，呈现高度抽象、高精确、具有普遍意义的基本特征。具体方法包括公理化方法、递归、归纳和迭代等构造性方法、模型化等。

③ 相关的典型系统科学方法：其核心是将对象看成一个整体，思维对应于适当抽象级别，力争系统的整体优化。一般原则是整体性、动态、最优化、模型化。具体方法包括结构化方法、面向对象方法、黑箱方法、功能模拟方法、信息分析方法、自底向上、自顶向下、分治法、模块化、逐步求精等。

另外，也应当包括其他一些更具体的方法。例如，约简、转化、仿真，递归、归纳、迭代、调度、并行、串行、抽象、建模、分解、归并，规划、分层、虚拟、嵌入、保护、冗余、容错、纠错、系统恢复、启发、学习、进化、可视化、示例等。

我们需要植根于计算学科相应的知识体系，以这些知识为载体，学习问题求解和知识发现过程中大师们的思维，从而有效地掌握这些典型的方法。

广义的计算思维：计算机早已走出计算学科，甚至与其他学科形成新的学科。例如，社会计算、计算物理、计算化学、计算生物学等。计算思维也随之走出计算学科。所以，广义的计算思维是指“走出计算学科之计算思维”。适应更大范围的广大人群的研究、生产、生活活动，甚至追求在人脑和计算机的有效结合中取长补短，以获得更强大的问题求解能力。

我们同样可以用两种说法加以描述广义的计算思维：“有效利用计算机（工具）、相关思想、方法和技术以及计算环境和资源，以增强能力，提高效率”，或者“有效地利用计算技术进行问题求解，包括在科学研究与系统实现中有效地利用计算学科典型的思想与方法进行问题求解”。这里突出的是计算机不仅可以作为工具，还可以有效利用相适应的意识、思想、方法、技术、环境和资源等。

在研究、设计、开发、利用四类活动中，以利用为主，然后依次为开发、设计、研究。特别是对不同专业的人来说，这四类活动涉及的具体对象是不同的，它们与专业紧密相关，关键是意识、思想、方法、技术、工具、环境、资源等。

广义的计算思维包括狭义的计算思维，对计算机类专业以外的人群如何进行计算思维能力的培养，是一个有待深入研究的问题，可以说任重而道远。多年来，非计算机专业的计算机教育以学习基本知识、掌握基本工具为核心要求，一般不是很有意识地强调计算思维能力的培养。目前来看，由于培养基本目标和问题空间的巨大差异，对不同学科门类来说，其基本的知识载体应该是不同的；即使在基本的知识载体相同的情况下，追求的重点也应该不同。载体的选择和有效利用，则是一个比较新的问题。例如，程序设计课程是一门普遍开设的课程，对计算思维能力培养具有重要作用。

计算思维能力的培养，需要从建立相应的意识开始：

① 建立“计算”的基本意识。要相信，计算（机）技术可以增强人们的“能力”；使用机械化的方法进行问题求解（抽象描述与思维，离散、机械可执行）有其独特的优势。

② 了解“计算”的基本功能。软件系统、硬件系统、应用系统（含嵌入式系统、网络、物联网等各类计算系统）为人们的生产、生活提供了不同的手段，要知道它们能干什么，不能干什么，擅长干什么，不擅长干什么，优势是什么，劣势是什么。

③ 掌握“计算”的基本方法。在计算学科的发展中，有很多有效的问题求解方法，例如，递归、归纳、折中、重用、嵌入、并行、模块化、自顶向下、自底向上、逐步求精以及问题标志与处理模式等，它们不仅在计算学科中有效，而且在其他学科的问题求解中同样可以被有效地应用。

总体上看，人们对计算思维的认识以及如何进行计算思维能力的培养还处于相对初始的阶段，很多问题还有待进一步的研究和实践。

1.4.3 计算思维的应用领域

现今社会中，计算机技术走进各个领域，计算机科学家与其他领域科学家一起合作，解决了许多其他领域的难题。计算思维已经被越来越多地应用到其他学科领域中。例如，计算机学家们对生物科学越来越感兴趣，因为他们坚信生物学家能够从计算思维中获益，事实上，计算生物学正在改变着生物学家的思考方式。生物领域中，科学家利用计算机模拟细胞间蛋白质的交换。计算机科学对生物学的贡献决不限于其能够在海量序列数据中搜索寻找模式规律的本领。最终希望通过人类的计算思维能力，计算抽象和方法能够以其体现自身功能的方式来表示蛋白质的结构。现在的研究不再仅仅是通过现象或需求而进行研究其本质，通过抽象，建立模型。通过自动化，模拟随机性。科学研究已经不再是简单地对规律进行概括，在限定范围内进行推演。我们可以凭借计算机可大量重复的高效优势预测所有结果。例如，可以将基因编码，对其进行组合，从而创造新的基因，对其进行挑选以达成人类的要求。

类似地，机器学习已经改变了统计学。就数学尺度和维数而言，统计学习用于各类问题的规模仅在几年前还是不可想象的。生态学家利用计算机技术构建模型以研究全球气候变暖问题。计算博弈理论正改变着经济学家的思考方式，纳米计算改变着化学家的思考方式，量子计算改变着物理学家的思考方式。在物理学、材料科学、工程领域、医疗领域和军事领域等，计算思维也有着深远的影响力。

当今的信息社会已经离不开计算机了，未来的社会一定更需要计算机来加速实现美好的愿景。计算思维能力是跨学科、跨领域合作的要求。对于想要在专业领域取得一定成就的人来说，计算思维能力必不可少。计算思维与人们的工作和生活如此密切相关，我们有理由相信，在未来的世界中，计算思维会成为人类不可或缺的一种生存能力，而不是仅仅限于科学家。普适计算之于今天就如计算思维之于明天。普适计算是已成为今日现实的昨日之梦，而计算思维就是明日现实。

小　　结

本章主要介绍了计算机技术的产生与发展，重点讨论了信息技术与普适计算及信息技术在现实生活中的应用；介绍了基于计算机技术的科学研究方法和计算思维的相关概念，强调计算思维的本质是对问题进行抽象表示以及通过形式化表达，使得问题的求解达到精确、可行之目的。

本章旨在解决初学者对计算机文化等相关概念的认识和理解。

习　　题

一、选择题

1. 世界上发明的第一台电子数字计算机是（　　）。

   A. ENIAC　　B. EDVAC　　C. EDSAC　　D. UNIVAC

2. 根据（　　）的发展，一般将计算机的发展分为四个阶段。

   A. 电子元器件　　B. 电子管　　C. 主存储器　　D. 外存储器

3. 我国研制的神威·太湖之光计算机是（　　）。

   A. 微型计算机　　B. 超级计算机　　C. 小型计算机　　D. 中型计算机

4. CAI 指的是（　　）。

   A. 系统软件　　B. 计算机辅助教学

   C. 计算机辅助设计　　D. 办公自动化

5. 计算机最早的应用领域是（　　）。

   A. 办公自动化　　B. 人工智能　　C. 自动控制　　D. 数值计算

二、问答题

1. 简述计算机的发展过程以及各阶段所采用的元器件和主要特点、作用。
2. 现实社会中什么样的应用需要高性能计算？
3. 列举出计算机科学与技术在本专业中的相关应用。

第2章 计算机系统

计算机也称电脑，它是一个设备，也是一个系统，是产生数据、存储数据、处理数据的载体，因此，计算机系统也是基于计算机和数据的一个系统。

2.1 计算机系统组成

一个完整的电子计算机系统（简称计算机）是由硬件（系统）和软件（系统）两大部分组成的，如图 2–1 所示。

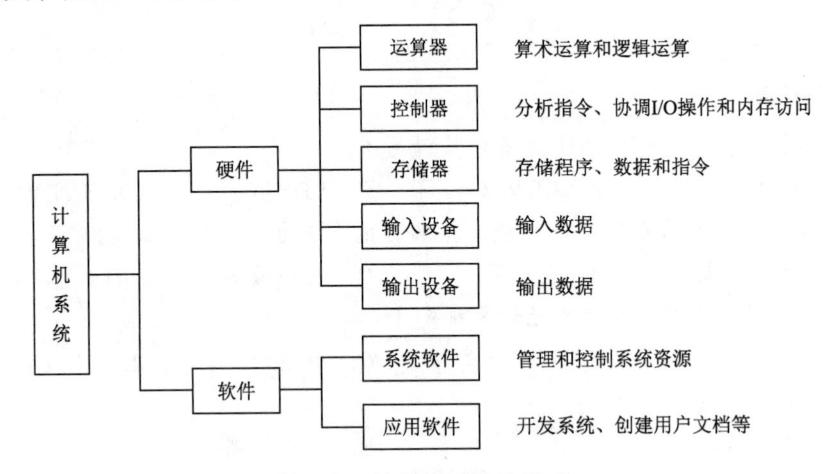

图 2–1　计算机系统的组成

计算机中的板、线、元件、芯片、设备通称硬件，或者说硬件是计算机中看得见、摸得着的物理器件。计算机硬件由控制器、运算器、存储器、输入设备和输出设备五个基本部件组成。软件是指程序、程序运行所需要的数据以及程序所需要的文档资料的集合。硬件是计算机的躯体，而软件是计算机的灵魂。没有安装任何软件的计算机称为“裸机”，一般来说，“裸机”是不能正常工作的。用户所面对的计算机通常是将“裸机”经过若干层软件“包装”的计算机，计算机的性能及功能不仅仅取决于硬件系统，更大程度上由所安装的软件所决定。

2.1.1 计算机硬件系统

计算机硬件有五个基本组成部分：控制器、运算器、存储器、输入设备和输出设备，其基本结构如图 2–2 所示。

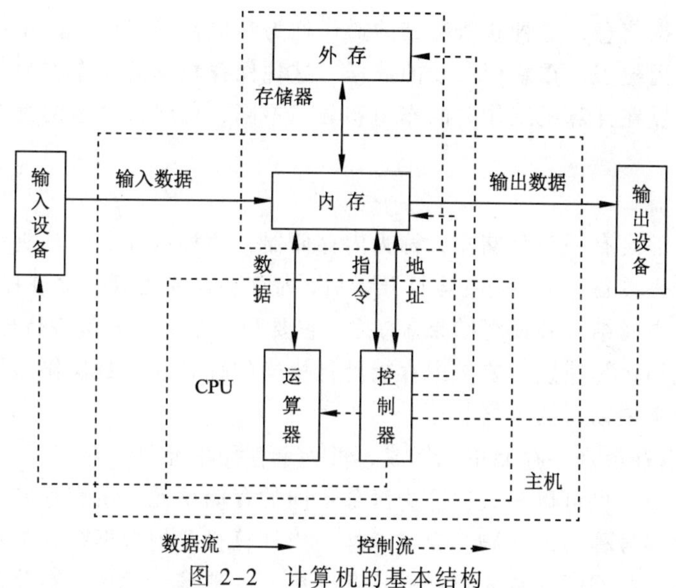

图 2-2　计算机的基本结构

1. 控制器

控制器（Control Unit，CU）是计算机的控制中心，相当于人们大脑中的神经中枢，主要作用是控制计算机硬件系统中各部件协调工作，使计算机能够自动地执行指令。它发出的各种控制信号可以指挥整个计算机工作，并决定在什么时间、根据什么条件执行什么动作，使整个计算机能够有条不紊地自动执行程序。

控制器内部由程序计数器（PC）、指令寄存器（IP）、指令译码器（ID）、时序产生器和操作控制器组成。控制器从内存中按一定的顺序取出系列指令，每取出一条指令，就对这条指令进行分析，然后根据指令的功能向相应部件发出控制命令，控制该部件执行这条指令中规定的任务。该指令执行完毕，再自动取出下一条指令，重复上面的工作过程。

2. 运算器

运算器是执行算术运算和逻辑运算的部件，主要负责对信息进行加工处理，是计算机的核心部件。运算器由算术逻辑单元（Arithmetic Logic Unit，ALU）、累加器、状态寄存器和通用寄存器组等组成。

运算器工作时，不断地从存储器中得到要处理的数据，对其进行加、减、乘、除以及各种逻辑运算，并将最后的结果传送回存储器中。整个过程在控制器的指挥下有条不紊地进行。

在现代计算机中，往往将运算器和控制器集中在一个集成电路芯片内，称为中央处理器（Central Processing Unit，CPU）。

3. 存储器

存储器（Memory）是计算机中存放程序和数据的器件，是计算机中各种信息存储和交流的部件。要实现存储程序，计算机中必须有存储信息的部件——存储器。

存储器的主要功能是存储信息，它可以从输入设备或另一个存储器中获取数据而不影响和破坏原数据信息，这种获取数据的操作称为存储器的“读”操作；同时，也可以把原来保存的数据覆盖，重新记录新的数据，这种保存数据的操作称为存储器的“写”操作。根据存储器在计算机工作时的作用和分工不同，可将其分为两大类，即内存储器和外存储器。

（1）内存储器

在计算机内部设有一个存储器，称为内存储器，简称内存。计算机在运算之前，程序和数据通过输入设备送入内存，运算开始后，内存不仅要为其他部件提供必需的数据，也要保存运算的中间结果及最终结果。总之，它要和各个部件直接进行数据交换。因此，为了提高计算机的运算速度，要求内存能进行快速的存数和取数操作。要了解内存如何工作，我们必须掌握以下两个概念：

① 地址：内存由许多存储单元组成，每一个存储单元可以存放若干位二进制数据，该数据可以是指令，也可以是数据。为区分不同的存储单元，所有存储单元均按一定的顺序编号，这个编号称为地址码，简称地址。当计算机要把数据存入某存储单元中或从某存储单元中取出数据时，首先要知道该存储单元的地址，然后由存储器“查找”与该地址对应的存储单元，找到后才能进行数据的存取。这个操作与我们在一栋大楼里找人，要按照他的住址（即房间号）寻找的过程相似。

② 存储容量：存储容量是描述计算机存储能力的性能指标。存储器存储数据的最小单位是二进制位（bit），每一个二进制位能存储一位二进制数（即 0 或 1）。但是，比特并不是 CPU 每次对存储器进行读写的最小单位，CPU 每次对存储器进行读写的最小单位是字节（Byte）。因此，字节又称存储器存储数据的基本单位，存放一个字节的存储器位置就称为一个存储单元。字节和二进制位的关系：1 Byte（字节）= 8 bit（二进制位）。

存储器是一台微机中物理存储单元的总和，是存储容量大小的量度，它与构成存储器的硬件配置有关。存储器容量的大小以字节数多少来衡量，其单位有 Byte（字节）、KB（千字节）、MB（兆字节）、GB（吉字节）和 TB（太字节），它们之间的换算关系如下：

1 TB = 2^{10} GB = 1 024 GB

1 GB = 2^{10} MB = 1 024 MB

1 MB = 2^{10} KB = 1 024 KB

1 KB = 2^{10} B = 1 024 B

（2）外存储器

为了存储大量的信息，计算机还需要大容量的外存储器作为辅助存储器。常用的外存储器有磁盘存储器、光盘存储器、U 盘存储器和磁带存储器等。

外存用来存放“暂时不用”的程序或数据。外存容量要比内存大得多，但存取数据的速度比内存慢。通常外存只和内存交换数据，不直接与 CPU 交换数据，数据存取时不是按单个数据进行，而是以成批数据进行交换。

外存与内存有许多不同之处：一是外存在断电的情况下存储的信息不会丢失；二是外存的容量不像内存那样受多种限制，容量也比内存大得多；三是外存的存取速度比内存慢，价格也相对较便宜。

4. 输入设备

输入设备（Input Device）的主要功能是向计算机内部输入信息，并将它变为机器能识别的二进制数据，然后存放在内存中。常见的输入设备大致有以下六种。

① 穿孔输入设备，如光电输入机、电容式输入机、卡片机等。这类输入设备通过光电变换或其他方法将穿孔信息转换为电信号，并传送至计算机内存中。

② 键盘输入设备，如电传打字机、控制台打字机、键盘等。操作人员可以直接通过键盘输入程序或其他控制信息。

③ 模/数转换（A/D）装置，在自动检测与自动控制装置中，刚检测出来的原始电信号往往是模拟信号，需通过A/D装置转换成计算机所能识别与处理的数字信号。

④ 图形识别与输入装置，如光笔、图形板等。

⑤ 字符的识别与输入装置，如光电阅读机。

⑥ 语音的识别与输入装置，如麦克风。

5. 输出设备

输出设备（Output Device）的功能主要是将计算机对数据处理的结果以能为人们或其他设备所能接收的数据形式输出。输出设备主要有以下四种。

① 打印设备，如小型的简易打印机、传统的宽行打印机、电传打字机，以及便于打印票据、图形和文字一类复杂字符的针式打印机、喷墨打印机和激光打印机等。

② 绘图设备，如绘图仪。

③ 显示器，常见的类型主要有液晶显示器。

④ 数/模转换装置（D/A），在自动控制装置中，计算机输出的数字信号常需转换为模拟信号，才能控制相应的执行部件。

2.1.2 计算机软件系统

计算机系统是在“裸机”的基础上，通过安装相应软件后，向用户呈现出友好的使用界面和强大的功能。通常计算机软件可分为系统软件和应用软件两大类。

1. 系统软件

系统软件是计算机设计制造者提供的，用来控制计算机运行、管理计算机的各种资源，并为应用软件提供支持和服务的一类软件。通常包括操作系统、语言处理程序、数据库管理系统、实用程序等。

（1）操作系统

为了使计算机系统的所有软硬件资源协调一致，有条不紊地工作，就必须有一个软件来进行统一的管理和调度，这种软件就是操作系统（Operating System，OS）。

操作系统是直接运行在“裸机”上的最基本的系统软件，任何其他软件必须在操作系统的支持下才能运行。操作系统的作用是管理计算机系统的全部硬件资源、软件资源及数据资源，目标是提高各类资源的利用率，为其他软件的开发与使用提供必要的支持，使计算机系统所有资源最大限度地发挥作用，为用户提供方便的、有效的、友善的服务界面。

操作系统是一个庞大的管理控制程序，它大致包括五个管理功能：处理机管理、存储管理、设备管理、文件管理和作业管理。

实际的操作系统是多种多样的，根据侧重面不同和设计思想不同，操作系统的结构和内容存在很大差别。目前常用的操作系统有 Windows 10、UNIX、Linux 和 OS/2 等。

（2）语言处理程序

计算机的工作是用程序来控制的，离开了程序，计算机将无法工作。程序是用程序设计语言按问题的要求及解决问题的过程进行编写的。

① 机器语言。机器语言是以二进制代码表示的指令集合，是计算机能直接识别和执行的语言。机器语言的优点是占用内存少、执行速度快。缺点是面向机器的语言，随机而异，不易学习和修改，通用性差，而且指令代码是二进制形式，不易阅读和记忆，编程工作量大，难以维护。

② 汇编语言。汇编语言是用助记符来表示机器指令的符号语言。汇编语言比机器语言易学易记，同时保留了占用内存少、执行速度快的优点。缺点是通用性差，随机而异。由于计算机只能执行用机器语言编写的程序，因而，必须用汇编程序将汇编语言编写的源程序翻译成机器能执行的目标程序。这一翻译加工过程称为汇编。

③ 高级语言。高级语言是 20 世纪 50 年代后开发的，它比较接近于人们习惯用的自然语言和数学表达式，因此称为高级语言。高级语言的优点是通用性强，可以在不同的机器上运行，程序简短易读，便于维护，同时极大地提高了程序设计的效率和可靠性。

④ 过程语言。用过程语言编写的程序包含一系列的描述，告诉计算机如何执行这些过程来完成特定的工作。带有过程性特征的语言称为过程语言。例如，BASIC 语言就具有过程性特征，其语句确切地告诉了计算机如何工作：显示信息请求用户输入，再根据输入进行计算，最后输出运算结果等。过程语言适合于那些顺序执行的算法。用过程语言编写的程序有一个起点和一个终点。程序从起点到终点执行的流程是直线型的，即计算机从起点开始执行写好的指令序列，直到结束。

⑤ 说明性语言。说明性语言只需程序员具体说明问题的规则并定义一些相关条件即可。该语言用自身内置的方法把这些规则解释为解决问题的步骤，这就把编程的重心转移到描述问题及其规则上，而不再是简单的数学公式。因此，说明性语言更适合于思想概念清晰但数学概念复杂的编程工作。

不同于过程程序，用说明性语言编写程序只需告诉计算机要做什么，而不需告诉它如何做。

⑥ 脚本语言。脚本语言实际上就是一种介于高级语言和原型语言之间的编程语言。脚本语言本身并不能直接执行，而是嵌入到某个应用程序中。很多系统都允许使用脚本语言，如字处理软件和电子制表软件等。嵌入在 HTML 语言中的脚本语言 JavaScript 或 VBScript 可以使网页成为动态的。

脚本语言使用起来比一般的编程语言的语法要简单，提供的控制选项也很少。用脚本语言可以快速地开发以完成一些简单的任务，使应用程序中的任务自动化。如果想使应用软件中的功能自动完成定制，对不擅长编程的人而言，脚本语言是一个很好的选择。

⑦ 面向对象语言。面向对象的程序设计语言是建立在用对象编程的方法基础之上

的。对象就是程序中使用的实体或“事物”，例如，按钮通常表现为屏幕上的一种带字符的长方形图标，就是一个对象。我们一般用鼠标单击一个按钮来完成某一操作。程序员可以使用面向对象的语言来定义按钮对象和编写它的动作程序，在程序运行时把它显示出来并可以在用鼠标单击它时完成相应的操作。

对于高级语言编写的程序，计算机是不能识别和执行的。要执行高级语言编写的程序，首先要将此程序通过语言处理程序翻译成计算机能识别和执行的二进制机器指令，然后供计算机执行。

通常将用高级语言或汇编语言编写的程序称为“源程序”，而把已翻译成机器语言的程序称为“目标程序”。不同的高级语言编写的源程序必须通过相应的语言处理程序进行翻译。

计算机将源程序翻译成机器指令时，通常分两种翻译方式：一种为编译方式；另一种为解释方式。

① 编译方式：通过相应语言的编译程序将源程序一次全部翻译成目标程序，再经过连接程序的连接，最终处理成可直接执行的可执行程序，如图 2-3 所示。

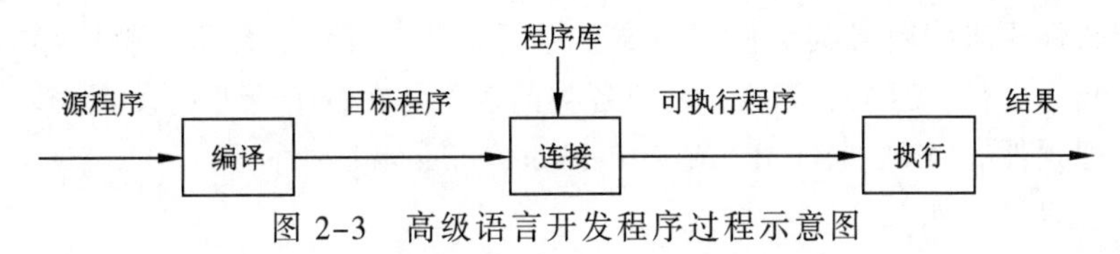

图 2-3　高级语言开发程序过程示意图

② 解释方式。通过相应的解释程序将源程序逐句解释翻译成一组机器指令，翻译一句执行一句，边翻译边执行。解释程序不产生目标程序，而是借助于解释程序直接执行源程序本身。执行过程中有错时机器显示出错信息，修改后可继续执行。

解释方式对初学者较有利，便于查找错误，但效率低，因为解释语言编写的程序执行速度慢，尤其是循环语句多的程序效率更低，因为计算机必须解释每一条语句，循环语句就要重复解释多次。大部分高级语言只有编译方式，少数高级语言有两种翻译方式，例如 BASIC 语言就有两种翻译方式。

（3）数据库管理系统

数据处理在目前计算机应用中占有很大的比重，人们的一切社会活动都离不开数据，无时无刻不在和数据打交道。为了有效地利用大量的数据，妥善地保存和管理这些数据，在 20 世纪 60 年代末产生了数据库系统（Data Base System，DBS），80 年代随着微型计算机的普及，数据库系统得到了广泛的应用。

（4）实用程序

实用程序指一些公用的工具性程序，以方便用户对计算机的使用和管理人员对计算机的维护管理。主要的服务程序有：

① 编辑程序：能提供使用方便的编辑环境，用户通过简单的命令即可建立、修改和生成程序文件、数据文件等。例如，Edit 就是一个典型的编辑程序。

② 连接装配程序：一个大软件由多人开发出多个功能模块，通过编译程序翻译成目标程序后，必须通过连接装配程序生成为一个可执行程序方可供用户使用。

③ 测试诊断程序：测试程序能检查出程序中某些错误，诊断程序能自动检测计算机硬件故障并进行故障定位。

④ 反病毒程序：反病毒程序可以查找并删除计算机上的病毒。但由于病毒不断更新，反病毒程序也要不断更新才有杀毒效力。目前流行的反病毒程序有金山毒霸、KV3000 等。

⑤ 卸载程序：从硬盘上安全并完全地删除一个没有用的程序及其相关文件。如 Windows 系统中控制面板上“删除/添加程序”图标所表示的程序等。

⑥ 文件压缩程序：压缩磁盘上的文件，减少文件的长度，以便更方便地在网络上传输或在外存中存储，如 WinRAR、WinZIP 等。

2. 应用软件

近年来，微机迅速普及的原因除了硬件的性能价格比提高外，主要是大量方便而实用的应用软件满足了各类用户的需要。所谓应用软件是在计算机硬件和系统软件的支持下，为解决某一专门的实际问题而设计的软件。应用软件的内容很广泛，涉及社会的许多领域。常用的应用软件以下八种：

（1）字处理软件

字处理软件用来编辑各类文件，对文件进行排版、存储、传送、打印等。字处理软件能方便地起草文件、通知、信函，绘制各类图表等，在各个行业中发挥着巨大的作用。常用的字处理软件有 WPS、Word、WordPerfect、PageMaker 等。

（2）电子表格软件

表格是由若干行、若干列组成的两维表，在日常事务管理中必不可少。电子表格软件是用计算机快速、动态地对建立的表格进行各类统计、汇总，有的还提供丰富的函数和公式演算能力、灵活多样的绘制统计图表的能力、存取数据库中数据的能力等。常用的电子表格软件有 Multiplan、SuperCalc、Excel、CCED 等。

（3）计算机辅助设计软件

在工程设计中计算机辅助设计已逐渐代替人工设计，极大地提高了设计的质量和效率，广泛应用于汽车、飞机、建筑、船舶、电子、服装等设计过程。CAD 软件应具有建立图形、编辑图形、图形输出等基本功能，还可对图形进行各种处理。常用的 CAD 软件有 AutoCAD、PaintBrush 等。

（4）图形图像处理软件

常用的图形图像处理软件有 Adobe Photoshop、CorelDRAW、3ds Max 等。

（5）多媒体创作软件

多媒体创作软件可以用来制作课件、广告、影视、游戏及创建虚拟现实等。计算机辅助教学是当前新兴的一种现代教育技术，它改变了传统的教育方式，可提高教育的效率和质量。课件是 CAI 系统所使用的教学软件，相当于传统教学中的教材。课件设计可以用高级语言实现，但开发周期长，难度高；采用多媒体创作软件来开发，则开发周期短，教学效果佳。常用的多媒体创作软件有 PowerPoint、ToolBook、Authorware、Director 等。

（6）网络通信软件

网络通信软件的重要用途是沟通。目前大家熟悉的有电子邮件，它可使网络用户在整个计算机网络上相互交换信息，接收和发送邮件，由计算机系统保存和传输信件。常用的电子邮件软件有 Outlook Express、Foxmail 等。

（7）网页制作软件

常用的网页制作软件有 FrontPage、Dreamweaver 等。

（8）定制软件

计算机工作者为某个特定项目或应用领域开发的软件称为定制软件。某些单位、团体或企业对软件有着特殊的要求，而现成的应用软件又无法完全满足这些要求，于是便自行或委托他人研制和开发能满足其特殊要求的定制软件，这类软件占据了应用软件的绝大部分市场。

2.1.3 计算机的主要技术指标

计算机的技术指标是用来评价计算机性能和选择、使用计算机的参考数据。计算机技术指标主要有以下几项。

1. 字长

字长是指 CPU 一次能并行处理的二进制位数。字长越长，表示数的范围越大，即有效数字的位数越多，计算精度越高。因此，字长是表示电子计算机计算精度的指标。根据机器的不同，字长有 8 位、16 位、32 位、48 位、64 位等，现在大多数计算机都是 64 位。

2. 运算速度

运算速度是衡量计算机性能的一项重要指标。通常所说的计算机运算速度（平均运算速度），是指每秒所能执行的指令条数，一般用“百万条指令 / 秒”（MIPS）来描述。同一台计算机，执行不同的运算所需时间可能不同，因而对运算速度的描述常采用不同的方法。常用的有 CPU 时钟频率（主频）、每秒平均执行指令数（IPS）等。微型计算机一般采用主频来描述运算速度，一般说来，主频越高，运算速度就越快。

3. 存储容量

存储容量指存储器所能寄存的数字或指令的数量，即存储器能够存储二进制信息的能力。用存储单元和每个单元的位数（字长）的乘积表示，单位用比特（一位二进制的数为 1 比特）或字节。内存容量越大，系统功能就越强大，能处理的数据量也就越庞大。

4. 存取周期

存取周期指存储器进行一次完整的存取操作所需要的时间，在很大程度上决定着计算机的计算速度，它越短越好。磁芯存储器的存取周期为零点几微秒到几微秒，半导体存储器的存取周期为一百纳秒到几百纳秒。

2.1.4 计算机的基本工作原理

计算机的基本工作原理是由冯·诺依曼于 1946 年首先提出来的，主要内容为：计算机一经启动，就能按照程序指定的逻辑顺序把指令从存储器中读取并逐条执行，自动完成指令规定的操作，可概括为以下三点：

① 计算机硬件由控制器、运算器、存储器、输入设备和输出设备五个基本部件组成。

② 计算机采用二进制来表示指令和数据。

③ 计算机采用“存储程序”方式，自动逐条取出指令并执行程序。

指令（Instruction）是一组二进制代码，控制器发出相应控制信号去控制计算机完成各种任务，程序（Program）是指令的有序集合。软件（Software）是程序和数据的集合。

根据冯·诺依曼提出的原理制造的计算机被称为冯·诺依曼结构计算机，现代计算机虽然结构更加复杂，计算能力更加强大，但仍然是基于这一原理设计的，也是冯·诺依曼结构计算机。

冯·诺依曼结构计算机的工作过程为：

① 取指令：CPU 根据其内部程序计数器的内容，从存储器中取出相应的指令，同时程序计数器增加一个数，使其指向下一条指令的地址。

② 分析指令：CPU 分析从内存中所取出的指令，并根据该指令确定要进行的操作。

③ 执行指令：CPU 根据指令的分析结果，向有关的部件发出相应的控制信号，接收到控制信号的部件执行相应的操作，完成指令规定的操作。

总之，计算机的工作过程可以归结为以下 5 个步骤：

① 控制器控制输入设备将数据和程序从输入设备输入到内存储器。

② 在控制器指挥下，从存储器取出指令送入控制器。

③ 控制器分析指令，指挥运算器、存储器执行指令规定的操作。

④ 运算结果由控制器控制送存储器保存或送输出设备输出。

⑤ 返回到第②步，继续取下一条指令，如此反复，直到程序结束。

2.2 数据的表示和编码

在实际应用中，需要计算机处理的信息是多种多样的，如各种进位制的数据，不同语种的文字符号和图像信息等，这些信息在计算机中存储与表示，都需要转换成二进制数。计算机将以 0 和 1 的形式解决用户给定的所有问题，这是计算思维的符号化规则、形式化方法。

本节主要介绍数制的相互转换及计算机信息数字化的基本方法和主要依据。

2.2.1 数制的相互转换

1. 数制的基本概念

数制也称记数制，是指用一组固定的符号和统一的规则来表示数值的方法。按进位的方法进行记数，称为进位记数制。

在进位记数制中有数位、基数和位权三个要素。一般情况下，在采用进位记数的数字系统中，如果用 R 个基本符号（即数码或数符）表示数值，则称其为基 R 数制（Radix-R Number System），R 称为该数制的基（Radix）。相对于十进制而言，计数规则为“逢 R 进一，借一当 R”，数位是指数码在一个数中所处的位置（记为 n，n 为整数）。位权是指在某种进位计数制中，每个数位上的数码所代表的数值的大小，等于在这个数位上的数码乘上一个固定的数值，这个固定的数值就是这种进位记数制中该数位上的位权。计算机中常用的几种进制数的表示如表 2-1 所示。

表 2-1 计算机中常用的几种进制数的表示

项目	二进制	八进制	十进制	十六进制
规则	逢二进一	逢八进一	逢十进一	逢十六进一
基数	$R=2$	$R=8$	$R=10$	$R=16$
数符	0,1	0,1,…,7	0,1,…,9	0,1,…,9,A,B,C,D,E,F
位权	2^i	8^i	10^i	16^i
形式表示	B（Binary）	O（Octal）	D（Decimal）	H（Hexadecimal）

注：其中 i 为整数。

例如，数 101.1 在不同进位数制中所表示的数的大小不同，如图 2-4 所示。

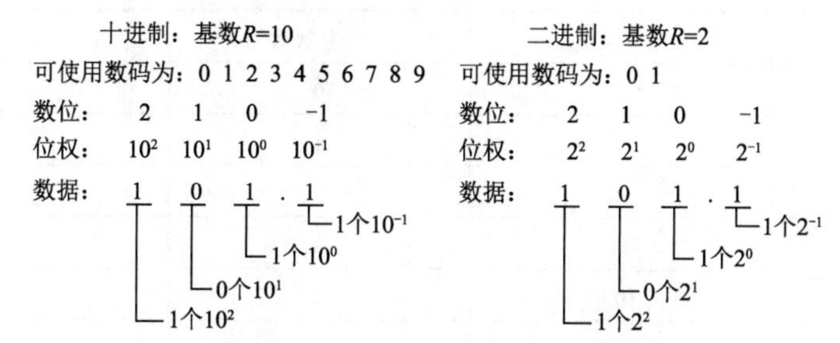

图 2-4 不同进位制中数的表示

在 R（$R \geqslant 2$，R 为整数）进位记数制中，任意数 N（不考虑其正负）的通用表达式为

$$N = A_n A_{n-1} \cdots A_1 A_0 \cdot A_{-1} A_{-2} \cdots A_{-m}$$

或

$$N = A_n \times R^n + A_{n-1} \times R^{n-1} + \cdots + A_0 \times R^0 + A_{-1} \times R^{-1} + \cdots + A_{-m} \times R^{-m}$$

式中，R 为基数；A_i（$i \in [-m, n]$）为该进位制使用的某个数码，$0 \leqslant A_i \leqslant R-1$；$n+1$ 为小数点左边数码个数，m 为小数点右边数码个数。

在计算机中，广泛采用的是只有数码 0 和 1 组成的二进制数，而不使用人们习惯的十进制数，原因如下：

① 二进制数在物理上最容易实现，硬件成本低。

② 二进制数用来表示的二进制数的编码、计数、加减运算规则简单，易于实现。

③ 二进制数的两个符号 1 和 0 正好与逻辑命题的两个值“真”和“假”相对应，为计算机实现逻辑运算和程序中的逻辑判断提供了便利的条件。

在计算机中使用二进制，但是二进制表示一个数比较冗长，且不易读写，因此人们在表示计算机信息时，常用十进制、八进制及十六进制。在具体表示数据时，不同进制的数据可以用不同的数字下标或后缀字母表示。例如：

一个八进制数 573.4 可记作$(573.4)_8$或 573.4O；

一个二进制数 110.01 可记作$(110.01)_2$或 110.01B；

一个十六进制数 8A6.D 可记作$(8A6.D)_{16}$或 8A6.DH。

一个十进制数 962.5 可记作$(962.5)_{10}$或 962.5D，或直接记作 962.5。

2. 数制间的转换

将数由一种数制转换成另一种数制称为数制间的转换。由于计算机采用二进制，但用计算机解决实际问题时对数值的输入/输出通常使用十进制，这就有一个十进制向二进制转换或由二进制向十进制转换的过程。也就是说，在使用计算机进行数据处理时首先必须把输入的十进制数转换成计算机所能接收的二进制数；计算机在运行结束后，再把二进制数转换为人们所习惯的十进制数输出。这两个转换过程完全由计算机系统自动完成，不需人们参与。

为方便理解数制相互之间的转换，在表 2-2 中列出了几种数制表示的相互关系。

表 2-2　各种数制表示的相互关系

十进制数	二进制数	八进制数	十六进制数
0	0	0	0
1	1	1	1
2	10	2	2
3	11	3	3
4	100	4	4
5	101	5	5
6	110	6	6
7	111	7	7
8	1000	10	8
9	1001	11	9
10	1010	12	A
11	1011	13	B
12	1100	14	C
13	1101	15	D
14	1110	16	E
15	1111	17	F

（1）十进制数转换成 R 进制数

从十进制整数转换成其他进制数，需要把整数部分和小数部分分别进行处理。首先我们讨论十进制数转换成 R 进制数的方法。

① 十进制整数转换成 R 进制整数。

设十进制整数 $N_{(10)}= a_n\cdots a_1a_{0(R)}$，由 R 进制整数按位展开公式的形式

$$N_{(10)}= a_n\cdots a_1a_{0(R)}=(a_nR^n+\cdots+a_1R+a_0)_{(R)}$$

$$=((\cdots((0+a_n)R+\cdots+a_2)R+a_1)R+a_0)_{(R)}\cdots\cdots（1）$$

将（1）式除以 R，商为整数$(\cdots((0+a_n)R+a_{n-1})R+\cdots+a_2)R+a_1$，余数为 a_0；所得商再除以 R，商为整数$(\cdots((0+a_n)R+a_{n-1})R+\cdots)R+a_2$，余数为 a_1；依此类推，直至商为 0，余数为 a_n。

因而，将一个十进制整数转换为 R 进制数的转换规则为：除以 R 取余数，直到商为 0 时结束。所得余数序列，先得到的余数为低位，后得到的余数为高位。

将（1）式中 R^i 按十进制运算法则计算，则（1）式的逆过程就是将 R 进制整数转换为十进制整数的过程。

例 将十进制数 37 转换成二进制数，其过程如图 2-5 所示。

在转换过程中用基数 2 连续除整数商，并取余数，直到商为 0 时停止，然后将余数从下往上按顺序书写，得到二进制数 100101，即

$$(37)_{10} = (100101)_2$$

	余数	
2 | 37		
2 | 18	1	最低位
2 | 9	0	
2 | 4	1	
2 | 2	0	
2 | 1	0	
0	1	最高位

图 2-5 十进制整数转换成二进制数

② 十进制小数部分转换 R 进制小数。

设十进制纯小数 $M_{(10)}= 0.a_{-1}\cdots a_{-m(R)}$，由 R 进制小数按位展开公式的形式

$$M_{(10)}=0.a_{-1}\cdots a_{-m(R)}=(a_{-1}R^{-1}+ a_{-2}R^{-2}+\cdots+ a_{-m}R^{-m})_{(R)}$$
$$=((a_{-1}+(a_{-2}+\cdots+(a_{-m})\cdot 1/R\cdots)\cdot 1/R)\cdot 1/R)_{(R)} \quad \cdots\cdots(2)$$

将（2）式乘以 R，得整数部分为 a_{-1}，小数部分为$((a_{-2}+\cdots+(a_{-m})\cdot 1/R\cdots)\cdot 1/R)$；小数部分再乘以 R，得整数部分为 a_{-2}，小数部分为$(\cdots+(a_{-m})\cdot 1/R\cdots)$；依此类推，直至小数部分为 0 或转换到所要求的精确度为止。

因而，将一个十进制小数转换为 R 进制数的转换规则为：乘以 R 取整数，直到余数为 0 时或达到精确度时结束。所得整数序列，先得到的整数为高位，后得到的整数为低位。

将（2）式中 R^i 按十进制运算法则计算，则（2）式的逆过程就是将 R 进制纯小数转换为十进制纯小数的过程。

例 把十进制数 0.6875 及 0.78 转换成二进制小数。

转换过程如图 2-6 所示。

$$0.6875 = (0.1011)_2 \qquad 0.78 = (0.110001)_2$$

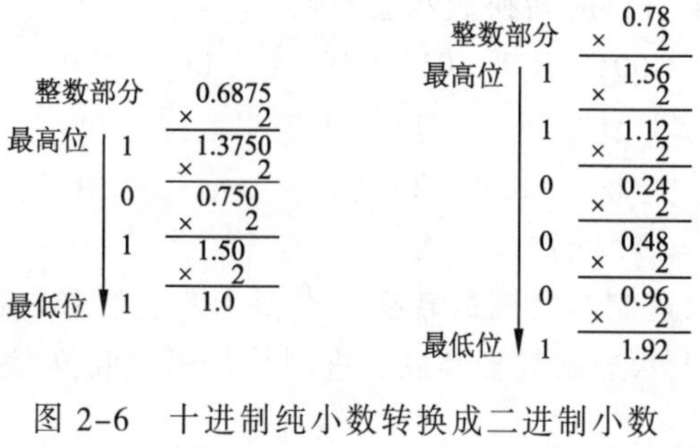

整数部分	0.6875 × 2
最高位 1	1.3750 × 2
0	0.750 × 2
1	1.50 × 2
最低位 1	1.0

整数部分	0.78 × 2
最高位 1	1.56 × 2
1	1.12 × 2
0	0.24 × 2
0	0.48 × 2
0	0.96 × 2
最低位 1	1.92

图 2-6 十进制纯小数转换成二进制小数

由此可见，十进制数转换成二进制数时，任何整数可以精确地转换为对应的二进制数。但小数有可能不能精确转换为对应的二进制。不能精确转换的小数是密集的，能精确转化的小数是稀疏的。这是产生计算机运算误差的主要原因之一。

综合整数和小数的转换方法，可以将任意十进制数转换成 R 进制数。

（2）*R* 进制数转换成十进制数

二进制、八进制、十六进制数都可转换成等量的十进制数。将该数按其基数的指数形式写出多项式，然后用十进制运算法则计算就可以很容易完成这一转换。

例如：

$$(1101.1)_2 = (1\times2^3+1\times2^2+0\times2^1+1\times2^0+1\times2^{-1})_{10} = (13.5)_{10}$$

$$(50.6)_8 = (5\times8^1+0\times8^0+6\times8^{-1})_{10} = (40.75)_{10}$$

$$(4B.E1)_{16} = (4\times16^1+11\times16^0+14\times16^{-1}+1\times16^{-2})_{10} = (75.87890625)_{10}$$

（3）八进制数、十六进制数与二进制数之间的转换

① 八进制数与二进制数之间的转换。由于 $2^3=8$，$2^4=16$，所以一位八进制数相当于三位二进制数，一位十六进制数相当于四位二进制数，这样使得八进制数、十六进制数与二进制数的相互转换十分方便。

八进制数转换成二进制数时，只要将八进制数的每一位改成等值的三位二进制数，即“一位变三位”。

例 $(1234.567)_8$转换成二进制数。

1	2	3	4	.	5	6	7
↓	↓	↓	↓		↓	↓	↓
001	010	011	100	.	101	110	111

即得$(1234.567)_8=(1010011100.101110111)_2$。

二进制数转换成八进制数时，以小数点为界，整数部分从右往左，每三位一组，最左边不足三位时，左边添 0 补足至三位；小数部分从左往右，每三位一组，最右边不足三位时，右边添 0 补足至三位；然后将每组的三位二进制数用相应的八进制数表示出来。即“三位变一位”。

例 将$(1011010101.1111)_2$ 转换成八进制数。

001	011	010	101	.	111	100
↓	↓	↓	↓		↓	↓
1	3	2	5	.	7	4

即得$(1011010101.1111)_2=(1325.74)_8$。

② 十六进制数与二进制数之间的转换。类似于八进制和二进制之间的转换方法，用“一位变四位”可将十六进制数转换成二进制数，用“四位变一位”可将二进制数转换成十六进制数。

例 将$(29C.1A)_{16}$转换成二进制数。

2	9	C	.	1	A
↓	↓	↓		↓	↓
0010	1001	1100	.	0001	1010

即得$(29C.1A)_{16}=(1010011100.0001101)_2$

例 将$(1011010101.1111)_2$转换成十六进制数。

$$\begin{array}{ccccc} 0010 & 1101 & 0101 & . & 1111 \\ \downarrow & \downarrow & \downarrow & & \downarrow \\ 2 & D & 5 & . & F \end{array}$$

即得$(1011010101.1111)_2 = (2D5.F)_{16}$。

2.2.2 数据在计算机中的表示和编码

计算机中可直接表示和使用的数据分为两大类，即数值数据和非数值数据。其中非数值数据又称符号数据。数值数据用来表示数量的多少，它包括定点小数、整数和浮点数等类型。它们通常都带有表示数值正负的符号位。而符号数据则用于表示一些符号标记，如英文字母、数字、标点符号、运算符号、汉字、图形、语言信息等。由于在计算机中这些数据都是用二进制编码的，所以，这里提到的数据的表示，实质上是它们在计算机中的组成格式和编码方法。

1. 数值数据的表示

数值数据在计算机内有两种表示方法：定点数和浮点数。

（1）定点数

通常定点数的小数点是隐含的，小数点在数中的位置是固定不变的。由于约定在固定的位置，小数点就不再使用记号“.”来表示。通常定点数有两种表示法，纯小数（或称定点小数）和整数。

定点小数是指小数点准确固定在符号位之后（隐含），符号位右边的第一位数是最高位数。一般表示为

$$X = X_S.X_{-1}X_{-2}\cdots X_{-n}$$

其中，X为用定点数表示的数；X_S为符号位；X_{-1}～X_{-n}为数据位，对应的权为2^{-1}，2^{-2}，…，2^{-n}。若采用n+1个二进制位表示定点小数，则取值范围为$|X| \leqslant 1 - 2^{-n}$。其存储格式如图 2-7所示。

整数的小数点在最低数据位的右边。对于有符号的整数，一般表示为

$$X = X_S X_n X_{n-1}\cdots X_0$$

其中，X为整数；X_S为符号位；X_n～X_0为数据位，对应的权为2^n，2^{n-1}，…，2^0。对于用n+1的二进制位表示的带符号的二进制整数，其取值范围为$|X| \leqslant 2^n-1$。其存储格式如图 2-8 所示。

n
n-1
n-2
0
X_S
X_-1
X_-2
…
X_-n
符号位
数值位
小数点隐含位置
图 2-7 定点小数的表示和存储

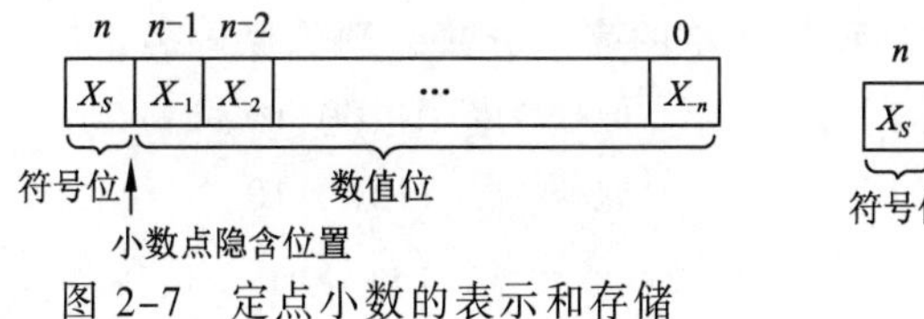

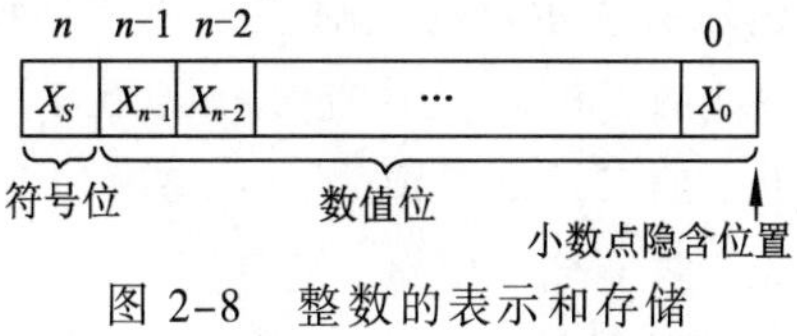

n
n-1
n-2
0
X_S
X_n-1
X_n-2
…
X_0
符号位
数值位
小数点隐含位置
图 2-8 整数的表示和存储

（2）浮点数

浮点数是指小数点在数据中的位置可以根据实际情况左右移动的数据。

一个任意实数，在计算机内部可以用指数（为整数）和尾数（为纯小数）来表示，

用指数和尾数表示实数的方法称为浮点表示法。

浮点数分阶码和尾数两部分，通常表示为

$$X = M \cdot R^E$$

其中，X为浮点数；M为尾数（Mantissa）；E为阶码（Exponent）；R为阶的基数。

一个机器浮点数由阶码、尾数及其符号位组成。尾数部分用定点小数表示，给出有效数字的位数，决定了浮点数的表示精度；阶码部分用整数形式表示，指明小数点在数据中的位置，决定了浮点数的表示范围。在计算机内部存储示意如图 2-9 所示。其中，对于阶符和数符，用“1”表示“-”号，用“0”表示“+”号。

E_S	E	M_S	M
阶符（1位）	阶码（n位）	数符（1位）	尾数（m位）

图 2-9　浮点数的表示和存储（其中 m、n 均为整数）

浮点数的精度和表示范围都远远大于定点数，但是在运算规则上定点数比浮点数简单，易于实现。因此，一台计算机中究竟采用定点表示还是浮点表示，要根据计算机的使用条件来确定。一般在高档微机以上的计算机中同时采用定点、浮点表示，视具体情况进行选择应用，而单片机中多采用定点表示。

2. 数值数据的编码

我们经常遇到的数是有正负之分的，一般用“+”或“-”符号简单地附加在数上，以体现数的正负区别。而在计算机中，数的符号与一般的符号表示法不同，并且在某些情况下同数值位一道参加运算操作。为了妥善地处理好这些问题，就产生了把符号位和数字位一起编码来表示相应的数的各种表示方法，如原码、补码、反码、移码等。下面我们将研究符号数在计算机中的表示法。为了简便起见，我们将以整数为例，并设机器字长为 8 位。

（1）真值和机器码

在计算机中，数值数据的符号也被“数字化”了。符号数在计算机中的一种简单表示方法就是：用最高位存放符号，正号用 0 表示，负号用 1 表示。例如：

+53 的二进制值为：+110101　　机器数表示为：00110101

-53 的二进制值为：-110101　　机器数表示为：10110101

为了区别原来的数与它在计算机中的表示形式，通常，表示一个数值数据的机内编码称为机器数，而它所代表的实际值称为机器数的真值。

（2）原码

在上面提到的符号数的表示方法，即正数的符号位为 0，负数的符号位为 1，其他位用二进制数表示数的绝对值，这是一种最简单的表示方法，即为原码表示法。例如：

+102 的二进制真值为：+1100110　　原码为：01100110

-102 的二进制真值为：-1100110　　原码为：11100110

可见，两个符号相异、绝对值相同的数的原码，除了符号位以外，其他位都是一样的。

原码简单易懂，而且与真值的转换方便。但若是两个异号数相加（或两个同号数相减），就要做减法。做减法就会有借位的问题，很不方便。为了简化运算逻辑电路，加快运算速度，将加法运算与减法运算统一起来，就引进了反码和补码。

（3）反码

正数的反码与其原码相同，负数的反码为其原码除符号位外的各位按位取反（即 0 改为 1， 1 改为 0 ）。例如：

+79 的二进制真值为：+1001111　　原码为：01001111　　反码为：01001111

−79 的二进制真值为：−1001111　　原码为：11001111　　反码为：10110000

可以看出，负数的反码与负数的原码有很大的区别。反码通常只用作求补码过程中的中间形式。可以验证，一个数的反码的反码就是其原码。

（4）补码

正数的补码与其原码相同，负数的补码为其反码在最低位加 1 。例如：

+23 的原码为：00010111　　反码为：00010111　　补码为：00010111

−23 的原码为：10010111　　反码为：11101000　　补码为：11101001

同样可以验证，一个数的补码的补码就是其原码。

引入补码后，加减法运算都可以统一用加法运算来实现，符号位也当作数值参与处理，且两数和的补码等于两数补码的和。因此，在许多计算机系统中都采用补码来表示带符号的数。例如：

$$102-79=102+(-79)=23$$

用原码相减：01100110 − 01001111 = 00010111

用补码相加：01100110 + 10110001 = 00010111

由于一个字节只有 8 位，所以高位自然丢失，可见用原码相减和用补码相加所得的结果是相同的，都是 23 的补码 00010111。当然，在不同的计算机中可以有不同形式的编码。

2.2.3　字符数据的表示和编码

现代计算机不仅处理数值领域的问题，而且处理大量非数值领域的问题。这样一来，必然要引入文字、字母以及某些专用符号，以便表示文字语言、逻辑语言等信息。最常见的信息符号是字符（英文字母、阿拉伯数字、标点符号及一些特殊符号等）符号，为了便于识别和统一使用，国际上对字符符号的代码作了一些标准化的规定。目前计算机中使用得最广泛的西文字符集及其编码是 ASCII（American Standard Code for Information Interchange，美国国家信息交换码）。

1. ASCII 码

ASCII 码是一种 7 位编码，它在内存中必须占全一个字节。若用 $b_7b_6b_5b_4b_3b_2b_1b_0$ 表示，其中 b_7 恒为 0，其余 7 位为 ASCII 码值，这 7 位可以给出 127 个编码，表示 127 个不同的字符。其中 95 个编码，对应着计算机终端能键入并且可以显示的 95 个字符，打印机设备也能打印这 95 个字符，如大小写各 26 个英文字母，0～9 这 10 个数字符，通用的运算符和标点符号+、−、*、/、>、=、<等。另外的 33 个字符，其编码值为 0～31 和 127，则不对应任何一个可以显示或打印的实际字符，它们被用作控制码，控制计算机某些外围设备的工作特性和某些计算机软件的运行情况。基本 ASCII 字符与其十进制 ASCII 值的对应关系如表 2-3 所示。

表 2-3　基本 ASCII 字符与其十进制 ASCII 值的对应关系

ASCII 值	字　符	ASCII 值	字　符	ASCII 值	字　符	ASCII 值	字　符
0	nul	32	space	64	@	96	`
1	soh	33	!	65	A	97	a
2	stx	34	"	66	B	98	b
3	etx	35	#	67	C	99	c
4	eot	36	$	68	D	100	d
5	enq	37	%	69	E	101	e
6	ack	38	&	70	F	102	f
7	bel	39	'	71	G	103	g
8	bs	40	(	72	H	104	h
9	ht	41	)	73	I	105	i
10	nl	42	*	74	J	106	j
11	vt	43	+	75	K	107	k
12	ff	44	,	76	L	108	l
13	er	45	-	77	M	109	m
14	so	46	.	78	N	110	n
15	si	47	/	79	O	111	o
16	dle	48	0	80	P	112	p
17	dc1	49	1	81	Q	113	q
18	dc2	50	2	82	R	114	r
19	dc3	51	3	83	S	115	s
20	dc4	52	4	84	T	116	t
21	nak	53	5	85	U	117	u
22	syn	54	6	86	V	118	v
23	etb	55	7	87	W	119	w
24	can	56	8	88	X	120	x
25	em	57	9	89	Y	121	y
26	sub	58	:	90	Z	122	z
27	esc	59	;	91	[	123	{
28	fs	60	<	92	\	124	|
29	gs	61	=	93	]	125	}
30	re	62	>	94	^	126	～
31	us	63	?	95	_	127	del

表 2-3 中编码符号的排列次序为 $b_7b_6b_5b_4b_3b_2b_1b_0$，其中 b_7 恒为 0，为制表方便，把一个字节分成高低两部分，其中 $b_7b_6b_5b_4$ 为高半字节，$b_3b_2b_1b_0$ 为低半字节。若按十六进制编码，可见数字符号 0～9 对应的 ASCII 码分别是$(30)_{16}$～$(39)_{16}$；英文大写字母 A～Z 对应的 ASCII 码分别是$(41)_{16}$～$(5A)_{16}$，英文小写字母 a～z 对应的 ASCII 码分别是$(61)_{16}$～$(7A)_{16}$，

大小写字母正好相差$(20)_{16}$。在这种编码系统中，一般规定按字符的ASCII码值的大小来决定字符的大小。

在一般情况下，记住每个字符的ASCII码值是比较困难的，但应记住不同字符的排列顺序。几个关键的编码值和顺序为：控制字符、空格$(20)_{16}$、阿拉伯数字（数字0为$(30)_{16}$）、英文大写字母（字母A为$(41)_{16}$）、英文小写字母（字母a为$(61)_{16}$）。

除ASCII码外，还有另外一些编码，比如使用8个比特来表示每个符号的ANSI（American Nation Standards Institute，美国国家标准协会）编码，IBM为它的大型机开发的EBCDIC（Extended Binary-Coded Decimal Interchange Code，扩充的二—十进制交换码），16位编码的Unicode（Universal Multiple Octet Coded Character Set）。

2．字符串

字符串是指连续的一串字符。通常方式下，它们占用主存中连续的多个字节，每个字节存一个字符。

许多软件有比较字符串大小的功能。所谓比较字符串大小，就是将两个字符串从左到右逐个比较，若两个字符串中的字符完全相同，则称两个字符串相等；若不相同，则比较两个字符串直至第一个不同的字符为止，并以第一个不同的字符的大小来决定字符串的大小。例如，字符串"they">"them"，"98">"200"。

3．汉字编码

随着电子计算机在国内各行各业的推广应用，对汉字信息处理的要求极为迫切。尤其在办公信息自动化、事务管理等数据处理领域，几乎都离不开对汉字信息的处理。然而，汉字信息的输入/输出和处理西文信息相比要复杂得多。如果这个问题解决得不好，势必会影响计算机的推广应用，所以汉字信息处理技术显得十分重要。

在用计算机处理汉字时，必须先将汉字代码化，即对汉字进行编码。由于西文的基本符号比较少，编码比较容易，在一个计算机系统中，输入、内部处理、存储和输出都可以使用同一代码。而汉字种类繁多，编码比西文符号困难，在一个汉字处理系统中，输入、内部处理、存储和输出对汉字代码的要求不尽相同，所以在汉字系统中存在着多种汉字代码。一般来说，在系统内部的不同地方可根据具体环境使用不同的汉字代码，组成一个汉字代码体系。汉字在计算机系统中的处理过程如图2-10所示。

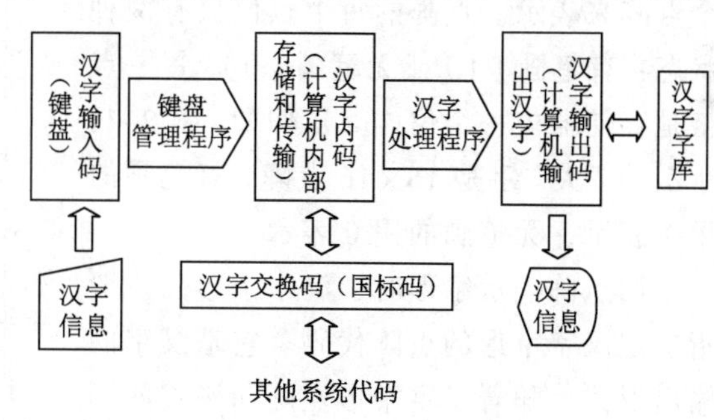

图2-10 汉字处理过程

汉字输入码是为了将汉字输入计算机而编制的代码，也称汉字的外码。它是用户利用键盘进行输入汉字的一种代码，这种代码位于人机界面之间。汉字输入编码方案很多，其表示形式大多用字母、数字或符号。输入码的长度也不同，多数为四个字节。一般汉字输入码可分为以下四类：数码，如电报码、国标码等；音码，如全拼码、简拼码、双拼码等；形码，如五笔字型等；音形码，主要有智能ABC、搜狗输入法等。

汉字交换码又称国标码,《信息交换用汉字编码字符集　基本集》是我国于 1980 年制定的国家标准 GB 2312—1980，是国家规定的用于汉字信息处理使用的代码的依据。GB 2312—1980 中规定了信息交换用的 6 763 个汉字和 682 个非汉字图形符号(包括几种外文字母、数字和符号)的代码。GB 2312—1980 标准规定每个汉字(图形符号)采用双字节表示，每个字节只用低 7 位(字节的最高位为 0)。当表示某个汉字的两个字节处在低数值时(0～31),系统很难判定是两个 ASCII 控制码还是一个汉字的国标码，因此，在计算机内部，汉字编码全部采用机内码表示。

汉字的机内码是供计算机系统内部进行存储、加工处理、传输统一使用的代码，又称汉字内码。外码的种类很多，它们需通过加载的汉字输入驱动程序将其转换成机器的内码才能保存起来，即无论采用哪种外码输入汉字，存入计算机内部都一律转换成内码。

ASCII 码与汉字同属一类，都是文字信息。系统很难辨别连续的两个字节代表的是两个 ASCII 字符还是一个汉字。为了避免 ASCII 码和国标码同时使用时产生二义性问题，大部分汉字系统将 GB 2312—1980 国标码中每个字节最高位置 1，作为汉字的机内码。这样既解决了汉字机内码与西文机内码之间的二义性，又使汉字机内码与国标码具有极简单的对应关系。

计算机处理字符数据时，当遇到最高位为 1 的字节，便可将该字节连同其后续最高位也为 1 的另一个字节看作一个汉字机内码；当遇到最高位为 0 的字节，则可看作一个 ASCII 码西文字符，这样就实现了汉字、西文字符的共存与区分。

为了能显示和打印汉字，必须存储汉字的字形，将汉字代码与汉字字形存储的地址一一对应，以便输入代码，找到字形，输出到设备。汉字输出码即汉字字形码(又称汉字字模码),是表示汉字字形的字模数据。通常使用的字形描述方法有点阵字形和矢量字形(用曲线描述轮廓，精度高、字形可变，如 Windows 中的 TrueType)。

所谓点阵方式是把汉字离散化，用一个点阵来表示。点阵的每个点位只有两种状态：有笔画(1)或无笔画(0)。每一点格是存储器中一个位(bit)。例如，图 2-11 所示的“大”字是 16×16 点阵，有笔画的用 1 表示，无笔画的用 0 表示。

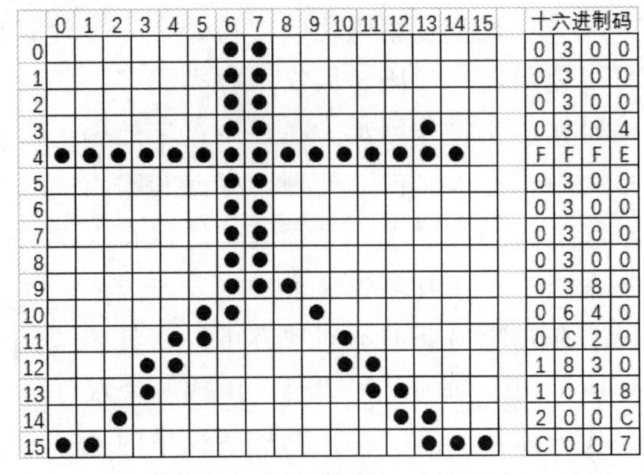

图 2-11　汉字的点阵图及编码

用点阵表示字形时，汉字字形码一般指确定汉字字形的点阵代码。它是汉字的输出形式，随着汉字字形点阵和格式的不同，汉字字形码也不同。常用的字形点阵有 16×16 点阵、24×24 点阵、48×48 点阵等。点阵越大分辨率越高，字形越美观。字形点阵的信息量是很大的，占用存储空间也很大。

一台具体的计算机的交换码可以和输入码、内部码、输出码一致，也可以不一致，这取决于汉字信息处理系统设计与应用的具体情况。但是，在一般情况下，一台计算机的输入码、内部码和输出码是随着计算机的不同而不同的，而交换码就必须整齐统一，才便于与其他计算机进行信息交换。

2.2.4 图形及图像的表示

在日常生活中，人们对图形和图像的概念不作区分，但在计算机中，图形和图像是两种不同的数字化表示方法：图形（Graphics）是矢量图形；图像（Image）是位图图像。图形和图像在计算机中的创建、加工处理、存储和表现方式是完全不同的。这两种表示方法各有所长，在很多应用场合它们相互补充，在一定的条件下能相互转换。

1．图像（image）

图像是由扫描仪、摄像机等输入设备捕捉实际的画面产生的数字图像，是由像素点阵构成的位图，就是将一张图分割成若干行若干列，行数为图像的高度，列数为图像的宽度，行与列的交叉构成一个个点（像素，Pixel），每个像素点包含着反映画面某点明暗与颜色变化的细节等信息。

图像除了可以表达真实的照片，也可以表现复杂绘画的某些细节，具有灵活和富于创造力等特点。但在打印输出和放大时会出现方块状，容易发生失真，如图 2-12 所示。

图 2-12　对位图放大后会出现方块状

在计算机中，每个像素的灰度或颜色信息用一组二进制数表示，这组二进制数的位数称为像素深度，也称图像深度、颜色深度（即一幅位图图像中最多能使用的颜色数）。颜色深度简单说就是最多支持多少种颜色。一般用“位”来描述。

颜色深度有 1 位、4 位、8 位、24 位和 32 位。如果一个图片支持 256 种颜色，就需要 8 位二进制数来表示 256 种状态，颜色深度就是 8 位。图像深度超过 1 670 万种颜色数的图像，称为 24 位或真彩色图像，即每个像素需要 24 个比特（3 个字节），它可以达到人眼分辨的极限。在 24 位图像深度的基础上增加了 256 阶颜色的灰度的图像，规定其为 32 位色，少量显卡能达到 36 位色。深度越深，反映图像的颜色总数就越大，图像色彩就越逼真。另外，若一幅图像被分割得的越细，越能完整地表示图像所包含的各个部分的颜色、明暗度等信息。颜色深度越大，图片占的空间越大。

图像文件一般数据量比较大，其占用数据空间计算方法为

$$比特数 = 图像宽度 \times 图像高度 \times 图像深度$$

$$字节数 = 比特数 \div 8$$

需要说明一点的是，在位图文件中，除描述图像中各像素的数据外，还包含有图像调色板和分辨率等辅助数据，这就是位图文件占用的存储空间比上述公式计算结果略大的缘故。

位图图像通常用于现实中的图像，其数据文件格式较多。例如，照相机里面的相片

一般是 JPG 格式的，全名是 JPEG ，支持 24 位颜色，是与平台无关的格式，支持最高级别的压缩，不过，这种压缩是有损耗的。JPEG 不适用于所含颜色很少、具有大块颜色相近的区域或亮度差异十分明显的较简单的图片。BMP 也是使用非常广的图像文件格式，与硬件设备无关，不采用其他任何压缩。BMP 文件的图像深度可选 1 位、4 位、8 位及 24 位。由于 BMP 文件格式是 Windows 环境中交换与图有关的数据的一种标准，因此在 Windows 环境中运行的图形图像软件都支持 BMP 图像格式。由 CompuServe 开发的 GIF 格式是一种在网络上非常流行的图像文件格式，是一种压缩位图格式，支持透明背景图像，适用于多种操作系统，“体型”很小，网上很多小动画都是 GIF 格式，但 GIF 只能显示 256 色。网络通信中因受带宽制约，在保证图片清晰、逼真的前提下，网页中不可能大范围地使用文件较大的 BMP、JPG 格式文件，GIF 格式文件虽然文件较小，但其颜色失色严重，不尽如人意，PNG 格式图片因其高保真性、透明性及文件体积较小等特性，被广泛应用于网页设计、平面设计中，能正确精确地压缩 24 位或是 32 位的彩色图像，是目前保证最不失真的格式。

计算机中的数字化图像，可利用工具软件如 Microsoft Paint（画图）、PC Paintbrush、Adobe Photoshop 或 Micrografx Picture Publisher 等位图软件（或绘画软件）来创作生成，也可通过硬件设备如图像扫描仪、摄像机、数码相机等采集产生。不同格式的图像文件可以利用软件工具来相互转换，比如，可以用 Photoshop 将 JPG 格式文件转换成其他格式。

2．图形（graphics）

图形是一种抽象化的图像，是对图像依据某个标准进行分析而得到的结果。它不直接描述数据的每一点，而是描述产生这些点的过程及方法。因此，我们称之为矢量图形，更一般地称之为图形。

矢量图形是以一种指令的形式存在的，这些指令描述一幅图中所包含的直线、圆、弧线、矩形的大小和形状，也可以用更为复杂的形式表示曲面、光照、材质等效果。在计算机上显示一幅图时，首先要解释这些指令，然后将它们转变成屏幕上显示的形状和颜色。由于大多数情况下不用对图上的每一个点进行量化保存，所以需要的存储量很小，但这是以计算机显示过程中还原图像的运算时间为代价的。图形有具有以下特性：图形是对图像进行抽象的结果；图形的矢量化使得有可能对图中的各个部分分别进行控制；图形的产生需要时间。

目前图形生成方法绝大多数采用交互式（Interactive），操作人员使用交互设备控制和操作模型的建立以及图形的生成过程，模型及其图形可以边生成、边形成、边修改，直到产生符合要求的模型和图形。

绘制矢量图的软件有二维（2D）和三维（3D）两种。在微机平台上制作二维图形较常见的软件有 CorelDRAW 等。制作三维图形常见的软件有 3ds Max、AutoCAD 等，这些软件多被应用在工程和建筑设计上。

AutoCAD 中的图形文件有 DIF 文件格式，它以 ASCII 方式存储图形，表现图形在尺寸大小方面十分精确，可以被 CorelDRAW、3ds Max 等软件调用编辑。DXF 格式是 AutoCAD

中的矢量文件格式，它也是以 ASCII 码方式存储文件，在表现图形的大小方面十分精确。CDR 文件格式是所有 CorelDRAW 应用程序均能使用的图形文件。SVG 格式文件可以算是目前最热门的图像文件格式,SVG 是基于 XML 的,能制作出空前强大的动态交互图像。支持 SVG 的手机，允许用户查看高质量的矢量图形及动画。同时，由于 SVG 采用文本传输，尺寸也会非常小，速度将会更快。目前，市面上多款品牌智能手机均提供此服务。

3．图形与图像的关系

图形与图像是两个不同的概念，应注意加以区别。但有时，我们又把两者统称图形或图像。

图形是矢量的概念。它的基本元素是图元，也就是图形指令；而图像是位图的概念，它的基本元素是像素。图像显示更逼真些，而图形则更加抽象，仅有线、点、面等元素。

图形的显示过程是依照图元的顺序进行的，而图像的显示过程是按照位图中所安排的像素顺序进行的，与图像内容无关。

图形可以进行变换且无失真，而图像变换则会发生失真。例如，当图像放大时边界会产生阶梯效应，即通常说的“锯齿”。

图形能以图元为单位单独进行属性修改、编辑等操作，而图像则不行，因为在图像中并没有关于图像内容的独立单位，只能对像素或图像块进行处理。

图形实际上是对图像的抽象。在处理与存储时均按图形的特定格式进行，一旦上了屏幕，它就与图像没有什么两样了。在抽象过程中，会丢失一些原型图像信息。换句话说，图形是更加抽象的图像。

总之，图形和图像各有优势，用途各不相同，两者相辅相成，谁也不能取代谁。

2.2.5 声音的表示

计算机可以记录、存储和播放声音（如发音、音乐等）。音频（Audio）有时也泛称声音，除语音、音乐外还包括各种音响效果。数字化后，计算机中保存声音文件的格式有多种，常用的有两种：波形音频文件和 MIDI 音乐文件。

1．波形音频

波形音频文件是真实声音数字化后的数据文件。存储在计算机上波形音频文件有许多种类。目前较流行的音频文件有 WAV、MP3、WMA、MID 等。

WAV 为微软公司开发的一种声音文件格式，是录音时用的标准的 Windows 文件格式，具有很高的音质。

MP3（MPEG Audio Layer 3），是当今较流行的一种数字音频编码和有损压缩格式，它设计用来大幅度地降低音频数据量，而对于大多数用户来说重放的音质与最初的不压缩音频相比没有明显的下降。MP3 具有体积小、音质高的特点，几乎成为网上音乐的代名词。每分钟音乐的 MP3 格式只有 1 MB 左右大小，这样每首歌的大小只有 3～4 MB。使用 MP3 播放器对 MP3 文件进行实时的解压缩（解码），高品质的 MP3 音乐就播放出来了。

WMA（Windows Media Audio）是微软公司推出的与 MP3 格式齐名的一种音频格式。由于 WMA 在压缩比和音质方面都超过了 MP3，更是远胜于 RA（Real Audio），即使在较低的采样频率下也能产生较好的音质。现在大多数在线音频试听网站都使用的是 WMA 格式，WMA 解码比起 MP3 较为复杂。

2. MIDI 音乐

MIDI（Musical Instrument Digital Interface，乐器数字接口）是 20 世纪 80 年代初为解决电声乐器之间的通信问题而提出的。MIDI 传输的不是声音信号，而是音符、控制参数等指令，它指示 MIDI 设备要做什么，怎么做，如演奏哪个音符、多大音量等。MIDI 是一种电子乐器之间以及电子乐器与计算机之间的统一交流协议。很多流行的游戏、娱乐软件中都有不少以 MID、RMI 为扩展名的 MIDI 格式音乐文件。

MIDI 文件是一种描述性的“音乐语言”，它将所要演奏的乐曲信息用字节进行描述。例如在某一时刻，使用什么乐器，以什么音符开始，以什么音调结束，加以什么伴奏等，也就是说，MIDI 文件本身并不包含波形数据，所以 MIDI 文件非常小巧。MIDI 声音尚不能做到在音质上与真正的乐器完全相似，在质量上还需要进一步提高。MIDI 也无法模拟出自然界中其他非乐曲类声音，MIDI 所适应的范围只是电声乐曲或模拟其他乐器的乐曲。

MIDI 目前在专业音乐范围内得到了广泛的应用，比如，电视晚会的音乐编导可以用 MIDI 功能辅助音乐创作，或按 MIDI 标准生成音乐数据传播媒介，或直接进行乐曲演奏；如果在计算机上装备了高级的 MIDI 软件库，可将音乐的创作、乐谱的打印、节目编排、音乐的调整、音响的幅度、节奏的速度、各声部之间的协调、混响交由 MIDI 来控制完成。

2.2.6 数字动画和数字视频的表示

动态图像由多幅连续的、顺序的图像序列构成，序列中的每幅图像称为一“帧”。如果每一帧图像是由人工或计算机生成的图形时，该动态图像就称为动画；若每帧图像为计算机产生的具有真实感的图像，则称为三维真实感动画，二者统称动画；若每帧图像为实时获取的自然景物图像时，就称为动态影像视频，简称动态视频或视频（Video）。现在，包括模式识别在内的先进技术允许把捕捉的视频和动画结合在一起，形成混合运动图像。

动态图像演示常常与声音媒体配合进行，二者的共同基础是时间连续性。

1. 数字动画

计算机动画的原理和传统动画基本相同，但采用了数字化的技术，计算机处理后的动画，它的运动效果、画面色调、纹理、光影效果等可以不断地改变，最终输出多种样式。根据运动的控制方式，可以将动画分为实时动画和逐帧动画。从视觉空间来分，计算机动画可以分为二维动画和三维动画。

实时动画也称算法动画，它是采用各种算法来实现运动物体的运动控制。在实时动画中，计算机对输入的数据进行快速处理，在人眼察觉不到的时间间隔里在屏幕上输出播放。人们见得比较多的实时动画是电玩游戏中的动画，在操作游戏时，人机交互完全是实时快速的。实时动画对硬件的要求很高，一般与动画的质量、运动的复杂度有关，大型的 3D 游戏对于计算机的显卡和内存容量要求很高。

逐帧动画是由多帧内容不同而又相互联系的画面连续播放而形成的视觉效果。例如，Flash 中实现的动画，文件扩展名为.swf。SWF 格式的动画图像能够用比较小的体积来表现丰富的多媒体形式。在图像的传输方面，不必等到文件全部下载才能观看，而是可以边下载边看，因此特别适合网络传输，特别是在传输速率不佳的情况下，也能取得较好的效果。SWF 被大量应用于 Web 网页进行多媒体演示与交互性设计。此外，SWF 动画是其于矢量技术制作的，因此不管将画面放大多少倍，画面不会因此而有任何损害。

二维画面是平面上的画面。无论画面的立体感有多强，终究只是在二维空间上模拟真实的三维空间效果。二维动画是对手工传统动画的一个改进。就是可将事先手工制作的原动画逐帧输入计算机，由计算机帮助完成绘线上色的工作，并且由计算机控制完成记录工作。目前，二维动画制作软件比较经典的有 Ulead 公司的 GIF Animator 软件。

三维动画又称 3D 动画，是近年来随着计算机软硬件技术的发展而产生的一新兴技术。三维动画软件在计算机中首先建立一个虚拟的世界，设计师在这个虚拟的三维世界中按照要表现的对象的形状尺寸建立模型以及场景，再根据要求设定模型的运动轨迹、虚拟摄影机的运动和其他动画参数，最后按要求为模型赋上特定的材质，并打上灯光。当这一切完成后就可以让计算机自动运算，生成最后的画面。三维动画技术模拟真实物体的方式使其成为一个有用的工具。由于其精确性、真实性和无限的可操作性，目前被广泛应用于医学、教育、军事、娱乐等诸多领域。在影视广告制作方面，这项新技术能够给人耳目一新的感觉，因此受到了众多客户的欢迎。常用的三维动画使用软件有 AutoCAD、3ds Max、Maya 等。

2. 数字视频

数字视频就是先用摄像机之类的视频捕捉设备，将外界影像的颜色和亮度信息转变为电信号，再记录到存储介质（如录像带）。

目前，视频格式可以分为适合本地播放的本地影像视频和适合在网络中播放的网络流媒体影像视频两大类。尽管后者在播放的稳定性和播放画面质量上可能没有前者优秀，但网络流媒体影像视频的广泛传播性使之正被广泛应用于视频点播、网络演示、远程教育、网络视频广告等互联网信息服务领域。

（1）本地影像视频

生活中接触较多的 VCD、多媒体 CD 光盘中的动画等都是影像文件。影像文件不仅包含了大量图像信息，同时还容纳大量音频信息。所以，影像文件的尺寸较大，动辄就是几兆字节甚至几十兆字节。

我们经常用到的 VCD 光盘中用于播放的文件格式是 MPEG/MPG/DAT 格式，扩展名为.dat。MPEG（Moving Pictures Experts Group，动态图像专家组）是运动图像压缩算法的国际标准，现已被几乎所有的计算机平台共同支持。MP3 音频文件也是 MPEG 音频的一个典型应用。

另外，在一些游戏、教育软件的片头及多媒体光盘中，也可以经常看见扩展名为.avi 的视频文件。AVI（Audio Video Interleaved，音频视频交错）格式是由 Microsoft 公司开发的一种数字音频与视频文件格式，允许视频和音频交错在一起同步播放。

（2）流式视频

随着 Internet 的快速发展，很多视频数据要求通过网络来进行实时传输，但由于视频文件的体积往往比较大，而现有的网络带宽却往往比较“狭窄”。客观因素限制了视频数据的实时传输和实时播放，于是一种新型的流式视频（Streaming Video）格式应运而生。这种流式视频采用一种“边传边播”的方法，避免了用户必须等待整个文件从 Internet 上全部下载完毕才能观看的缺点。

Real Networks 公司开发的 RM（Real Media）流媒体视频文件格式一开始就定位在视频流应用方面，可以说是视频流技术的始创者。由 Microsoft 公司推出的 ASF（Advanced Streaming Format）格式也是一个在 Internet 上实时传播多媒体的技术标准。RM 和 ASF 格式可以说各有千秋，通常 RM 视频更柔和一些，而 ASF 视频则相对清晰一些。

不同的场合我们需要不同的文件格式，可以利用一些工具进行转换。

2.3 多媒体技术

2.3.1 多媒体技术概论

多媒体技术（Multimedia Technology）是利用计算机对文本、图形、图像、声音、动画、视频等多种信息进行综合处理和管理，使用户可以通过各种感官与计算机进行实时信息交互的技术，又称计算机多媒体技术。真正的多媒体技术所涉及的对象是计算机技术的产物，而其他的单纯事物，如电影、电视、音响等，均不属于多媒体技术的范畴。

媒体（Medium）在计算机行业里有两种含义：其一是指传播信息的载体，如语言、文字、图像、视频、音频等；其二是指存储信息的载体，如 ROM、RAM、磁带、磁盘、光盘等，目前，主要的载体有 CD-ROM、VCD、网页等。我们所提到多媒体技术主要是指利用计算机把文字、图形、影像、动画、声音及视频等媒体信息都数字化，并将其整合在一定的交互式界面上，使计算机具有交互展示不同媒体形态的能力。它极大地改变了人们获取信息的传统方法，符合人们在信息时代的阅读方式。

多媒体技术的发展改变了计算机的使用领域，使计算机由办公室、实验室中的专用品变成了信息社会的普通工具，广泛应用于工业生产管理、学校教育、公共信息咨询、商业广告、军事指挥与训练，甚至家庭生活与娱乐等领域。

1. 多媒体技术的基本特征

多媒体是融合两种以上媒体的人机交互式信息交流和传播媒体，具有多样性、集成性、交互性、智能性、实时性和易扩展性等特点，是一门基于计算机技术的，包括数字信号的处理技术、音频和视频技术、多媒体计算机系统（硬件和软件）技术、多媒体通信技术、图像压缩技术、人工智能和模式识别等的综合技术，也是一门处于发展过程中且备受关注的高新技术。

2. 多媒体技术的应用

伴随着半导体制造技术、计算机技术、网络技术、通信技术等各相关产业的发展，多媒体技术也不断进步和发展，其应用领域已十分广泛，涉及教育与训练、商业与咨询、多媒体电子出版物、游戏与娱乐、广播电视、通信领域、虚拟现实等方面。它不仅覆盖了计算机的绝大部分应用领域，同时还开拓了许多新的应用领域。

目前，多媒体技术正朝着高分辨化、高速度化、操作简单化、高维化、智能化和标准化的方向发展，它将集娱乐、教学、通信、商务等功能于一身，对它的应用几乎渗透到社会生活的各个领域，从而标志着人类视听一体化的理想生活方式即将到来。

3. 多媒体计算机系统组成

多媒体计算机是指能对多媒体信息进行获取、编辑、存取、处理、加工和输出的一种交互式的计算机系统。多媒体计算机系统一般由多媒体硬件系统、多媒体操作系统、媒体处理系统工具和用户应用软件组成。

多媒体硬件系统包括计算机硬件、声音/视频处理器、多种媒体输入/输出设备及信号转换装置、通信传输设备及接口装置等。其中，最重要的是根据多媒体技术标准而研制生成的多媒体信息处理芯片和板卡、光盘驱动器等。

多媒体操作系统又称多媒体核心系统(Multimedia Kernel System),具有实时任务调度、多媒体数据转换和同步控制对多媒体设备的驱动和控制，以及图形用户界面管理等功能。

媒体处理系统工具又称多媒体系统开发工具软件，是多媒体系统重要组成部分。

用户应用软件是根据多媒体系统终端用户要求而定制的应用软件或面向某一领域的用户应用软件系统，它是面向大规模用户的系统产品。

2.3.2 流媒体

流媒体（Streaming Media）是指采用流式传输方式在网络上传输的多媒体文件。流式传输方式是将音频、视频和 3D 等多媒体文件经特殊压缩分成若干压缩包，放在网站服务器上，让用户一边下载一边观看、收听，而不需要等整个压缩文件下载到自己机器后才可以观看的网络传输技术。简言之，流媒体是指将一连串的媒体数据压缩后，经过网上分段发送数据，在网上即时传输影音以供观赏的一种技术与过程。

该技术先在用户端的计算机中创造一个缓冲区，播放前预先下载一段资料作为缓冲，当网络实际连线速度小于播放所耗用资料的速度时，播放程序就会取用这一小段缓冲区内的资料，避免播放的中断，也使得播放品质得以维持。流媒体的播放方式不同于网上下载，网上下载需要将音视频文件下载到本地计算机再播放，而流媒体可以实现边接收、边解压缩、边播放、边下载、边观看，这就是流媒体的特点所在。

1. 流媒体文件格式

流媒体实际指的是一种新的媒体传送方式，有声音流、视频流、文本流、图像流、动画流等，而非一种新的媒体。流媒体文件格式是支持采用流式传输及播放的媒体格式。目前利用流媒体技术在网络上可以以流式方式播放标准媒体文件，如 MP3、WAV、MPG、MOV、AIF、AVI 等格式文件，但其播放效率和播放质量不高。因此，通常将标准媒体文件格式转换为流式文件格式，使其适合在网络上边下载、边播放。

目前常用的流媒体文件格式有 RA（实时声音）、RM（实时视频或音频的实时媒体）、RT（实时文本）、RP（实时图像）、SMII（同步的多重数据类型综合设计文件）、SWF（Shockwave Flash 动画文件）、RPM（HTMI 文件的插件）、RAM（流媒体的源文件，是包含 RA、RM、SMIIJ 文件地址（URL 地址）的文本文件）、CSF（一种类似媒体容器的文件格式，可以将非常多的媒体格式包含在其中，而不仅仅限于音频和视频）、QuickTime、MOV、ASF、WMV、WMA、AVI、MPEG、MPG、DAT、MTS 等。

2. 流式传输方式

流媒体实现的关键技术就是流式传输。流式传输定义很广泛，现在主要指通过网络传送媒体（如视频和音频）的技术总称。其特定含义为通过 Internet 将影视节目传送到计算机。实现流式传输有两种方法：实时流式传输（Real Time Streaming）和顺序流式传输（Progressive Streaming）。

实时流式传输必须保证匹配连接带宽，使媒体可以被实时观看到。在观看过程中用户可以任意观看媒体前面或后面的内容，但在这种传输方式中，如果网络传输状况不理想，则收到的图像质量就会比较差。实时流式传输需要特定服务器，如 QuickTime Streaming Server、Realserver 或 Windows Media Server。这些服务器允许对媒体发送进行更多级别的控制，因而系统设置、管理比标准 HTTP 服务器更复杂。实时流式传输还需要特殊网络协议，如 RTSP(Realtime Streaming Protocol)或 MMS(Microsoft Media Server)。在有防火墙时，有时会对这些协议进行屏蔽，导致用户不能看到一些地点的实时内容。实时流式传输总是实时传送，因此特别适合现场事件。

顺序流式传输是顺序下载，用户在观看在线媒体的同时下载文件，在这一过程中，用户只能观看下载完的部分，而不能直接观看未下载部分。也就是说，用户总是在一段延时后才能看到服务器传送过来的信息。由于标准的 HTTP 服务器就可以发送这种形式的文件，所以它经常被称为 HTTP 流式传输。该传输方式能够较好地保证节目播放的质量，因此比较适合在网站上发布的、可供用户点播的、高质量的视频。顺序流式文件放在标准 HTTP 或 FTP 服务器上，易于管理，基本上与防火墙无关。顺序流式传输不适合长片段和有随机访问要求的视频，如讲座、演说与演示。它也不支持现场广播。

一般说来，如视频为实时广播，或使用流式传输媒体服务器，或应用如 RTSP 的实时协议，即为实时流式传输。如使用 HTTP 服务器，文件即通过顺序流发送。采用哪种传输方法取决于用户需求。当然，流式文件也支持在播放前完全下载到计算机中。

互联网的迅猛发展和普及为流媒体业务发展提供了强大市场动力，流媒体业务正变得日益流行。流媒体技术广泛用于多媒体新闻发布、在线直播、网络广告、电子商务、视频点播、远程教育、远程医疗、网络电台、实时视频会议等互联网信息服务的方方面面。

目前流行的流媒体主流平台有 Real 公司开发的 Real Networks、微软公司开发的 Windows Media、苹果公司开发的 QuickTime。

2.3.3 多媒体的主要技术

1. 多媒体数据压缩技术

在多媒体计算系统中，信息从单一媒体转到多种媒体；若要表示、传输和处理大量数字化的声音/图片/影像视频信息等，数据量是非常大的。例如，一幅具有中等分辨率（640×480 像素）真彩色图像（24 位/像素），它的数据量约为每帧 7.37 MB。若要达到每秒 25 帧的全动态显示要求，每秒所需的数据量为 184 MB，而且要求系统的数据传输速率必须达到 184 Mbit/s。对于声音，若用 16 位/样值的 PCM 编码，采样速率选为 44.1 kHz，则双声道立体声声音每秒将有 176 KB 的数据量。由此可见音频、视频的数据量之大。如果不进行处理，计算机系统几乎无法对它们进行存取和交换。因此，在多媒体计算机系统中，为了达到令人满意的图像、视频画面质量和听觉效果，必须解决视频、图像、音频信号数据的大容量存储和实时传输问题。解决的方法，除了提高计算机本身的性能及通信信道的带宽外，更重要的是对多媒体进行有效的压缩。数据压缩就是对数据重新进行编码，以减少所需存储空间。数据压缩是可逆的，因此数据可以恢复成原状。数据压缩的逆过程有时也称解压缩、展开等。

多媒体数据之所以能够压缩，是因为视频、图像、声音这些媒体具有很大的压缩力。以目前常用的位图格式的图像存储方式为例，在这种形式的图像数据中，像素与像素之间无论在行方向还是在列方向都具有很大的相关性，因而整体上数据的冗余度很大；在允许一定限度失真的前提下，能对图像数据进行很大程度的压缩。当数据压缩之后，文件的大小变小了。压缩的数量称为压缩比。例如，压缩比为 20∶1 表示压缩后的文件是原始文件 1/20。

数据压缩技术可以用到文字、图像、声音和视频数据。有些压缩技术需要特殊的计算机硬件，而另一些技术则完全由软件实现。

常用的有两种数据压缩技术：磁盘压缩和文件压缩。

2. 多媒体专用芯片技术

多媒体专用芯片技术可分为两类：一类是固定功能的芯片，其主要用来提高图像数据的压缩率；另一类是可编程数字信号处理器 DSP 芯片，主要用来提高图像的运算速度。

专用芯片是改善多媒体计算机硬件体系结构和提高其性能的关键。为了实现音频、视频信号的快速压缩、解压缩和实时播放，需要大量的快速计算。只有不断研发高速专用芯片，才能取得令人满意的处理效果。专用芯片技术的发展依赖于大规模集成电路技术的发展。

最早推出的固定功能的专用芯片是图像处理的压缩处理芯片，即将实现静态图像的数据压缩/解压缩算法做在一个专用芯片上，从而大大提高其处理速度。

可编程数字信号处理器 DSP 芯片是一种非常适合进行数字信号处理的微处理器。由于其采用多处理器并行技术，计算能力超强，可望达到 2BIPS（BIPS 的全称是 Billion Instructions Per Second，指计算机每秒能执行多少十亿次指令），特别适合于高密度、重复运算及大数据流量的信号处理。这些高档的专用多媒体处理器芯片，不仅大大提高了音频、视频信号处理速度，而且在音频、视频数据编码时增加了特技效果

3. 多媒体输入/输出技术

多媒体输入/输出技术包括媒体变换技术、媒体识别技术、媒体理解技术和媒体综合技术。

媒体变换技术是指改变媒体的表现形式。例如，当前广泛使用的视频卡、音频卡（声卡）都属媒体变换设备。

媒体识别技术是对信息进行一对一的映像过程。例如，语音识别技术和触摸屏技术等。

媒体理解技术是对信息进行更进一步的分析处理和理解信息内容。例如，自然语言理解、图像理解、模式识别等技术。

媒体综合技术是把低维信息表示映射成高维的模式空间的过程。例如，语音合成器可以把语音的内部表示综合为声音输出。

2.4 微型计算机

2.4.1 微型计算机的产生与发展

20 世纪 70 年代，微处理器和微型计算机的生产和发展，一方面是由于军事工业、空间技术、电子技术和工业自动化技术的迅速发展，日益要求生产体积小、可靠性高和功耗低的计算机，这种社会的直接需要是促进微处理器和微型计算机产生和发展的强大动力；另一方面是由于大规模集成电路技术和计算机技术的飞速发展，1970 年已经可以生产 1 KB 的存储器和通用异步收发器(Universal Asynchronous Receiver/Transmitte，UART-r)等大规模集成电路产品，并且计算机的设计日益完善，总线结构、模块结构、堆栈结构、微处理器结构、有效的中断系统及灵活的寻址方式等功能越来越强，这为研制微处理器和微型计算机打下了坚实的物质基础和技术基础。因而，自从 1971 年微处理器和微型计算机问世以来，它就得到了异乎寻常的发展，大约每隔 2～4 年就更新换代一次。至今，经历了四代演变，并进入第五代。微型计算机的换代，通常是按其 CPU 字长和功能来划分的。

1. 第一代（1971—1973 年）：4 位或低档 8 位微处理器和微型机

代表产品是美国 Intel 公司的 4004 微处理器以及由它组成的 MCS-4 微型计算机（集成度为 1 200 晶体管/片）。随后又制成 8008 微处理器及由它组成的 MCS-8 微型计算机。第一代微型机就采用了 PMOS 工艺，基本指令时间为 10～20 μS，字长 4 位或 8 位，指令系统比较简单，运算功能较差，速度较慢，系统结构仍然停留在台式计算机的水平上，软件主要采用机器语言或简单的汇编语言，其价格低廉。

2. 第二代（1974—1978 年）：中档的 8 位微处理器和微型机

其间又分为两个阶段，1973—1978 年为典型的第二代，以美国 Intel 公司的 8080 和 Motorola 公司的 MC6800 为代表，集成度提高 1～2 倍，(Intel 8080 集成度为 4 900 管/片)，运算速度提高了一个数量级。1976—1978 年为高档的 8 位微型计算机和 8 位单片微型计算机阶段，称为二代半。高档 8 位微处理器，以美国 ZILOG 公司的 Z80 和 Intel 公司的 8085 为代表，集成度和速度都比典型的第二代提高了一倍以上(Intel 8085 集成度为 9 000 管/片)。8 位单片微型机以 Intel 8048/8748(集成度为 9 000 管/片)、MC6801、MOSTEKF81/3870、Z80 等为代表，它们主要用于控制和智能仪器。总的来说，第二代微型机的特点是采用 NMOS 工艺，集成度提高 1～4 倍，运算速度提高 10～15 倍，基本指令执行时间为 1～2 μs，指令系统比较完善，已具有典型的计算机系统结构以及中断、DMA 等控制功能，寻址能力也有所增强，软件除采用汇编语言外，还配有 BASIC、FORTRAN、PL/M 等高级语言及其相应的解释程序和编译程序，并在后期开始配上操作系统。

3. 第三代（1978—1985 年）：16 位微处理器和微型机

代表产品是 Intel 8086（集成度为 29 000 管/片）、Z8000（集成度为 17 500 管/片）和 MC68000（集成度为 68 000 管/片）。这些 CPU 的特点是采用 HMOS 工艺，基本指令时间约为 0.05 μs，从各个性能指标评价，都比第二代微型机提高了一个数量级，已经达到或超过中、低档小型机（如 PDP11/45）的水平。这类 16 位微型机通常具有丰富的指令系统，采用多级中断系统、多重寻址方式、多种数据处理形式、段式寄存器结构、乘除运算硬件，电路功能大为增强，并都配备了强有力的系统软件。

4. 第四代（1985—1993 年）：32 位高档微型机

随着科学技术的突飞猛进，计算机应用的日益广泛，现代社会对计算机的依赖已经越来越明显。原来的 8 位、16 位机已经不能满足广大用户的需要，因此，1985 年以后，Intel 公司在原来的基础上又发展了 80386 和 80486。其中，80386 工作主频达到 25 MHz，有 32 位数据线和 24 位地址线。以 80386 为 CPU 的 COMPAQ386、AST386、IBMPS2/80 等机种相继诞生。同时，随着内存芯片的发展和硬盘技术的提高，出现了配置 16 MB 内存和 1 000 MB 外存的微型机，微机已经成为超小型机，可执行多任务、多用户作业。由微型机组成的网络、工作站相继出现，从而扩大了用户的应用范围。1989 年，Intel 公司在 80386 的基础上研制出 80486。它是在 80386 的芯片内部增加了一个 8 KB 的高速缓冲内存和 80386 的协处理器芯片 80387 而形成了新一代 CPU。1993 年 3 月 22 日，Intel 公司发布了它的新一代处理器 Pentium（奔腾）。它采用 0.8 μm 的 BicMOS 技术，集成了 310 万个晶体管，工作电压也从 5 V 降到 3 V。

5. 第五代（1993—2005 年）：奔腾系列微处理器时代

与 20 世纪 70 年代的大中型机功能相当。随着 Pentium 新型号的推出，CPU 晶体管的数目增加到 500 万个以上，工作主频率从 66 MHz 增加到 333 MHz。1998 年 3 月，Intel 公司在 CeBIT 贸易博览会展出了一种速度高达 702 MHz 的奔腾Ⅱ芯片。1999 年，以奔腾Ⅱ 450、奔腾Ⅲ450 为微处理器、内存 128 MB、硬盘 8.4 GB 的微机在我国上市。2000 年，推出 Pentium 4 处理器，采用 Netburst 架构，时钟频率为 1.5 GHz，总线频率达 400 MHz。2003 年，Intel 发布全新移动处理规范“迅驰”，同年，推出最新的移动处理器 Pentium M。

6. 第六代（2005 年至今）：酷睿（Core）系列微处理器时代

2006 年，发布酷睿 2 双核处理器。2007 年，Intel 发布了用于个人计算机的 65 nm 酷睿 2 四核处理器和用于服务器的四核处理器，晶体管数量达到 5.8 亿个。2014 年，发布了第四代智能英特尔酷睿 i7 系列。2015 年，Intel 在德国科隆游戏展上发布了 Skylake 处理器及 Z170 芯片组，与 22 nm Haswell 架构的第四代智能处理器相比，第六代智能处理器 Skylake 有了全方位的升级——制程工艺升级到 14 nm，GPU 架构升级到 Gen9，内存从 DDR3 升级到了 DDR4。与此同时，操作系统也经历了从 XP、Vista、Windows 7、Windows 8 到 Windows 10 的过渡。

由于绝大多数个人使用的计算机都是微型计算机，所以微型计算机往往也称个人计算机（Personal Computer，PC）。微型计算机系统的工业产品形式多种多样，目前面向个人的产品有以下几种。

（1）台式个人计算机（Desktop PC，简称“台式机”）

这种系统体积较大，只能放在桌台面上，不便携带，故称台式机。

（2）笔记本计算机（Notebook）

使用缩小体积的元器件，将显示器、键盘与机箱做成一体，这就构成了笔记本电脑。

（3）平板计算机（平板电脑）（Tablet Personal Computer，简称 Tablet PC 或 Flat Pc 或 Tablet）

平板电脑是一款无须翻盖、没有键盘、以触摸屏作为基本的输入设备、小到足以放入手袋、但却功能完整的 PC。

（4）智能手机（Smart Phone，Smart Mobilephone）

智能手机是一个完整的微型计算机系统，它除了能完成传统手机的通信功能外，还可以用来上网、照相、听音乐、玩游戏等。

（5）智能可穿戴设备

可穿戴设备是应用穿戴式技术对日常穿戴进行智能化设计、开发出可以穿戴的设备的总称，如智能手表或智能眼镜等，以及只专注于某一类应用功能，需要和其他设备如智能手机配合使用，如各类进行体征监测的智能手环、智能首饰等。可穿戴设备不仅仅是一种硬件设备，更是通过软件支持以及数据交互、云端交互来实现强大的功能，可穿戴设备将会对人们的生活、感知带来很大的影响。

（6）嵌入式系统（Embedded System）

嵌入式系统是一种“完全嵌入受控器件内部，为特定应用而设计的专用计算机系统”，如洗衣机、电视机、汽车等设备中的计算机系统。

2.4.2　微型计算机硬件系统

1969 年，Intel 公司的 M. E. Hoff 设计了第一台微型计算机，使计算机迅速渗透到各个领域，成为企业、机关、军队、学校和家庭的常用工具。在人们使用微型计算机的过程中，也促使微型计算机向高速、微型化发展。微机的基本结构都是由显示器、键盘和主机构成。图 2-13 所示是典型的微型计算机。

一台计算机其完整的硬件系统从功能角度必须包括运算器、控制器、存储器、输入设备和输出设备五部分，每个功能部件各尽其职、协调工作。根据计算机的特点将硬件分为主机和外围设备两部分，如图 2-14 所示。

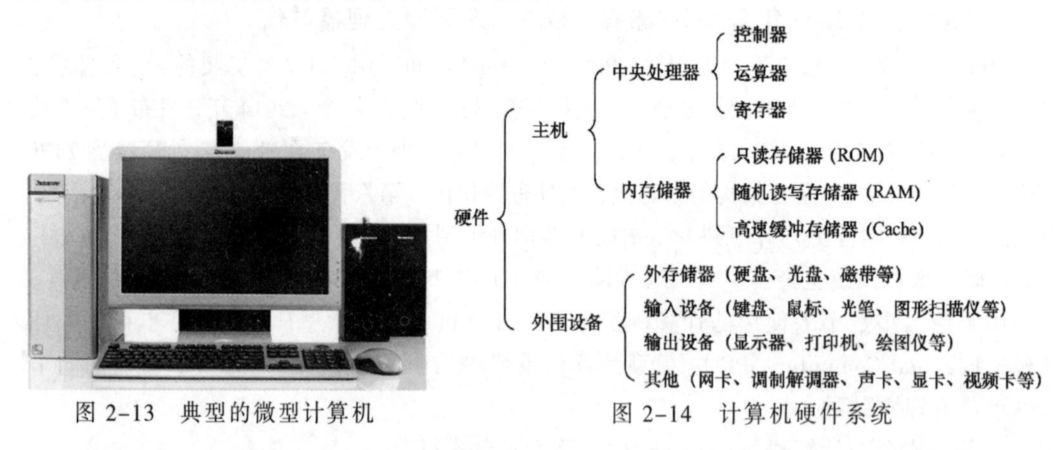

图 2-13　典型的微型计算机　　　　图 2-14　计算机硬件系统

微型计算机硬件系统中 CPU（运算器、控制器）即中央处理器，也称微处理器（MicroProcessor，MP），微处理器中数据是存放在寄存器（Register）中的。存储器分为主存储器和辅助存储器。主存储器也称内存储器，简称内存或主存；辅助存储器也称外存储器，简称外存或辅存。输入设备和输出设备以及辅助存储器合称为外围设备，简称外设。主存储器的速度与微处理器的速度是匹配的，所以可以直接与微处理器相连；而由于外围设备速度相对慢很多、信号形式多样性以及电压值变化等原因，外设要通过 I/O（输入/输出）接口（Interface）与微处理器相连。

上述部件通过总线（Bus）连接在一起。总线是计算机各种功能部件之间传送信息的公共通信干线，它是由导线组成的传输线束。地址总线（Address Bus）传送地址信号，数据总线（Data Bus）传送数据，而控制总线（Control Bus）传送各种控制信号，如图 2-15 所示。

主机安装在主机箱内。主机箱有卧式和立式两种形式。在主机箱内有系统主板（又称母板）、硬盘驱动器、CD-ROM 驱动器、电源、显示器适配器（又称显卡）等，如图 2-16 所示。

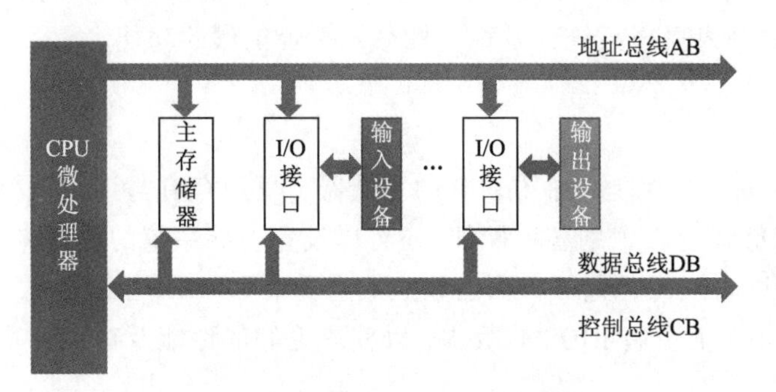

图 2-15 微型计算机硬件系统组成

图 2-16 主机箱及内部结构

2.4.3 主板

图 2-17 系统主板

系统主板（Mainboard）是微型计算机中最大的一块集成电路板，也称母板（Motherboard），主板性能好坏直接影响计算机系统运行的稳定性。它安装在机箱内，是微机最基本的也是最重要的部件之一。主板一般为矩形电路板，如图 2-17 所示。主板上有控制芯片组、CPU 插槽、BIOS 芯片、内存条插槽，同时还集成了硬盘接口、并行接口、串行接口、USB（通用串行总线）接口、AGP（加速图形接口）总线扩展槽、PCI 局部总线扩展槽、键盘和鼠标接口以及连接其他部件（如音箱与麦克风）的接口等。

根据主板的标准分为 AT 结构和 ATX 结构。AT 结构的主板最初应用于 IBMPC/AT 机上，并因此而得名。后来 Intel 公司提出了新型主板结构规范，名为 ATX，它针对 AT 主板的缺点，对板上元件布局作了优化，配合 ATX 电源，还可以实现软关机（通过程序完成关机）和远程控制开关机等功能。ATX 主板需要配合专门的 ATX 机箱使用。1997 年，Intel 公司推出了 Micro-ATX 结构，通过减少插槽的数量来缩小主板尺寸，使用了功率更小的新式电源。

芯片组是系统主板的灵魂，它决定了主板的结构及 CPU 的使用。芯片组就像人体的中枢神经一样，控制着整个主板的运作。

1. 主板的构成

主板的平面是一块 PCB 印制电路板，分为四层板和六层板。为了节约成本，现在的主板多为四层板：主信号层、接地层、电源层、次信号层。而六层板增加了辅助电源层和中信号层。六层板的主板抗电磁干扰能力更强，主板也更加稳定。在电路板上面，是错落有致的电路布线；再上面，则为棱角分明的各个部件：插槽、芯片、电阻器、电容器等。当主机加电时，电流会在瞬间通过 CPU、南北桥芯片、内存插槽、AGP 插槽、PCI 插槽、IDE 接口以及主板边缘的串口、并口、PS/2 接口等。随后，主板会根据 BIOS（基本输入/输出系统）来识别硬件，并进入操作系统，发挥支撑系统平台工作的功能。

2. 芯片部分

（1）BIOS 芯片

BIOS（Basic Input/Output System）芯片是一个方块状的存储器，里面存有与该主板搭配的基本输入/输出系统程序，能够让主板识别各种硬件，还可以设置引导系统的设备，调整 CPU 外频等。BIOS 芯片是可以写入的，这一方面会让主板遭受诸如 CIH 病毒的袭击；另一方面方便用户不断从 Internet 上更新 BIOS 的版本，以获取更好的性能及对计算机最新硬件的支持。

（2）北桥芯片

北桥芯片主要负责控制 AGP 显卡、内存与 CPU 之间的数据交换。北桥芯片集成了内存控制器、Cache 高速控制器，主要功能如下：

① CPU 与内存之间的交流。

② Cache 控制。

③ AGP 控制（图形加速端口）。

④ PCI 总线的控制。

⑤ CPU 与外设之间的交流。

⑥ 支持内存的种类及最大容量的控制（标示出主板的档次）。

（3）南桥芯片

南桥芯片（SouthBridge）是主板芯片组的重要组成部分，一般位于主板上离 CPU 插槽较远的下方，PCI 插槽的附近，这种布局是考虑到它所连接的 I/O 总线较多，离处理器远一点有利于布线。相对于北桥芯片来说，其数据处理量并不算大，所以南桥芯片一般都没有覆盖散热片。南桥芯片不与处理器直接相连，而是通过一定的方式与北桥芯片相连。

南桥芯片负责 I/O 总线之间的通信，如 PCI 总线、USB、LAN、ATA、SATA、音频控制器、键盘控制器、实时时钟控制器、高级电源管理等。北桥芯片负责 CPU 和内存、显卡之间的数据交换，南桥芯片负责 CPU 和 PCI 总线以及外围设备的数据交换。

南北桥结构是历史悠久而且相当流行的主板芯片组架构。采用南北桥结构的主板上都有两个面积比较大的芯片，靠近 CPU 的为北桥芯片，靠近 PCI 槽的为南桥芯片。传统的南北桥架构是通过 PCI 总线来连接的，常用的 PCI 总线是 33.3 MHz 工作频率，32 bit 传输位宽，所以理论最高数据传输率仅为 133 MB/s。由于 PCI 总线的共享性，当子系统及其他周边设备传输速率不断提高以后，主板南北桥之间偏低的数据传输率就逐渐成为影响系统整体性能发挥的瓶颈。因此，从英特尔 i810 开始，芯片组厂商都开始寻求一种能够提高南北桥连接带宽的解决方案。

3. 插拔部分

所谓插拔部分，就是这部分的配件可以用"插"来安装，用"拔"来反安装。

（1）内存插槽

内存插槽一般位于 CPU 插座下方。

（2）AGP 插槽

AGP 插槽颜色多为深棕色，位于北桥芯片和 PCI 插槽之间。AGP 插槽有 1×、2×、4× 和 8×之分。AGP4×的插槽中间没有间隔，AGP2×则有间隔。现在的显卡多为 AGP 显卡，AGP 插槽能够保证显卡数据传输的带宽，而且传输速度最高可达 2 133 MB/s（AGP8×）。

（3）PCI 插槽

PCI 插槽多为乳白色，是主板的必备插槽，可以插接软 Modem、声卡、股票接收卡、网卡、多功能卡等设备。

（4）CNR 插槽

CNR 插槽多为淡棕色，长度只有 PCI 插槽的一半，可以插接 CNR 的软 Modem 或网卡。这种插槽的前身是 AMR 插槽。CNR 和 AMR 不同之处在于：CNR 增加了对网络的支持性，并且占用的是 ISA 插槽的位置。共同点是它们都是把软 Modem 或是软声卡的一部分功能交由 CPU 来完成。这种插槽的功能可在主板的 BIOS 中开启或禁止。

4. 接口部分

（1）IDE 接口

现在较常用的硬盘接口主要有 IDE 接口与 SATA 接口。

IDE 接口硬盘一般是并行规格的 PATA 硬盘，目前大多数台式存储系统采用的都是称为 Ultra-ATA 的并行总线接口硬盘产品，这样的规格技术自 20 世纪 80 年代以来一直作为主流的内部存储互连技术，由于运用领域十分广泛时间又较长，所以成熟的技术带来的是大规模集成制造的低成本和飞速发展的大容量。

由于技术上长时间没有太大改进，从数据的传输速率等方面来看，这种 IDE 接口硬盘显得有一些滞后，因为目前主流的 PATA 硬盘仅能支持 ATA/100 和 ATA/133 两种数据传输规范，即传输速率最高只能达到每秒 100 MB 或 133 MB，只能满足一般情况下的大容量硬盘数据传输。另外，这类硬盘所使用的 80-pin 数据线在机箱内部杂而乱，它会阻碍空气在机箱里的流动，从而影响到系统的散热。

（2）SATA 接口

随着数据传输技术的改进，由英特尔、戴尔、希捷、Maxtor 以及 APT 等厂商所组成 serialata.org 推出了硬盘的技术规格 SerialATA，它是一种串行接口，在 IDF Fall 2001 大会上，希捷宣布了 SerialATA 1.0 标准，正式宣告了 SATA 规范的确立。

SATA 硬盘具有更快的外部接口传输速度，数据校验措施更为完善，SATA 1.0 规范规定的标准传输率可以达到 150 MB/s，这样可以充分发挥 Serial ATA 接口的性能优势，因为 ATA100 的理论数值是 100 MB/s，即便是 ATA133 也最高为 133 MB/s。在安装上，不仅 SATA 的连接非常方便，并且 SATA 具有支持热插拔等最重要的特性；串行 SATA 方式还通过更好的数据校验方式，信号电压低可以有效地减小各种干扰，从而大大提高数据传输的效率。此外，新式的 SATA 硬盘连接线也更加有利机箱内部的散热。

当然，SATA 并非只有优点，其缺点也是显而易见。SATA 规格的硬盘对外频要求要比并行规格硬盘高，如果用户要超频就一定要注意，因为它会常常出现找不到硬盘或数据损坏的情况。

（3）COM 接口（串行接口）

串行通信是数据的一种传送方式，在这种方式下数据是一位紧接一位在通信介质中进行传输的。在传输过程中，每一位数据都占据一个固定的时间长度。串行接口则是串行通信设备的接口，它的作用就是将外围设备与 CPU 之间联系起来，使它们能够通过串行传送方式互相传送和接收信息。

（4）PS/2 接口

PS/2 接口的功能比较单一，仅能用于连接键盘和鼠标，如图 2-18 所示。一般情况下，鼠标的接口为绿色，键盘的接口为紫色。PS/2 接口的传输速率比 COM 接口稍快一些。

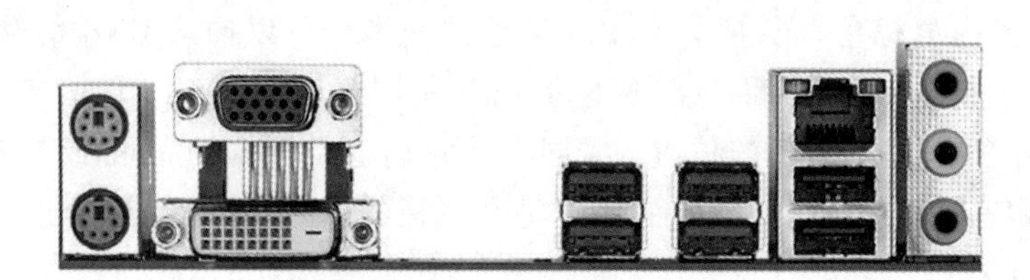

图 2-18　微型计算机的接口

（5）USB 接口

USB 接口是现在最为流行的接口，最大可以支持 127 个外设，并且可以独立供电，应用非常广泛。USB 接口可以从主板上获得 500 mA 的电流，支持热插拔，真正做到了即插即用。一个 USB 接口可同时支持高速和低速 USB 外设的访问，由一条四芯电缆连接，其中两条是正负电源，另外两条是数据传输线。

（6）LPT 接口（并行接口）

LPT 接口一般用来连接打印机或扫描仪。其默认的中断号是 IRQ7，采用 25 脚的 DB-25 接头。并口的工作模式主要有三种：

① SPP 标准工作模式。SPP 数据是半双工单向传输，传输速率较慢，仅为 15 kbit/s，但应用较为广泛，一般设为默认的工作模式。

② EPP 增强型工作模式。EPP 采用双向半双工数据传输，其传输速率比 SPP 高很多，可达 2 Mbit/s，目前已有不少外设使用此工作模式。

③ ECP 扩充型工作模式。ECP 采用双向全双工数据传输，传输速率比 EPP 还要高

一些，但支持的设备不多。

（7）MIDI 接口

声卡的 MIDI 接口和游戏杆接口是共用的，接口中的两个针脚用来传送 MIDI 信号，可连接各种 MIDI 设备，如电子键盘等。

2.4.4 中央处理器（CPU）

CPU 出现于大规模集成电路时代，处理器架构设计的迭代更新以及集成电路工艺的不断提升促使其不断发展完善。从最初专用于数学计算到广泛应用于通用计算，从 4 位、8 位、16 位、32 位到 64 位处理器，从各厂商互不兼容到不同指令集架构规范的出现，CPU 自诞生以来一直在飞速发展。

1. CPU 的内部结构与工作原理

CPU 由运算器和控制器组成，CPU 的内部结构可分为控制单元、逻辑单元和存储单元三大部分。CPU 的工作原理就像一个工厂对产品的加工过程：进入工厂的原料（指令），经过物资分配部门（控制单元）的调度分配，被送往生产线（逻辑运算单元），生产出成品（处理后的数据）后，再存储在仓库（存储器）中，最后进入市场进行交易（交给应用程序使用）。

2. CPU 的相关技术参数

对于 CPU 而言，影响其性能的指标主要有主频、CPU 的位数、CPU 的缓存指令集、CPU 核心数和 IPC（每周期指令数）。

所谓 CPU 的主频，指的就是时钟频率，它直接决定了 CPU 的性能。CPU 的位数指的就是处理器能够一次性计算的浮点数的位数，通常情况下，CPU 的位数越高，CPU 进行运算时候的速度就会越快。

21 世纪 20 年代后个人计算机使用的 CPU 一般均为 64 位，这是因为 64 位处理器可以处理范围更大的数据，并原生支持更高的内存寻址容量，提高了人们的工作效率。而 CPU 的缓存指令集是存储在 CPU 内部的，主要指的是能够对 CPU 的运算进行指导以及优化的硬程序。一般来讲，CPU 的缓存可以分为一级缓存、二级缓存和三级缓存。缓存性能直接影响 CPU 处理性能。部分特殊职能的 CPU 可能会配备四级缓存。

3. CPU 主要品牌

（1）“龙芯”系列芯片

“龙芯”系列芯片是由中国科学院中科技术有限公司设计研制的，采用 MIPS 体系结构，具有自主知识产权，产品现包括龙芯 1 号小 CPU、龙芯 2 号中 CPU 和龙芯 3 号大 CPU 三个系列，此外还包括龙芯 7A1000 桥片。

龙芯 1 号系列 32/64 位处理器专为嵌入式领域设计，主要应用于云终端、工业控制、数据采集、手持终端、网络安全、消费电子等领域，具有低功耗、高集成度及高性价比等特点。其中龙芯 1A 32 位处理器和龙芯 1C 64 位处理器稳定工作在 266～300 MHz，龙芯 1B 处理器是一款轻量级 32 位芯片。龙芯 1D 处理器是超声波热表、水表和气表的专用芯片。2015 年，新一代北斗导航卫星搭载着我国自主研制的龙芯 1E 和 1F 芯片，这两颗芯片主要用于完成星间链路的数据处理。

龙芯 2 号系列是面向桌面和高端嵌入式应用的 64 位高性能低功耗处理器。龙芯 2 号产品包括龙芯 2E、2F、2H 和 2K1000 等芯片。龙芯 2E 首次实现对外生产和销售授权。龙芯 2F 平均性能比龙芯 2E 高 20%以上，可用于个人计算机、行业终端、工业控制、数据采集、网络安全等领域。龙芯 2H 于 2012 年推出正式产品，适用计算机、云终端、网络设备、消费类电子等领域需求，同时可作为 HT 或者 PCI-e 接口的全功能套片使用。2018 年，龙芯推出龙芯 2K1000 处理器，它主要是面向网络安全领域及移动智能领域的双核处理芯片，主频可达 1 GHz，可满足工业物联网快速发展、自主可控工业安全体系的需求。

龙芯 3 号系列是面向高性能计算机、服务器和高端桌面应用的多核处理器，具有高带宽、高性能、低功耗的特征。龙芯 3A3000/383000 处理器采用自主微结构设计，主频可达到 1.5 GHz 以上；于 2019 年面市的龙芯 3A4000 为龙芯第三代产品的首款四核芯片，该芯片基于 28 nm 工艺，采用 GS464V 64 位高性能处理器核架构，并实现 256 位向量指令，同时优化片内互连和访存通路，集成 64 位 DDR3/4 内存控制器，集成片内安全机制，主频和性能再次得到大幅提升。

龙芯 7A1000 桥片是龙芯的第一款专用桥片组产品，目标是替代 AMD RS780+SB710 桥片组，为龙芯处理器提供南北桥功能。它于 2018 年 2 月发布，目前搭配龙芯 3A3000 以及紫光 4G DDR3 内存应用在一款高性能网络平台上。该方案整体性能相较于 3A3000+780e 平台有较大提升，具有高国产率、高性能、高可靠性等特点。

（2）Intel 芯片

根据 Intel 产品线规划，截至 2021 年 Intel 十一代消费级酷睿产品主要有 i9/i7/i5/i3/奔腾/赛扬。此外，还有面向服务器的至强铂金/金牌/银牌/铜牌和面向 HEDT 平台的至强 W 系列。

（3）AMD 芯片

根据 AMD 产品线规划，截至 2021 年 AMD 锐龙 5000 系列处理器有 ryzen9/ryzen7/ryzen5/ryzen3 四个消费级产品线。此外，还有面向服务器市场的第三代霄龙 EPYC 处理器和面向 HEDT 平台的线程撕裂者系列。

4. GPU

GPU 即图像处理器。CPU 和 GPU 的工作流程和物理结构大致是类似的，相比于 CPU 而言，GPU 的工作更为单一。在大多数的个人计算机中，GPU 仅仅是用来绘制图像的。如果 CPU 想画一个二维图形，只需要发个指令给 GPU，GPU 就可以迅速计算出该图形的所有像素，并且在显示器上指定位置画出相应的图形。由于 GPU 会产生大量的热量，所以通常显卡上都会有独立的散热装置。

CPU 有大量的缓存和复杂的逻辑控制单元，因此它非常擅长逻辑控制、串行的运算。GPU 有大量的算术运算单元，因此可以同时执行大量的计算工作，它所擅长的是大规模的并发计算，计算量大，但是没有什么技术含量，而且要重复很多次。用户通常使用 CPU 来做复杂的逻辑控制，用 GPU 来做简单但是量大的算术运算。

5. CPU未来发展

CPU是信息产业的基础部件，也是武器装备的核心器件。如果缺少具有自主知识产权的CPU技术和产业，不仅信息产业受制于人，而且国家安全也难以得到全面保障。“十五”期间，国家“863计划”开始支持自主研发CPU。“十一五”期间，“核心电子器件、高端通用芯片及基础软件产品”（“核高基”）重大专项将“863计划”中的CPU成果引入产业。从“十二五”开始，我国在多个领域进行自主研发CPU的应用和试点，在一定范围内形成了自主技术和产业体系，可满足武器装备、信息化等领域的应用需求。

2.4.5 内存储器

在计算中，存储器是计算机的存储设备，是用于存储信息的部件。正是有了存储器，计算机才有了信息记忆功能，能把程序和数据存储在计算机中，使计算机能自动工作。从记忆信息的功能来看，计算机的存储器相当于人的大脑。

内存是微型计算机的重要部件之一，它是存放程序与数据的部件，一般由记忆元件和电子线路构成。在计算机里，内存储器按其功能特征主要可分为随机存取存储器、只读存储器和高速缓冲存储器三类。

1. 随机存取存储器

通常，随机存取存储器（Random Access Memory，RAM）指计算机的主存，CPU对它们既可读出数据又可写入数据。RAM由电路的状态表示信息，因此，一旦关机断电，RAM中的信息将全部消失。

目前在微机上广泛采用动态随机存储器（DRAM）作为主存。DRAM的特点是数据信息以电荷形式保存在小电容器内，由于电容器存在放电回路，超过一定时间后，存放在电容器内的电荷就会消失，所以必须对小电容器周期性刷新来保持数据。DRAM的功耗低，集成度高，成本低。SDRAM（同步动态随机存储器）的刷新周期与系统时钟保持同步，使RAM和CPU以相同的速度同步工作，取消等待周期，减少了数据存取时间。

微机上使用的动态随机存储器被制作成内存条，如图2-19所示。内存条需要插在系统主板的内存插槽上。目前常用的单根内存条容量主要为DDR4代8 GB、16 GB、32 GB等。

图2-19 内存条

2. 只读存储器

CPU对存储在只读存储器（Read Only Memory，ROM）中的信息只取不存，ROM里面存放的信息一般由计算机制造厂写入并经固化处理，用户无法修改。由于ROM由内部电路的结构表示信息，即使断电，ROM中的信息也不会丢失。因此，ROM中一般存放计算机系统管理程序。

近年来，在微机上常采用称为“电可擦写ROM”（EPROM）的存储元件，在微机正常工作状态或关机状态下，其功能与普通的 ROM 相同。运行专门的程序，可以通过微机内专设的电子线路，使其进入像 RAM 一样的工作状态，改写其中的内容，退出这种状态后，新的内容可被长期保存。电可擦写 ROM 的采用，可以使计算机在不更换硬件的条件下，升级基本输入/输出系统，但同时也成为 CIH 之类的计算机病毒的一个新破坏对象。

基本输入/输出系统（Basic Input Output System，BIOS）保存着计算机系统中最重要的基本输入/输出程序、系统信息设置、自检和系统自举程序，并反馈诸如设备类型、系统环境等信息。现在的主板还在 BIOS 芯片加入了电源管理、CPU 参数调整、系统监控、PnP（即插即用）、病毒防护等功能，BIOS 的功能变得越来越强大。对于许多类型的主板来说，厂家还会不定期地对 BIOS 进行升级。

3. 高速缓冲存储器

高速缓冲存储器（Cache）位于 CPU 与内存之间，是一个读写速度比内存更快的存储器。随着硬件技术的发展，CPU 的速度越来越快，它访问数据的周期甚至达到了几纳秒（ns），而 RAM 访问数据的周期最快也需 50 ns。计算机在工作时 CPU 频繁地和内存储器交换信息，当 CPU 从 RAM 中读取数据时，就不得不进入等待状态，放慢运行速度，因此极大地影响了计算机的整体性能。为有效地解决这一矛盾，目前在微机上也采用了高速缓冲存储器技术这一方案。Cache 是介于 CPU 和内存之间的一种可高速存取信息的芯片，是 CPU 和 RAM 之间的桥梁，用于解决它们之间的速度冲突问题，它的访问速度是 DRAM 的 10 倍左右。CPU、Cache 和 RAM 之间的关系如图 2-20 所示。CPU 要访问内存中的数据，先在 Cache 中查找，当 Cache 中有 CPU 所需的数据时，CPU 直接从 Cache 中读取，如果没有，就从内存中读取数据，并把与该数据相关的一部分内容复制到 Cache，为下一次访问做好准备，从而提高了工作效率。

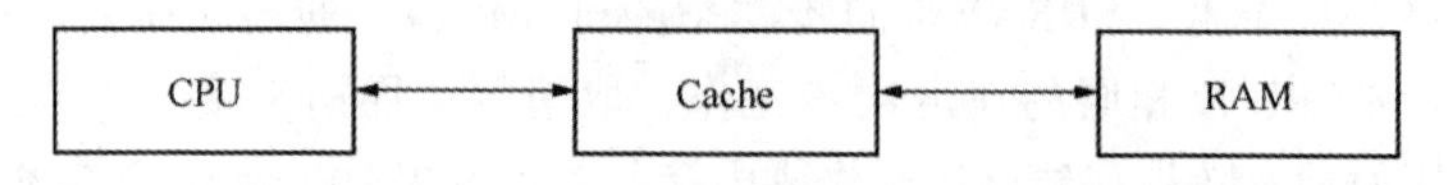

图 2-20　CPU、Cache 和 RAM 之间的关系

从实际使用情况看，尽量增大 Cache 的容量和采用回写方式更新数据是一种不错的选择，但当 Cache 的容量达到一定的数量后，速度的提高并不明显，故不必将 Cache 的容量提得过高。Cache 一般采用静态随机存取存储器 SRAM 构成。

2.4.6　外存储器

一些大型的项目往往涉及几百万个数据，甚至更多。这就需要配置第二类存储器（辅助存储器），如硬盘、磁带、光盘、U 盘等，称为外存储器，简称外存。外存中的数据一般不能直接送到运算器，只能成批地将数据转运到内存，再进行处理。

常用的外存主要有以下几种。

1. 硬盘

硬盘及固态硬盘外观如图 2-21 所示。

图 2-21　硬盘与固态硬盘

硬盘片由涂有磁性材料的铝合金构成。硬盘的盘片划分成面、磁道和扇区，具有以下特点。

① 一个硬盘由若干磁性圆盘组成，每个圆盘有两个面，各个面依次称为 0 面、1 面。每个面各有一个读写磁头。不同规格的硬盘面数不一定相同，各面上磁道号相同的磁道合称一个柱面。

② 每个面上的磁道数和每个磁道上的扇区随硬盘规格的不同而不同。

③ 读写硬盘时，由于磁性圆盘高速旋转产生的托力使磁头悬浮在盘面上而不接触盘面。

④ 由于硬盘在工作时高速旋转，故一个磁道上的扇区编号按某个数跳跃编排，而非连续编号，这个数称为硬盘的交叉因子。选择适当的交叉因子可使硬盘驱动器读写扇区的速度与硬盘旋转速度相匹配，提高存取数据的速度。

2．光盘

光盘存储器也是微机上使用较多的存储设备。其中，只读型光盘 CD-ROM 只能从盘上读取预先存入的数据或程序。图 2-22 所示为光盘和 CD-ROM 驱动器的外观。在计算机上用于衡量光盘驱动器传输数据速率的指标称为倍速，一倍速率为 150 KB/s。如果在一个 50 倍速光驱上读取数据，数据传输速率可达到 50×150 = 7.5（MB/s）。

图 2-22　光盘及 CD-ROM 驱动器

另外使用得较多的是一次性可写入光盘 CD-R,但需要专门的光盘刻录机完成数据的写入。常见的一次性可写入光盘的容量为 650 MB 左右。此外还有 CD-RW（Compact Disc-Rewritable，可重复刻录光盘），通过激光可在光盘上反复多次写入数据，极限为 1 千次左右，虽然不能当硬盘，但用于数据备份也是不错的选择。

CD-ROM 的后继产品是 DVD-ROM、可读音频 CD 和 CD-ROM。DVD-ROM 单面单层的容量为 4.7 GB，单面双层的容量为 7.5 GB，双面双层的容量可达到 17 GB。DVD-ROM 一倍速率是 1.3 MB/s。

3. U盘

U 盘全称 USB 闪存驱动器，英文名为 USB Flash Disk。它是一种使用 USB 接口的无须物理驱动器的微型高容量移动存储产品，通过 USB 接口与计算机连接实现即插即用。U 盘的称呼最早来源于朗科科技生产的一种新型存储设备，名曰“优盘”，使用 USB 接口进行连接。U 盘连接到计算机的 USB 接口后，U 盘的资料可与计算机交换。而之后生产的类似技术的设备由于朗科已进行专利注册，而不能再称之为“优盘”，而改称谐音的“U 盘”。

相较于其他可携式存储设备，U 盘有许多优点：占空间小，通常操作速度较快，目前市场主流 U 盘为 USB 3.0 接口，能存储较多数据，并且性能较可靠（由于没有机械设备），在读写时断开而不会损坏硬件，只会丢失数据。这类的磁盘使用 USB 大量存储设备标准，在近代的操作系统如 Linux、Mac OS X、UNIX 与 Windows 中皆有内置支持。

U 盘通常使用 ABS 塑料或金属外壳，内部含有一张小的印制电路板，尺寸小到像钥匙圈饰物一样，如图 2-23 所示。USB 连接头突出于保护壳外，且通常被一个小盖子盖住。大多数 U 盘使用标准的 Type-A USB 接头，这使得它们可以直接插入个人计算机上的 USB 端口中。

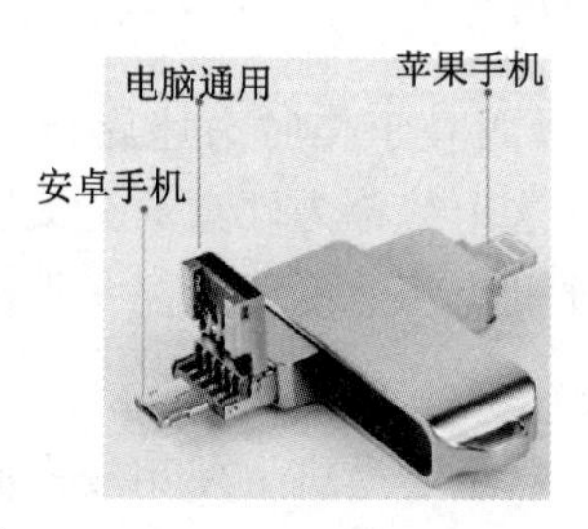

图 2-23 U 盘

要访问 U 盘的数据，就必须把 U 盘连接到计算机，直接连接到计算机内置的 USB 控制器或是一个 USB 集线器都可以。只有当被插入 USB 端口时，U 盘才会启动，而所需的电力也由 USB 接口供给。目前较常用容量规格有 8 GB、16 GB、32 GB、64 GB、128 GB、256 GB、512 GB、1 TB 等。

4. 移动硬盘

移动硬盘，主要指采用 USB 或 IEEE 1394 接口，可以随时插上或拔下，小巧而便于携带的硬盘存储器，可以较高的速度与系统进行数据传输，如图 2-24 所示。它具有容量大、兼容性好、即插即用、速度快、体积小、质量小和安全可靠等特点。“体积最小化，容量最大化”也是整个移动存储设备的发展趋势。同时，移动存储设备的存取速度仍然存在着极大的提速空间。

图 2-24 移动硬盘

2.4.7 总线

总线（Bus）就是个人计算机各部件之间进行通信的通道，个人计算机各部件之间的数据传输只有通过总线才能实现。所以，总线技术在接口技术中占有重要的位置。

PC总线一般包含四种信号线：地址总线、数据总线、控制总线和电源线。总线是计算机中传输数据信号的通道。总线的传输方式是并行的，所以也称并行总线。I/O 总线就是 CPU 互连 I/O 设备，并提供外设访问系统存储器和 CPU 资源的通道。总线就像“高速公路”，总线上传输的信号则被视为高速公路上的“车辆”。显然，在单位时间内公路上通过的“车辆”数直接依赖于公路的宽度和质量。因此。I/O 总线技术成为微型计算机系统结构的一个重要方面。

PC总线从功能上分为 CPU 总线、I/O 总线、存储器总线、连接器总线和特殊总线。

1. CPU 总线

CPU 总线又称前端总线（Front Side Bus，FSB），是个人计算机系统中最快的总线，也是芯片组与主板的核心部分。这条总线主要由 CPU 使用，用来在高速缓存、主存和北桥（或 MCH，Memory Controller Hub，内存控制中心）之间传送信息。目前个人计算机系统中使用的 CPU 总线工作频率为 66 MHz、100 MHz、133 MHz 或 200 MHz，宽度为 64 位（8 字节）。

2. I/O 总线

I/O 总线是用于扩展插卡与 CPU 通信的总线，主要有七种类型：PC/XT 总线（8 位）、ISA 总线（16 位）、EISA 总线（32 位）、MCA 总线（16/32/64 位）、VL 局域总线（32 位）、PCI 总线（32/64 位）和 AGP 总线（32/64 位）。

以上各种总线中，PCI 和 AGP 总线是目前常用的总线，其他总线已经被淘汰了。

PCI（Peripheral Component Interconnect）局部总线称为外围设备互连总线，是一种高性能、32 位或 64 位地址数据线复用的总线。它的用途是在高度集成的外设控制器器件、扩展板和处理器/存储器系统之间提供一种内部连接机制。PCI 通过以桥的方式在 CPU 与本地 I/O 总线之间插入了一个新总线的方法，重新设计了传统 PC 总线。新的总线设计不是简单地直接连接 CPU 总线，而是借助一种精密的电子定时装置，开发了一组新的总线控制芯片。

AGP（Accelerated Graphics Port）总线称为加速图形端口总线，是一种为适应多媒体设备对于传输带宽急剧增长的需求而开发的局部总线。它是 Intel 开发的总线规范，是一种可自由扩展的图形总线结构，能增大图形控制器的可用带宽，并为图形控制器提供必要的性能，以便当显存可用容量不足使用时，在系统内存中也可以直接进行纹理处理。其技术源于 PCI 总线设计，但在电器特性和逻辑上又与 PCI 不同。

3. 存储器总线

存储器总线用于在 CPU 和主存之间传递信息，该总线与主板芯片组北桥芯片或内存控制集线器（MCH）芯片相连。

4. 连接器总线

连接器总线指的是通过 I/O 总线连接 CPU 和外设的那些总线，包括串行总线 RS-232、并行总线 IEEE 1284、USB 总线、IDE 总线、SCSI 总线和 IEEE 1394 总线等。

5. 特殊总线

特殊总线集成在主板上，不再以插槽或连接器的形式出现，而是芯片组部件之间的总线，这类总线有 Hub 接口和 LPC 总线。

2.4.8 输入/输出接口电路

输入/输出接口电路也称 I/O（Input/Output）电路，即通常所说的适配器、适配卡或接口卡。它是微型计算机与外围设备交换信息的桥梁。

① 接口电路结构：一般由寄存器组、专用存储器和控制电路几部分组成，当前的控制指令、通信数据以及外围设备的状态信息等分别存放在专用存储器或寄存器组中。

② 接口电路的连接：所有外围设备都通过各自的接口电路连接到微型计算机的系统总线。

③ 通信方式：分为并行通信和串行通信。并行通信是将数据各位同时传送；串行通信则使数据一位一位地顺序传送。

2.4.9 输入/输出设备

输入设备将数据、程序等转换成计算机能接受的二进制码，并将它们送入内存。常用输入设备有键盘、鼠标、扫描仪、数码相机、数字摄像机、摄像头，如图 2-25 所示。除此之外，还有光笔、触摸屏、数字化仪等。

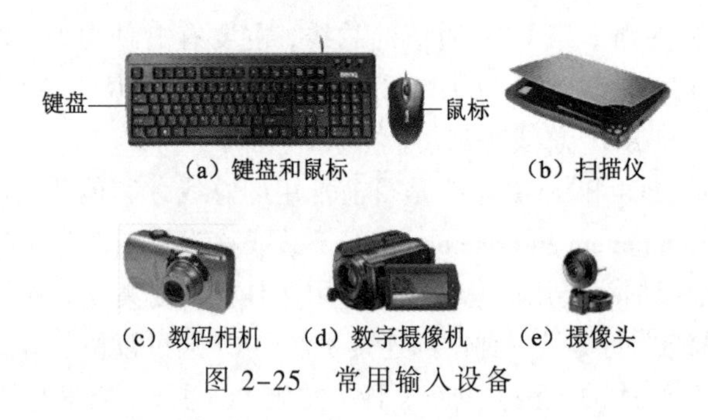

图 2-25 常用输入设备

输出设备将计算机处理的结果转换成人们能够识别的数字、字符、图像、声音等形式显示、打印或播放出来。常用的输出设备有显示器、打印机、绘图仪、音箱，如图 2-26 所示。其中显示器是计算机必要的输出设备。

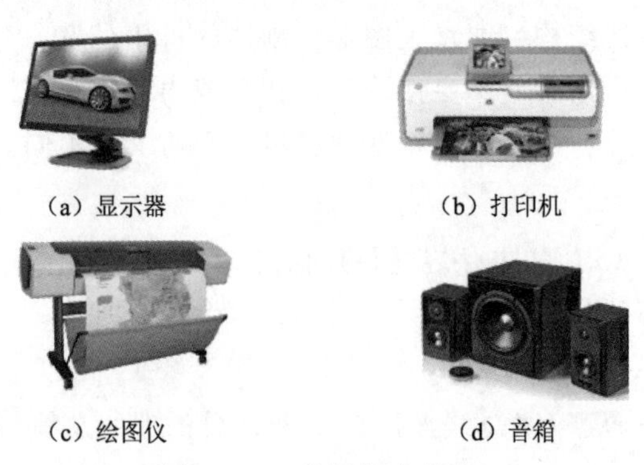

图 2-26 常用输出设备

CRT显示器通过电子枪将电子发射到荧光屏上，使屏幕上的磷光体发出某种颜色的光，产生所需要的图像。磷光体颗粒的精细确定了图像像素的清晰度。通常用像素间距来描述磷光体颗粒的精细度，常用的显示器像素间距有 0.28 mm、0.26 mm、0.25 mm、0.21 mm 等，间距越小图像越清晰。此外，还用显示器的分辨率来描述显示器在水平方向和垂直方向能显示的像素个数。例如，显示器的分辨率为 1 024×768 像素，就表明该显示器在水平方向能显示 1 024 个像素，在垂直方向能显示 768 个像素。

液晶显示器又称 LCD（Liquid Crystal Display），为平面超薄的显示设备，是目前常用的显示器。由于其具有机身薄、省电、低辐射和画面柔和等优点，目前已取代 CRT 显示器。液晶显示器由一定数量的彩色或黑白像素组成，放置于光源或者反射面前方，其主要原理是以电流刺激液晶分子产生点、线、面配合背部灯管构成画面。

显示器通过显示卡与主机连接。显示卡是直接决定计算机视觉效果的部件之一，按其功能可分为2D应用和3D应用,显示卡性能的好坏将直接影响到我们对计算机的感觉。

输入/输出设备是微机上不可缺少的组成部分，任何输入/输出设备都要向 CPU 发送数据或从 CPU 取得数据。输入/输出接口就是 CPU 和输入/输出设备之间传送数据的部件。微机上不可少的两种输入/输出接口是并行端口和串行端口。由于并行端口最常用于连接打印机，所以常被称为打印口或并行打印机适配器，串行端口最普遍的用途是连接鼠标和调制解调器，常被称为异步通信适配器接口。

两种端口都是符合一定尺寸规格的梯形插座，一般安装在机箱背面。并行端口插座上有 25 个导电的小孔，串行端口插座分为 9 针或 25 针两种，设备的插头结构正好与此相反。

并行端口和串行端口的基本差别在于：并行端口可以同时传送多路信号，因此能够一次并列传送一个完整字节的数据；串行端口在一个方向一次只能传送一路信号，传输一个字节的数据必须一位一位地依次传送。并行端口的传输速度一般高于串行端口，但并行端口的传输距离相对较近。

并行和串行端口都必须在软件控制下才能按需要输入或输出数据。在计算机上并行端口被赋予专门的设备名 LPT，为区别同一台计算机上的多个并行端口，为其赋予专门的名称，如 LPT1、LPT2 等。同样，串行端口被赋予专门的设备名，如 COM1、COM2 等。

小　结

本章通过计对算机系统组成、数据在计算机中的表示、多媒体技术和微型计算机等基础概念的介绍，让读者对算机系统有一个初步的、整体的认识。

计算机系统包括硬件系统和软件系统。组成计算机的物理设备称为硬件，其主要元件是电子器件。按计算机规模划分，计算机可以分为巨型机、大型机、小型机，微型计算机、嵌入式设备和移动设备、可穿戴式计算机等。

计算机的软件系统包括系统软件和应用软件。系统软件是管理计算机需要的那些软件，如操作系统、编程语言系统、工具软件等。应用软件是解决特定的应用问题的软件。从数据的角度看，程序就是用于完成数据处理的。

软件的发展是从机器代码到高级语言和基于图形界面的操作系统。

现代计算机模型将计算机分为运算器、控制器、存储器、输入设备、输出设备五部分。

程序存储原理是要求程序和数据在执行前被存放到计算机的存储器中，且采用同样的存储格式，是实现自动计算的基础。

处理器的主要技术指标是主频和字长。多核是指一个 CPU 芯片中集成了多个处理器。现在的 CPU 多为 64 位和 32 位。CPU 有 CISC 和 RISC 两种结构。

存储器采用字节模式。1 字节（Byte）有 8 个二进制位（bit）。计算机的最大存储容量是由 CPU 的地址总线决定的。内存的主要技术指标为存取速率和容量。

内存与 CPU 直接相连，外存通过电缆线与主机连接。内存分为 RAM 和 ROM。RAM 是随机存储器，存放执行的程序和数据。ROM 存放不变的数据和程序。内存是半导体器件，价格较贵，存取速度较快；相对外存，内存容量较小。

外存主要用来保存数据和程序。外存容量大，存取速度慢。外存主要有磁盘和固态硬盘。

存储器系统采用主辅结构：主存（内存）运行程序、容量小、价格贵；辅存（外存）保存程序和数据、容量大、价格便宜。内存、外存在功能和性能上是互补的。

计算机的输入/输出（I/O）是在主机的控制下由外围设备完成的。连接外设的端口（接口）在快速的主机与慢速的外设之间建立缓冲。USB 是常用的接口。

计算机是自动运行程序的，从外存储器加载程序到内存并由 CPU 执行，执行过程中也从外存储器中读取数据和保存数据，或者输出数据到外围设备上。

习　　题

一、选择题

1. ROM 和 RAM 的主要区别是（　　）。

   A. 断电后，ROM 内保存的信息会丢失，RAM 可以长期保存而不会丢失

   B. 断电后，RAM 内保存的信息会丢失，ROM 可以长期保存而不会丢失

   C. ROM 是内存储器，RAM 是外存储器。

   D. ROM 是外存储器，RAM 是内存储器。

2. 在计算机中，bit 一词的含义是（　　）。

   A. 字节　　B. 二进制位　　C. 字长　　D. 字

3. 与十六进制数 BB 等值的十进制数是（　　）。

   A. 185　　B. 186　　C. 187　　D. 188

4. 二进制数 01100100 转换成十六进制数是（　　）。

   A. 63　　B. 64　　C. 100　　D. 144

5. ASCII 码是一种字符编码，常用（　　）位二进制数进行编码。

   A. 7　　B. 8　　C. 15　　D. 16

6. 汉字信息在计算机中通常是以（　　）形式存储的。

   A. 字形码　　B. 区位码　　C. 机内码　　D. 国标码

7. 在 24×24 点阵式汉字库中，一个汉字的字形码占用（　　）字节。

A. 24　　B. 48　　C. 72　　D. 96

8. 根据多媒体的概念，以下属于多媒体的是（　　）。

A. 交互式视频游戏　　B. 有声图书

C. 彩色画报　　D. 彩色电视

9. 媒体有两种含义，即存储信息的实体和（　　）。

A. 表示信息的载体　　B. 存储信息的载体

C. 传递信息的载体　　D. 显示信息的载体

10. 用于处理文本、音频、图形、图像、动画和视频等计算机编码的媒体是（　　）。

A. 感觉媒体　　B. 表示媒体　　C. 显示媒体　　D. 传输媒体

二、问答题

1. 简述 RAM 和 ROM 的异同。
2. 简述微型计算机的产生与发展，并列举出微型计算机的主要硬件组成。

操作系统基础

20 世纪 60 年代中期到 70 年代初，也就是第三代计算机时期，出现了操作系统。最初是因为单任务操作：输入时只有输入设备工作，其他设备等待；处理数据时，输入/输出设备都处于等待中，硬件资源利用率很低，而那时的硬件极为昂贵。为此需要对计算机程序的运行过程进行调度，提升系统硬件的利用率，如计算机调度运行多个程序以减少等待时间等。完成这个调度的程序就是“操作系统”。操作系统是计算机软件系统的核心，是计算机硬件与其他软件之间的接口，能够有效地管理计算机的软件、硬件资源，使用户能方便地操作计算机。

3.1 操作系统概述

操作系统是计算机用户和计算机硬件之间起媒介作用的程序，目的是提供用户运行程序的一种环境，使用户在此环境下能方便、有效地使用计算机资源。操作系统在计算机中的层次结构如图 3-1 所示。

操作系统是一种系统软件，它负责管理计算机系统中的各种资源，并控制各类程序的运行，是计算机硬件和软件及用户之间的接口。只要我们打开计算机，计算机就开始运行程序，进入工作状态。计算机运行的第一个程序就是操作系统。操作系统是应用程序与计算机硬件的“中间人”，没有操作系统的统一安排和管理，计算机硬件就没有办法执行应用程序的命令。操作系统为计算机硬件和应用程序提供了一个交互界面，为计算机硬件选择要运行的应用程序，并指挥计算机各部分硬件的基本工作。操作系统控制着所有程序和应用软件的加载和执行，其层次结构如图 3-2 所示。

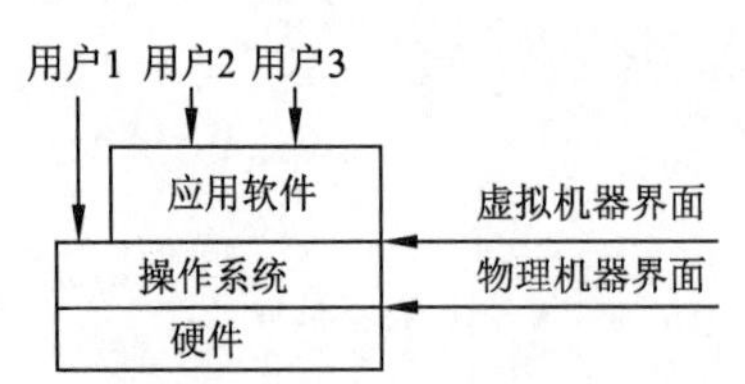

图 3-1　操作系统在计算机中的层次结构

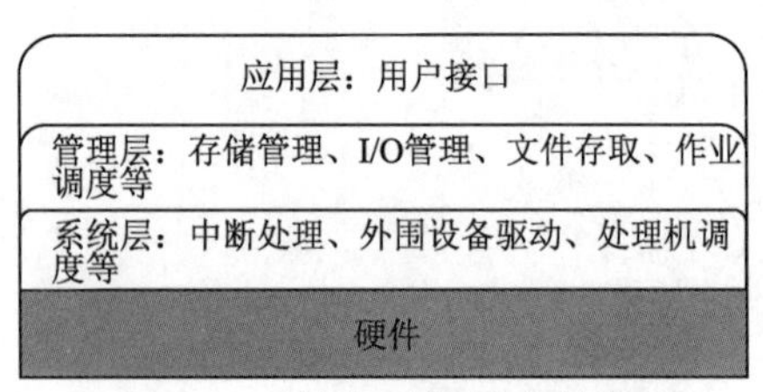

图 3-2　操作系统层次结构

操作系统并不是与计算机硬件一起诞生的，它是在人们使用计算机的过程中，为了满足两大需求：提高资源利用率、增强计算机系统性能，伴随着计算机技术本身及其应用的日益发展，而逐步形成和完善起来的。计算机发展到今天，从个人计算机到超级计算机系统，毫无例外都配置一种或多种操作系统。操作系统管理和控制计算机系统中的所有软硬件资源是计算机系统的灵魂和核心。除此之外，它还为用户使用计算机提供方便灵活、安全可靠的工作环境。

3.1.1 操作系统的发展

操作系统与其所运行的计算机体系结构联系非常密切，电子器件的不断创新也推动了操作系统的飞速发展。操作系统的发展经历了五个发展阶段，每个阶段具有不同的特征，如表 3-1 所示。

表 3-1 操作系统的发展阶段

发展阶段	年　　代	操 作 系 统	特点/代表类型
第一代	1945—1955 年	监控程序，无操作系统	真空管，机器语言，简单数字运算
第二代	1955—1965 年	批处理操作系统	晶体管，脱机，批处理作业，汇编语言，FORTRUN 语言，多道程序/FMS 和 IBMSYS
第三代	1965—1970 年	分时操作系统	集成电路，同时性，独立性，及时性，交互性/MULTICS 和 UNIX 操作系统
第四代	20 世纪 80 年代	实时和个人计算机操作系统	开放性，通用性，高性能，微内核，个人计算机，CP/M，MS-DOS，MacOS
第五代	20世纪90年代至今	网络和分布式操作系统	资源管理，进程通信，系统结构/WindowsNT，UNIX，Linux

操作系统原为提供简单的工作排序能力，后为辅助更新更复杂的硬件设施而渐渐演化。从最早的批量模式开始，分时机制随之出现，在多处理器时代来临时，操作系统也随之添加多处理器协调功能，甚至是分布式系统的协调功能。操作系统的历史实质就是一部解决计算机系统需求与问题的历史。

1. 第一代：无操作系统

这个时期的计算机属于第一代计算机，没有进程，没有操作系统。

（1）人工方式

存在两方面缺点：一是用户独占全机；二是 CPU 等待用户操作。人工操作使得计算机效率低下，这也被称为人机矛盾，主要体现在 CPU 速度和 I/O 设备速度的不匹配上面。

（2）脱机输入/输出方式

用户首先将记录有程序和数据的纸带在外围机的控制下输入磁带，然后当 CPU 需要这些数据的时候直接从磁带上获取；当 CPU 输出时，也是先将数据从高速内存送到磁带，然后再通过另外的外围机将磁带上的结果通过相应输出设备进行输出。因为系统的输入和输出都是在外围机的控制下完成，即在脱离主机的情况下完成，这种方法称为脱机输入/输出方式。这种方式有两个好处：

一是减少了 CPU 等待时间。因为装带、卸带、数据从低速 I/O 设备到高速磁带（或者相反）的操作是在外围机上进行的，并不占用主机时间。但是，这是从一道作业执行的角度来看，当有多道作业需要处理时，作业切换时间仍旧存在，即磁带上还是只有一道作业的数据。

二是提高了 I/O 速度。CPU 从磁带上获取数据的速度要高于从纸带上直接获取的速度。I/O 速度虽然提高，但和 CPU 的处理速度还是不匹配的。

2. 第二代：批处理操作系统

（1）单道批处理系统

为实现对作业的连续处理，将一批作业以脱机输入/输出的方式输入到磁带，并为系统添加监控程序，计算机系统在监控程序的控制下，连续处理这一批作业。

虽然系统对作业的处理是成批进行的，但是内存中始终还是只有一道作业，故称为单道批处理系统。单道批处理系统旨在解决人机矛盾和 CPU 与 I/O 设备速度不匹配的问题。这和操作系统的目的是一致的，但是单道批处理系统仍然不能充分利用系统资源，最终被淘汰。

单道批处理系统的缺点主要体现在当程序发出 I/O 请求后，CPU 便处于等待状态，必须在 I/O 处理结束后才能继续处理，而 I/O 设备的速度又不是很高（和 CPU 的处理速度相比），所以 CPU 的空闲时间仍旧很多。

从这里可以看出，单道批处理系统减小了作业切换时间，即减少了 CPU 在系统执行某一作业之前以及之后的空闲时间，但是并没有减少 CPU 在处理作业过程中产生的空闲时间，即磁带上存有多道作业，但是内存中仍然只有一道作业。这个时期的计算机多属于第二代晶体管计算机。

（2）多道批处理系统

为了进一步提高计算机系统的吞吐量和资源利用效率，出现了多道批处理系统。多道批处理系统将用户提交的作业视为一个队列，由作业调度程序按照一定的算法从该队列中选出若干作业调入内存，使它们共享计算机系统资源。由于内存中存在多道作业，当一道作业发出 I/O 请求时，CPU 可以执行其他作业，从而减少了 CPU 空闲时间。

多道批处理系统的特点：

① 资源利用效率高：该方式减少了 CPU 在处理作业中产生的空闲时间，同时内存中存有多道作业，也提高了内存的利用效率，I/O 设备的利用率也得到了提高。

② 系统吞吐量大：这是因为 CPU 等系统资源一直处于“忙碌”状态，并且只有当作业完成以及无法继续执行时才发生调度切换，系统的开销也相对较小（即没有频繁的切换）。

多道批处理系统需要处理的问题：

① 平均的周转周期长：因为作业要排队被处理。

② 作业和用户之间没有交互能力：一旦作业被送入系统，直到作业完成，用户都不能和作业进行交互，这为程序调试带来不便。

③ 处理机分配问题：既要满足各道作业的运行需求，又要提高处理机的利用率。

④ 内存分配和保护问题：系统需要为每道作业分配必要的内存空间，同时要保证该空间不被其他作业打扰。

⑤ I/O 设备分配问题：不同处理机有相同的要求。

⑥ 文件组织和管理问题：系统既要有效组织存放在系统中的大量程序和数据，又

要便于用户使用，保证数据的安全性。

⑦ 作业管理问题：系统中存在各种作业，需要对它们进行管理。

⑧ 用户和系统的接口问题：用户和计算机系统的交互方式，计算机系统应该对用户友好。

从这里可以看出，随着系统功能和性能的提高，所涉及的管理越来越多：从没有管理程序到为系统添加监督程序，再到增加调度程序等。而这些软件正是操作系统的重要组成部分。

3．第三代：分时操作系统

分时操作系统的出现是为了满足用户对人机交互的需求。此时计算机系统不再单纯的执行计算任务，具有了人机交互能力的计算机系统，功能上更加丰富。同时，由于计算机系统当时比较昂贵，一台计算机要同时供很多用户共享使用，用户希望共享的过程更加友好，即共享状态下的使用就像是独占使用。

分时系统需要解决的问题：

① 及时接收：为解决该问题，分时系统中配有多路卡。多路卡的作用是分时多路复用，即主机以很快的速度周期性扫各个终端，接收数据。例如，有 64 个终端共享一台计算机主机，那么只需配置一个 64 多路卡。同时，还需要为每一个终端分配相应的缓冲区进行暂存用户的命令。

② 及时处理：人机交互的关键是用户可以对其程序进行实时控制，这要求用户的程序需要在用户发出控制指令的时候位于内存当中，并且频繁获得处理机进行运行，否则就无法实现用户控制。因此，分时系统彻底改变了批处理系统的运行方式：作业直接入内存，采用轮转运行的方式，引入时间片的概念，每一个程序每次只能运行一个时间片的时间，从而避免一个作业长期占用处理机的现象。

分时系统的特点：

① 多路性：多台终端（显示器和键盘，即输入和输出设备）同时连接到一台主机，按分时原则共享系统资源。

② 独立性：各个终端独立运行，互不干扰。

③ 及时性：用户的请求通常在很短时间里就能得到响应。

④ 交互性：用户通过终端可以同系统进行广泛的交互，即请求系统提供多方面的服务。

20 世纪 60 年代末，贝尔实验室的 Ken Thompson 和 Dennis M. Ritchie 设计了 UNIX 操作系统。UNIX 是一个良好的、通用的、多用户的、多任务的分时操作系统。

4．第四代：实时操作系统和个人计算机操作系统

实时系统的正确性不仅通过运算结果确定，还取决于产生这些结果的时间，它必须对所接收的信号及时或者实时做出响应，即实时系统是指系统能及时响应外部事件的请求，在规定的时间内完成对该事件的处理，并控制所有实时任务协调统一地运行。实时任务可以分为周期性实时任务和非周期性任务，它们都有一个 Deadline，包括开始截止时间以及完成截止时间。也可以分为硬实时任务以及软实时任务。硬实时任务要求高实

时性；软实时任务则要求比较松。

实时系统常用于工业控制系统、信息查询系统、多媒体系统、嵌入式系统等。实时系统对时间点要求苛刻，需要对事件及时响应。

20 世纪 70 年代末，出现面向个人的计算机操作系统，如微软的 MS DOS 操作系统。MS DOS 属于单用户单任务操作系统。1984 年，出现具有交互式图形功能的苹果操作系统。1992 年，微软推出了具有交互式图形功能的操作系统 Windows 3.1。1995 年 8 月，Windows 95 正式亮相。

5. 第五代：网络操作系统和分布式操作系统

网络操作系统是一种在通常操作系统功能的基础上提供网络通信和网络服务功能的操作系统。分布式操作系统是一种以计算机网络为基础的，将物理上分布的具有自治功能的数据处理系统或计算机系统互连起来的操作系统。分布式系统中各台计算机无主次之分，系统中若干台计算机可以并行运行同一个程序。分布式操作系统用于管理分布式系统资源。

1991 年，Linus 在 Internet 上公布了 Linux 操作系统。Linux 遵循国际 UNIX 标准 POSIX（Portable Operating System Interface of UNIX），继承了 UNIX 的全部优点，而且开放全部源代码。

推动操作系统发展的主要动力体现在以下几个方面：

① 不断提高计算机资源的利用率（操作系统的目标之一：有效性）。

② 方便用户，提供良好的人机交互环境（操作系统的目标之一：方便性）。

③ 计算机硬件的不断发展。

④ 计算机体系结构的不断完善和发展。

⑤ 不断出现的新的应用需求。

3.1.2 操作系统的功能

从资源管理的角度来看，操作系统主要用于对计算机软硬件资源进行控制和管理，分为处理机管理、存储器管理、设备管理、文件管理和用户接口五部分。

1. 处理机管理

处理机管理的主要任务是对处理机（CPU）进行全面的安排和调度，并对其运行进行有效的控制和管理。也就是所谓的进程管理。进程是 CPU 进行资源分配的单位，进程管理的主要目的一是公平，二是非阻塞，三是优先级。

① 进程控制：进程的生（创建进程、分配需要的资源）和死（撤销进程、回收分配的资源）以及进程状态的转换。

② 进程同步和互斥：为使多个进程有条不紊地执行，需要一定的机制来协调各个进程的运行。常见的协调方式有：进程互斥，主要发生在对临界资源的访问时；进程同步，主要发生在需要控制进程的执行次序时。最简单的互斥机制就是为临界资源加锁；而实现同步则可以使用信号量机制。

③ 进程通信：进程通信常发生在需要多个进程相互合作去实现某一目标的时候，

进程通信的本质是进程之间的信息交换。当相互合作的进程在同一计算机系统时，发送进程可以使用发送命令直接将信息放入目标进程的消息队列中；当需要通信的进程不在同一计算机系统中时，就需要另外一些策略。

④ 调度：包括作业调度和进程调度。作业调度是通过一定的算法策略从外存上将作业放入内存，分别为它们创建进程，分配资源，使之处于就绪状态；进程调度是从就绪状态的进程队列中选择一定的进程为之分配处理机，使它可以运行。

2. 存储器管理

存储器管理的主要任务是为程序运行提供良好的环境，方便用户使用存储器，提高存储器的利用率。存储器管理具有内存分配、内存保护、地址映射和内存扩充等功能。

① 内存分配：为每道进程分配内存空间，需要考虑如何分配才能提高存储器的利用效率，减少不必要的空间碎片，如何处理进程在运行时提出的内存申请的问题。分配策略上包括静态分配和动态分配。静态分配是指作业可使用的空间大小在作业装入的时候就已经确定，不允许运行时申请以及移动。动态分配则相反。

② 内存保护：存在两种保护。一是各个用户进程只能在自己的内存空间中运行，不得使用其他非共享用户进程的内存空间；二是用户进程不得访问操作系统的程序和数据。常见的内存保护机制是设置两个界限寄存器，标志可使用空间的上界和下界，系统对每条指令所要访问的地址进行越界检查。

③ 地址映射：编译和链接所得到的可执行文件，其程序地址是从 0 开始的，需要操作系统将从 0 开始的逻辑地址转换为物理地址，需要硬件的支持。

④ 内存扩充：指通过虚拟存储技术，从逻辑上扩充存储器的大小，使更多的用户进程可以并发执行。常见的机制包括请求调入和置换功能。请求调入允许在仅装入部分程序和数据的情况下就启动该程序的执行，当所需要的指令或者数据不在内存空间的时候，通过向 OS 发出请求，由 OS 将所需要的部分调入内存。置换则是指允许将内存中暂时不用的程序和数据移至硬盘，以腾出内存空间。

3. 设备管理

设备管理的基本任务是按照用户的要求，按照一定的算法，分配、管理输入/输出设备，以保证系统有条不紊地工作。其目的有两个：一是屏蔽不同设备的差异性；二是提供并发访问。设备管理具有缓冲管理、设备分配和设备处理等功能。

① 缓冲管理：通过在 CPU 和 I/O 设备之间设置缓冲，有效解决 I/O 设备和 CPU 的速度不匹配问题，提高 CPU 的利用率，提高系统的吞吐量。常见策略包括单缓冲、双缓冲以及缓冲池等。

② 设备分配：根据用户 I/O 请求、系统现有资源状况以及设备分配策略来分配设备。同时还需要考虑设备分配完后系统是否安全等问题。

③ 设备处理：检查 I/O 请求是否合理，了解设备状态，读取有关的参数和设置设备的工作方式，然后项设备控制器发出 I/O 命令，启动 I/O 设备完成相应 I/O 操作，响应中断请求，并调用相应中断处理程序进行处理。

4. 文件管理

计算机中的信息是以文件形式存放在存储器（如磁盘、光盘、U 盘等）中。文件管理的主要任务是对用户文件和系统文件进行管理，方便用户使用信息，并保证文件的安全性。文件管理具有文件存储空间的管理、目录管理、文件的读写管理和保护等功能。

① 文件存储空间的管理：由文件系统统一管理文件以及文件的存储空间以提高外存的利用率和读取速度，为此系统需要设置相应的数据结构，用于记录文件存储空间的使用情况。

② 目录管理：为每个文件建立一个目录项，以记录文件的详细情况。并通过对目录项的管理提供文件的共享以及快速的目录查询等功能，提高文件检索速度。

③ 文件的读写管理和保护：文件的读写管理主要体现在对文件读写指针的管理；文件的保护主要是防止未经核准的用户存取文件，以及防止用户以错误方式使用文件。

5. 用户接口

用户接口是操作系统的五大管理功能之一，是用户走进计算机世界、实现各种预期目的的唯一通道和桥梁。用户接口包括命令接口、程序接口和图形化接口。

① 命令接口：由一组键盘操作命令及命令解释程序组成，是通过在终端或者控制台输入一条命令然后通过命令解释程序解释执行的一种交互形式。

② 程序接口：主要为用户的程序使用操作系统的服务提供、访问系统资源提供便利。它由一组系统调用组成，是操作系统供用户使用系统调用的接口，常简称为 API 接口。

③ 图形化接口：就是通过图形化的操作界面，用容易识别的各种图标来将系统的各项功能、各种应用程序和文件直观地表现出来。以鼠标取代命令的键入等。

操作系统的各种角色通常都围绕着“良好的共享”这一中心思想。操作系统负责管理计算机的资源，而这些资源通常是由使用它们的程序共享的；多个并发执行的程序将共享内存，依次使用 CPU，竞争使用 I/O 设备的机会；操作系统将担任现场监视角色，确保每个程序都能够得到执行的机会。

3.1.3 操作系统的分类

操作系统的种类很多，从简单到复杂，从手机嵌入式操作系统到超级计算机大型操作系统。从不同的角度看，操作系统可以进行不同的分类。常见的分类方式主要有以下几种。

1. 按使用环境和对作业处理方式来分类

（1）批处理操作系统（单道批处理、多道批处理）(如 DOS/VSE)

早期的一种供大型计算机使用的操作系统。可对用户作业成批处理，期间无须用户干预，分为单道批处理系统和多道批处理系统。

（2）分时处理操作系统（如 UNIX）

分时系统是指在一台主机上连接了多个终端，使多个用户共享一台主机，即是一个多用户系统。分时系统把 CPU 及计算机其他资源进行时间上的分割，分成一个个“时间片”，并把每一个时间片分给一个用户，使每一个用户轮流使用一个时间片。因为时间片很短，CPU 在用户之间转换得非常快，因此用户觉得计算机只在为自己服务。

（3）实时操作系统（如 VRTX）

实时系统是以加快响应时间为目的的，它对随机发生的外部事件作出及时的响应和处理。

由于实时系统一般为专用系统，用于实时控制和实时处理，与分时系统相比，其交互能力较简单。

2. 按使用方式分类

（1）单用户单任务操作系统（如 DOS）

在该类操作系统控制下，一台计算机同时只能有一个用户在使用，该用户一次只能提交一个作业，一个用户独自享用系统的全部硬件和软件资源。

（2）单用户多任务操作系统（如 Windows）

这种操作系统也是为单个用户服务的，但它允许用户一次提交多项任务。例如，一边在“画图”软件中作图，一边让计算机播放音乐，这时两个程序都已被调入内存储器中处于工作状态。

（3）多用户多任务操作系统（如 UNIX）

这种操作系统同时为多个用户服务的，而且它允许各用户一次提交多项任务。

3. 按用户界面分类

（1）字符界面（Text User Interface，TUI）操作系统（如 DOS）

用户看到的界面是字符，没有图形。字符界面占用资源相对较低，但操作相对枯燥、复杂，字符界面操作系统如图 3-3 所示。

（2）图形界面（Graphical User Interface，GUI）操作系统（如 Windows）

界面可显示文字、图形、图像，支持鼠标或触摸屏，图形界面易于理解和操作，但系统资源占用相对较高，如图 3-4 所示。

图 3-3　字符界面操作系统

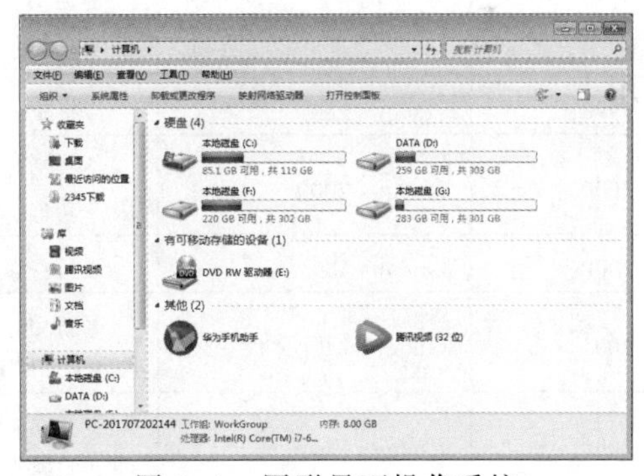

图 3-4　图形界面操作系统

3.2 微型计算机常用操作系统

1. DOS

DOS（Disk Operating System）是由美国微软（Microsoft）公司开发的、早期 IBM-PC

及其兼容机上使用最广泛的操作系统。磁盘操作系统是早期个人计算机上的一类操作系统。从1981年直到1995年的15年间，DOS在IBM PC兼容机市场中占有举足轻重的地位。若是把部分以DOS为基础的Microsoft Windows版本，如Windows 95、Windows 98、Windows 98 SE和Windows Me等都算进去，那么其商业寿命至少可以算到2000年。

在20世纪80年代，有数以千计款的DOS应用程序问世，要运行它们，可以使用Windows“开始”菜单中的“MS-DOS提示符”选项。微软的所有后续版本中，磁盘操作系统仍然被保留着。DOS以一个后台程序的形式出现。

2. Windows

Windows是由美国微软公司开发的基于图形用户界面的多任务的操作系统。它问世于1985年，起初仅仅是MS-DOS模拟环境，后续的系统版本由于微软不断的更新升级，不但易用，也成为了当前应用最广泛的操作系统。Windows操作系统的名称来源于出现在计算机屏幕上的那些所谓“视窗”（Windows），每一个工作区窗口都能显示不同的文档或程序，为操作系统的多任务处理能力提供了可视化模型。Windows系统有多个版本，如 Windows XP、Windows 10等。Windows发展历程如表3-2所示。

表3-2 Windows发展历程

年份	版本	主要特点
1985	Windows 1.0	将屏幕分割为众多矩形“窗口”，使得用户可以同时运行多个程序
1987	Windows 2.0	采用了重叠式窗口，扩展了内存访问
1990	Windows 3.0	采用了图形控件
1992	Windows 3.1	采用了程序图标和文件夹，开始正式进入市场
1992	Windows for Workgroups	提供对等网络、电子邮件、组调度及文件和打印机共享等功能
1993	Windows NT	提供网络服务器和NTFS文件系统的管理工具和安全工具
1995	Windows 95	更新用户界面，支持32位处理器、TCP/IP协议、拨号上网和长文件名
1998	Windows 98	支持PnP，稳定性增强，绑定了IE浏览器
2000	Windows 2000	是“适用于各种形式商业用途的网络操作系统”，具有强化的Web服务功能
2000	Windows Me	最后一款使用基于DOS的老款Windows内核的视窗操作系统版本
2001	Windows XP	更新用户界面，使用Windows 2000的32位内核，支持FAT32和NTFS文件系统
2006	Windows Vista	支持64位处理，强化安全性能，具有更强的搜索功能和生动的文件夹缩略图
2009	Windows 7	针对多核处理器进行了优化，界面更加绚丽、启动更快、对16：9的显示屏更友好
2012	Windows 8	独特的Metro开始屏幕界面和触控式交互系统
2015	Windows 10	“开始”菜单回归，优化鼠标操控
2021	Windows 11	全新“开始”菜单，日夜主题，多任务布局，Teams，小组件等

3. UNIX

UNIX 是世界上应用最为广泛的一种多用户多任务操作系统。它具有结构紧凑、功能强、效率高、使用方便和可移植性好等优点，被国际上公认为是一个十分成功的通用操作系统。

在世界上 UNIX 占据着操作系统的主导地位，它的应用极为广泛，从各种微型计算机到工作站、中小型计算机、大型计算机和超级计算机，都运行着 UNIX 操作系统及其变种。

4. XENIX 操作系统

XENIX 操作系统是在 IBM PC 及其兼容机上使用的多用户、多任务的分时操作系统，它使一台主机可供多个用户同时使用，并可同时运行多道程序。XENIX 操作系统是在 UNIX 的基础上改进的，是 1980 年 8 月 Microsoft 公司推出的。1984 年在 PC/AT 机上运行的是 XENIX 1.0 版，1985 年又推出了 XENIX 2.0 版。其组成不同于 DOS，它由内外两层组成。

内层包含有文件管理程序、输入/输出设备管理程序、进程管理程序、存储器管理程序等，主要功能是调度作业和管理数据的存储。具有树状结构的文件分级管理系统，文件和目录的建立、存取、移动、处理等操作简单统一，随时可创建、安装、拆卸文件系统，并具有灵活的目录和文件保护机制，对每个文件和目录拥有者有可读、可写、可执行的各种组合。

外层包含有各种高级语言处理程序及其他实用程序，它支持各种程序设计语言如 C 语言、BASIC、COBOL、FORTRAN、Pascal、80286 汇编语言等，具有各类软件开发工具和数据库管理系统、网络通信软件等。

XENIX 操作系统能提供 200 多条命令，且命令选择项很多，因此功能灵活多样。

5. OS/2

OS/2 是由微软和 IBM 公司共同创造，后来由 IBM 单独开发的一套操作系统。OS/2 是 Operating System/2 的缩写，是因为该系统作为 IBM 第二代个人计算机 PS/2 系统产品线的理想操作系统引入的。

在 DOS 于 PC 上的巨大成功后，以及 GUI 图形化界面的潮流影响下，IBM 和 Microsoft 共同研制和推出了 OS/2 这一当时先进的个人计算机上操作系统。最初它主要是由 Microsoft 开发的，由于在很多方面的差别，微软最终放弃了 OS/2 而转向开发 Windows 系统。最大规模的 OS/2 发行版本是于 1996 年发行的 OS/2 Warp 4.0，取名自《星舰迷航记》电影中的曲速引擎（Warp Drive），来代表其稳定快速的特色。这个版本是第一个运行于 X86 体系的 PC 之上的 32 位操作系统，早于微软的 Windows 95 上市。Warp 改进了按照界面和加强了对外设的驱动支持，还随系统包含了一组名为 Bonus Pak 的应用程序，里面有 12 种应用程序，如文字处理和传真软件等。

6. Linux 操作系统

Linux 是一种自由和开放源码的、符合 POSIX 标准的类 UNIX 操作系统。目前存在着许多不同版本。Linux 本身只是表示 Linux 内核，但实际上用户已经习惯使用 Linux 来形容整个 Linux 内核，并且使用 GNU 工程各种工具和数据库的操作系统。Linux 保留有许多 UNIX 的技术特点，例如，多任务处理、虚拟内存、TCP/IP 驱动程序和多用户功能。

这些特点使得 Linux 在企业服务器方面也成为一款很受欢迎的操作系统。

7. Netware

Netware 是 NOVELL 公司推出的网络操作系统。Netware 最重要的特征是基于基本模块设计思想的开放式系统结构。Netware 是一个开放的网络服务器平台，可以方便地对其进行扩充。Netware 系统对不同的工作平台（如 DOS、OS/2、Macintosh 等）、不同的网络协议环境（如 TCP/IP）以及各种工作站操作系统提供了一致的服务。该系统内可以增加自选的扩充服务(如替补备份、数据库、电子邮件以及记账等),这些服务可以取自 Netware 本身，也可取自第三方开发者。

8. Mac OS X

Mac OS X 是美国 Apple（苹果）公司为其计算机开发的操作系统。Mac OS 是指运行于苹果 Macintosh 系列计算机上的操作系统，一直以来都被业界用来和微软的 Windows 进行相互比较。Mac OS 是首个在商用领域成功的图形用户界面，当年 Mac OS 推出图形界面的时候，微软还只停留在 DOS 年代，Windows 尚在襁褓之中。

3.3 智能手机操作系统

智能手机就是“掌上电脑+手机”，除了具备普通手机的全部功能外，还具备了个人数字助理（Personal Digital Assistant，PDA）的大部分功能，特别是信息管理以及基于无线数据通信的网络功能。随着移动通信技术的飞速发展和移动多媒体时代的到来，手机作为人们必备的移动通信工具，已从简单的通话工具向智能化发展，演变成一个移动的个人信息收集和处理平台。借助操作系统和丰富的应用软件，智能手机成了一台移动终端。

智能手机操作系统是一种运算能力及功能比传统功能手机更强的操作系统。使用最多的操作系统有 Android、iOS 和 Huawei Harmony OS。除了新兴手机系统 Harmony OS 之外，它们之间的应用软件互不兼容。因为可以像个人计算机一样安装第三方软件，所以智能手机有丰富的功能。智能手机能够显示与个人计算机所显示出来一致的正常网页，它具有独立的操作系统以及良好的用户界面，拥有很强的应用扩展性，能方便地安装和删除应用程序。

1. iOS

iOS 的智能手机操作系统的原名为 iPhoneOS，其核心与 Mac OS X 的核心同样源自 Apple Darwin。它主要是给 iPhone 和 iPodtouch 使用。就像其基于的 Mac OS X 操作系统一样，它也是以 Darwin 为基础的。OS 的系统架构分为四个层次：核心操作系统层（the Core OS Layer）、核心服务层（the Core Serviceslayer）、媒体层（the Media Layer）、可轻触层（the Cocoa Touchlayer）。系统操作占用大概 1.1 GB 的存储空间。

iOS 由两部分组成：操作系统和能在 iPhone 和 iPod Touch 设备上运行原生程序的技术。由于 iPhone 是为移动终端而开发，所以要解决的用户需求就与 Mac OS X 有些不同，尽管在底层的实现上 iPhone 与 Mac OS X 共享了一些底层技术。如果你是一名 Mac 开发人员，你可以在 iOS 发现很多熟悉的技术，同时也会注意到 iOS 的独有之处，比如多触点接口（Multi-Touch Interface）和加速器（Accelerometer）。

iOS 是苹果公司为其移动设备所开发的专有移动操作系统，为其公司的许多移动设备提供操作界面，支持设备包括 iPhone、iPad 和 iPod Touch。iOS 是继 Android 后全球第二大最受欢迎的移动操作系统。

有了 iOS，iPhone、iPad 和 iPod Touch 即可变为出色的学习工具。你可使用日历来追踪所有的课程和活动，提醒事项发出的提醒，帮你准时赴约并参加小组学习，还可利用备忘录 App 随手记下清单内容，或将好想法听写下来。借助内置 WLAN 功能在网上进行研究或撰写电子邮件，甚至可以添加照片或文件附件；使用语音备忘录录制采访、朗读示例、学习指南或课堂讲座。无论是单词定义、练习法语词汇，还是查找腰脊柱的位置，都能在 App Store 里找到相应的 App。

2. Android 操作系统

Android（安卓）是美国 Google 公司开发的基于 Linux 内核的开源手机操作系统，是目前应用最广泛的智能手机和平板电脑操作系统。Android 操作系统有很大的平台优势：开放性，丰富的硬件，方便开发。第一部 Android 智能手机发布于 2008 年 10 月。Android 逐渐扩展到平板电脑及其他领域上，如电视、数码相机、游戏机等。

2003 年 10 月，Andy Rubin 等创建 Android 公司，并组建 Android 团队。

2005 年 8 月 17 日，Google 低调收购了成立仅 22 个月的高科技企业 Android 及其团队。

2007 年 11 月 5 日，谷歌公司正式向外界展示了 Android 操作系统，并且宣布建立一个全球性的联盟组织，该组织由 34 家手机制造商、软件开发商、电信运营商以及芯片制造商共同组成，并与 84 家硬件制造商、软件开发商及电信营运商组成开放手持设备联盟（Open Handset Alliance），来共同研发改良 Android 系统，这一联盟将支持谷歌发布的手机操作系统以及应用软件，Google 以 Apache 免费开源许可证的授权方式，发布了 Android 的源代码。

2008 年，谷歌提出 Android HAL 架构图。同年 8 月 18 号，Android 获得美国联邦通信委员会（FCC）的批准。2008 年 9 月，谷歌正式发布 Android 1.0 系统，这也是 Android 系统最早的版本。

2009 年 4 月，谷歌正式推出 Android 1.5 这款手机。从 Android 1.5 版本开始，谷歌开始将 Android 的版本以甜品的名字命名，Android 1.5 命名为 Cupcake（纸杯蛋糕）。该系统与 Android 1.0 相比有了很大的改进。

2009 年 9 月，谷歌发布了 Android 1.6 的正式版，并且推出了搭载 Android 1.6 正式版的手机 HTC Hero（G3），凭借着出色的外观设计以及全新的 Android 1.6 操作系统，HTC Hero（G3）成为当时全球最受欢迎的手机。Android 1.6 也有一个有趣的甜品名称，它被称为 Donut（甜甜圈）。

2010 年 2 月，Linux 内核开发者 Greg Kroah-Hartman 将 Android 的驱动程序从 Linux 内核“状态树”（Staging Tree）上除去，从此，Android 与 Linux 开发主流分道扬镳。同年 5 月，谷歌正式发布了 Android 2.2 操作系统。谷歌将 Android 2.2 操作系统命名为 Froyo（冻酸奶）。

2010 年 10 月，谷歌宣布 Android 系统达到了第一个里程碑，即电子市场上获得官方数字认证的 Android 应用数量已经达到了 10 万个，Android 系统的应用增长非常迅速。在 2010 年 12 月，谷歌正式发布了 Android 2.3 操作系统 Gingerbread（姜饼）。

2011 年 1 月，谷歌称每日的 Android 设备新用户数量达到了 30 万部，到 2011 年 7 月，这个数字增长到 55 万部，而 Android 系统设备的用户总数达到了 1.35 亿，Android 系统已经成为智能手机领域占有量最高的系统。

2011 年 8 月 2 日，Android 手机已占据全球智能机市场 48%的份额，跃居全球第一。

2011 年 9 月，Android 系统的应用数目已经达到了 48 万，而在智能手机市场，Android 系统的占有率已经达到了 43%。继续在排在移动操作系统首位。谷歌发布全新的 Android 4.0 操作系统，这款系统被谷歌命名为 Ice Cream Sandwich（冰激凌三明治）。

2012 年 1 月 6 日，谷歌 Android Market 已有 10 万开发者推出超过 40 万活跃的应用，大多数的应用程序为免费。Android Market 应用程序商店目录在新年首周周末突破 40 万基准，距离突破 30 万应用仅 4 个月。在 2011 年早些时候，Android Market 从 20 万增加到 30 万应用也花了四个月。

2013 年 11 月 1 日，Android 4.4 正式发布，从具体功能上讲，Android 4.4 提供了各种实用小功能，新的 Android 系统更智能，添加更多的 Emoji 表情图案，UI 的改进也更现代，如全新的 HelloiOS7 半透明效果。

2018 年 10 月，谷歌表示，将于 2018 年 12 月 6 日停止 Android 系统中的 Nearby Notifications（附近通知）服务。

2020 年 3 月，谷歌的 Android 安全公告中提到，新更新已经提供了 CVE-2020-0069 补丁来解决针对联发科芯片的一个严重安全漏洞。

3. 华为鸿蒙系统

华为鸿蒙系统（Huawei HarmonyOS，HongmengOS，见图 3-5）是一款“面向未来”的操作系统，一款基于微内核的面向全场景的分布式操作系统，现已适配智慧屏，未来它将适配手机、平板、计算机、智能汽车、可穿戴设备等多终端设备。它的定位完全不同于安卓系统，它不仅是一个手机或某一设备的单一系统，而是一个可将所有设备串联在一起的通用性系统。

图 3-5　华为鸿蒙系统

2012 年，华为开始规划自有操作系统“鸿蒙”。2019 年 5 月 24 日，国家知识产权局商标局网站显示，华为已申请“华为鸿蒙”商标，申请日期是 2018 年 8 月 24 日，注册公告日期是 2019 年 5 月 14 日，专用权限期是从 2019 年 5 月 14 日到 2029 年 5 月 13 日。

2019 年 5 月 17 日，由任教授领导的华为操作系统团队开发了自主产权操作系统——鸿蒙。2019 年 8 月 9 日，华为正式发布鸿蒙系统。同时余承东也表示，鸿蒙 OS 实行开源。2020 年 9 月 10 日，华为鸿蒙系统升级至华为鸿蒙系统 2.0 版本，即 HarmonyOS 2.0，并面向 128 KB～128 MB 终端设备开源。2020 年 12 月 16 日，华为正式发布了 HarmonyOS 2.0 手机开发者 Beta 版本。2021 年 2 月 22 日晚，华为正式宣布 HarmonyOS 将于 4 月上线，华为 Mate X2 将首批升级。

2021 年 3 月，华为消费者业务软件部总裁、鸿蒙操作系统负责人王成录表示，今年搭载鸿蒙操作系统的物联网设备（手机、Pad、手表、智慧屏、音箱等智慧物联产品）有望达到 3 亿台，其中手机将超过 2 亿台，将力争让鸿蒙生态的市场份额达到 16%。

华为的鸿蒙操作系统宣告问世，在全球引起反响。人们普遍相信，这款中国电信巨头打造的操作系统在技术上是先进的，并且具有逐渐建立起自己生态的成长力。它的诞生拉开永久性改变操作系统全球格局的序幕。华为鸿蒙 OS 系统具备了很多优点，例如，在系统流畅度、开源、分布式能力、IOT 设备等，几乎可以衔接手机、手表、电视、车机、智能穿戴、智能家居等所有的硬件设备，都可以完美适配鸿蒙 OS 系统。并且，软件开发者还可以基于鸿蒙 OS 系统，实现一次性开发多端适配，进一步减少软件开发者的工作量，彻底地摆脱了目前手机操作系统的局限性。

3.4 物联网操作系统

网络不仅连接着通用的计算机，还连接着成千上万的传感器设备。2005 年 11 月 17 日，在突尼斯举行的信息社会世界峰会（WSIS）上，国际电信联盟（ITU）发布了《ITU 互联网报告 2005：物联网》，正式提出“物联网”的概念。所谓“物联网”（Internet of Things），指的是将各种信息传感设备，如射频识别装置、红外感应器、全球定位系统、激光扫描器等种种装置与互联网结合起来而形成的一个巨大网络。其目的是让所有的物品都与网络连接在一起，方便识别和管理。在这个网络中，系统可以自动地、实时地对物体进行识别、定位、追踪、监控，并触发相应事件。

物联网操作系统是新一代信息技术的重要组成部分。顾名思义，“物联网就是物物相连的互联网”。与传统的个人计算机或个人智能终端（智能手机、平板电脑等）上的操作系统不同，物联网操作系统有其独特的特征。这些特征是为了更好地服务物联网应用而存在的，运行物联网操作系统的终端设备，能够与物联网的其他层次结合得更加紧密，数据共享更加顺畅，能够大大提升物联网的生产效率。

物联网操作系统是一个通用的概念，与“嵌入式操作系统”一样，是一类操作系统的统称。它包含有两层意思：第一，物联网的核心和基础仍然是互联网，是在互联网基础上的延伸和扩展的网络；第二，其用户端延伸和扩展到了任何物品与物品之间，进行信息交换和通信。因此，物联网的定义是通过射频识别（RFID）、红外感应器、全球定位系统、激光扫描器等信息传感设备，按约定的协议，把任何物品与互联网相连接，进行信息交换和通信，以实现对物品的智能化识别、定位、跟踪、监控和管理的一种网络。物联网与互联网的不同在于，互联网关注的是“人与人”之间的信息交换和共享，而物联网则进一步扩展，实现“物与物”“人与物”之间的信息交换和共享。

物联网大致可分为终端应用层、网络层（进一步分为网络接入层和核心层）、设备管理层、后台应用层等四个层次。其中最能体现物联网特征的，就是物联网的终端应用层。终端应用层由各种各样的传感器、协议转换网关、通信网关、智能终端、刷卡机（POS机）、智能卡等终端设备组成。这些终端大部分都是具备计算能力的微型计算机。物联网操作系统，就是运行在这些终端上，对终端进行控制和管理，并提供统一编程接口的操作系统软件。

1. HelloX操作系统

这是一个自2004年就开始开发的操作系统，原名为“Hello China操作系统”，后来为了更加聚焦物联网应用，更名为“HelloX 操作系统”。该操作系统专注于物联网应用，完全符合物联网操作系统的上述特点，代码完全开源，同时具备如下主要特点：完全自主知识产权的内核、具备高度的可伸缩性和丰富的外围功能模块、完善的硬件建模功能等。

2. Zephyr

Zephyr（物联网操作系统）项目是一个 Linux 基金会托管的协作项目，一个开源合作项目，联合了业内领先企业，为所有资源受限设备构建了针对资源受限设备进行优化的最佳小型可扩展实时操作系统（RTOS）。

Zephyr内核源自Wind River VxWorks的商用VxWorks Microkernel Profile。Microkernel Profile已经从称为Virtuoso的DSP RTOS技术发展了20多年。RTOS已被用于多种商业应用，包括卫星、军事指挥和控制通信、雷达、电信和图像处理。该技术成功的最新例子就是装载了WindRiver公司VxWorks实时操作系统的Rosetta Comet Probe（罗塞塔号彗星探测器）于2014年11月12日在67P/Churyumov-Gerasimenko（67P/楚留莫夫—格拉希门克彗星）成功着陆。

3. MICO

2014年7月22日，上海庆科（MXCHIP）信息技术有限公司（简称上海庆科）携手阿里物联平台在沪发布了由上海庆科研发的中国首款物联网操作系统MICO。

MICO全称为Micro-controller based Internet Connectivity Operatingsystem，即基于微控制器的互联网接入操作系统，它是一个面向智能硬件设计、运行在微控制器（MCU）上的高可靠、可移植的操作系统和中间件开发平台。MICO 作为针对微控制器（MCU）的物联网应用OS，并不是一个简单的RTOS，而是一个包含大量中间件的软件组件包，它可支持广泛的MCU，加上上海庆科拥有的完整Wi-Fi连接解决方案，可通过内建的云端接入协议，以及丰富的中间件和调试工具，快速开发智能硬件产品。该系统包括底层的芯片驱动、无线网络协议、射频控制技术、安全、应用框架等模块，同时提供阿里物联平台、移动APP支持，以及生产测试等一系列解决方案和SDK。这使得“软制造”创业者可以简化底层的投入，真正实现产品的网络化和智能化并快速量产。

小　　结

本章主要介绍了操作系统的发展、功能和分类，并对常用微型计算机操作系统手机操作系统及物联网操作系统进行了介绍，旨在让读者了解计算机在开机后就在操作系统控制下运行。操作系统是系统软件，是管理计算机其他软硬件的软件，是软件系统的核心。它也是一个复杂软件：它的内核相对稳定，其主要变化是为了适应处理器芯片功能的变化；它的外壳则占到整个系统的大部分，对用户界面的管理则成为操作系统最主要的开销：一方面界面要美观、流畅；另一方面要为用户定制界面提供各种方案。

习　题

一、选择题

1. 操作系统如 Windows、iOS 和 Android 都是计算机的软件，按照分类，它们是（　　）。

   A. App　　B. 编程语言　　C. 应用系统　　D. 软件系统

2. 操作系统功能不一定包括（　　）。

   A. 处理机管理　　B. 存储管理
   C. 设备管理　　D. 图形用户界面管理

3. 以下手机品牌的操作系统中从本质上说不同于另外三个的一种是（　　）。

   A. 小米的 MIUI　　B. 联想的 ZUI
   C. 华为的 HarmonyOS　　D. OPPO 的 ColorOS

4. 在 Windows 的（　　）中可以查看和关闭进程。

   A. 任务管理器　　B. 进程管理器　　C. 控制面板　　D. 任务列表

5. 软件平台主要由（　　）和应用软件两类软件构成。

   A. 系统软件　　B. 工具软件
   C. 语言处理程序　　D. 数据库管理系统

二、问答题

1. 简述操作系统的主要功能及分类。
2. 试列举出自己在现实生活中应用过的操作系统。

第4章 计算机网络与安全

当前，计算机网络已经是信息时代的重要标志，网络的出现让计算机的计算能力得到无限放大，移动网、宽带网、无线网等技术使得带有通信功能的计算设备实现了“无处不在的连接”。与此同时，互联网也随之孕育发展，其所具有的开放特性也类似一个虚拟的社会形态，它为用户提供各种应用服务便利的同时也带来了一系列的网络安全问题。

4.1 计算机网络概述

当今社会已是网络时代，计算机网络的应用几乎无处不在。计算机网络已经改变了人们使用计算机的方式。在很多的情况下，我们面前的计算机只是网络资源的一个接入点，我们访问的信息、执行的操作、进行的计算，并不局限于这台计算机，而是存在于它所属的计算机网络之中，网络应用已经成为计算机应用的主流。因此，学习如何使用计算机就必须掌握计算机网络的基本知识。本章如无特别指出，将计算机网络简称为网络。

4.1.1 计算机网络的定义

在计算机网络发展的不同阶段，人们根据当时网络发展的水平和对网络的认知度，对计算机网络提出了不同的定义。美国信息处理学会联合会在1970年从共享资源角度出发，把计算机网络定义为“以能够相互共享硬件、软件和数据等资源的方式连接起来，并各自具备独立功能的计算机系统的集合”。

随着“终端—计算机”通信发展到“计算机—计算机”通信，又出现了“计算机通信网”的定义：在计算机间以传输信息为目的连接起来的计算机系统的集合。

一般来说，将分散的多台计算机、终端和外围设备用通信线路互连起来，实现彼此间通信，并且计算机的软件、硬件和数据资源大家都可以共同使用，这样一个实现了资源共享的整个体系称为计算机网络。可见一个计算机网络必须具备三个要素：

① 多台具有独立操作系统的计算机相互间有共享的资源部分。

② 多台计算机之间要有通信手段将其互连。

③ 遵循解释、协调和管理计算机之间通信和相互间操作的网络协议。

综上所述，本书将计算机网络定义为：使分布在不同地点的多个自主的计算机物理上互连，按照网络协议相互通信，以共享硬件、软件和数据资源为目标的系统。

4.1.2 计算机网络的发展

1. 网络的产生——计算机与通信的结合

网络形成与发展可追溯到 20 世纪 50 年代。当时的计算机系统是高度集中的，所有的设备安装在单独的大房间中，使用计算机的用户需到计算机房去上机。这样，除要花费大量的时间、精力外，又因受时间、地点的限制，无法对急待处理的信息及时加工处理。

为解决这个问题，在计算机内部增加通信功能，使远地站点的输入/输出设备通过通信线路直接和计算机相连，达到不用到计算机房就可以在远地站点一边输入一边处理的目的，并且可以将处理结果再经过通信线路送回到远地站点。这就开始了计算机和通信的结合，如图 4-1 所示。

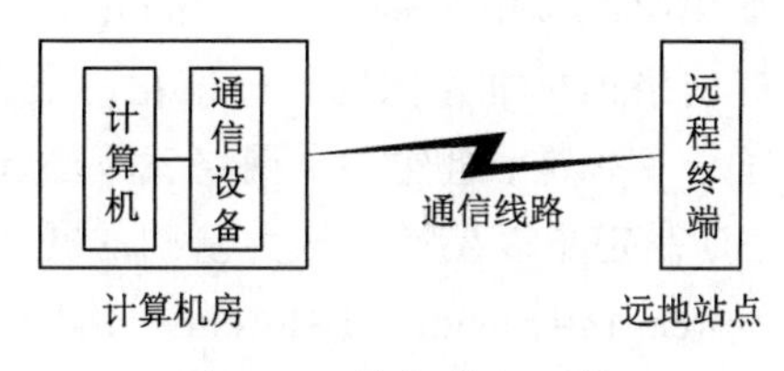

图 4-1 简单联机系统

2. 网络的发展过程

网络的发展经历了一个从简单到复杂、从低级到高级的过程。从 1946 年 ENIAC 诞生到现在的 Internet 空前发展，纵观网络 70 多年的发展史，其发展过程大致可概括为五个阶段。

（1）面向终端的网络

这个阶段是计算机和通信相结合的初级阶段。最早的通信设备是 1954 年研制出的一种称为收发器的终端。人们使用收发器实现了把穿孔卡片上的数据通过电话线发送给远方的计算机，以后发展到电传打字机也可以与远程终端和计算机相连。用户可以在远地的电传打字机上输入程序并传送给计算机，而计算机处理的结果又可以返回到电传打字机，被打印出来。因为是使用电话线路进行信息的传输，所以必须在电话线路的两端分别加上称为调制解调器（Modem）的设备。调制解调器的功能是完成数字信号和模拟信号的转换。目前在互联网中，调制解调器仍起着重大作用。使用电话线路连接的单机系统如图 4-2 所示。

图 4-2 计算机通过电话线与远程终端相连

（2）多机系统互连

在 20 世纪 60 年代，出现的多机系统将一台计算机和多个远程终端相连，各个远程终端分时使用计算机，并且当没有远程终端使用计算机时，计算机仍可以独立使用，提高了计算机的利用率，这是网络发展的第二阶段。

第二代网络以美国的 ARPA 网（ARPANet）为典型代表。ARPA 网是世界上第一个以资源共享为主要目的的网络。此外，它还是 Internet 的前身（ARPA 网的民用科技研究部分演化成目前的 Internet）。目前有关网络的概念、结构和技术都与 ARPA 网有关。在 ARPA 网中提出的许多网络技术术语，如分组交换（Packet Switching）、存储转发（Store and Forward)、路由选择(Routing)、流量控制(Flow Control)等，至今仍在使用。

在第二阶段提出了资源子网、通信子网的两级网络结构的概念，但第二代网络都有各自不同的网络体系结构和标准，因此这些网络之间很难互联互通。

(3)开放的标准化网络

虽然在 20 世纪 70 年代末网络得到了很大发展，但各个厂商或研究机构各自设计并搭建的网络并不是依据一个统一的标准，它们之间不能做到互联互通。因此，国际标准化组织(International Organization for Standardization，ISO)成立了专门的工作组来研究网络的标准化问题。标准化的最大好处是开放性，使各种网络能够互联互通，而且有了统一标准，组建一个网络就不必局限于购买某个公司的产品。为了促进网络的标准化，ISO 制定了以层次结构为基础的网络体系结构标准，这就是开放系统互连参考模型(Open System Interconnect Reference Model)。

(4)Internet 时代

从 20 世纪 80 年代末开始，计算机网络发展成为以 Internet (因特网)为代表的互联网络。可以说它是世界上最大的网络，是一个将全球成千上万的网络连接起来而形成的全球性网络系统。它使得全球联网的计算机之间可以交换信息或共享资源。

Internet 起源于 ARPANet。1983 年后，ARPANet 分为军用和民用两个领域，普通科技人员可以利用民用领域的 ARPANet 进行科学研究和成果共享。随着民用领域的不断扩大，包括政府部门、国防合同承包商、大学和重要的科学研究机构都使用该网络并进行互连，逐渐发展形成目前规模宏大的 Internet。在 Internet 中，用户计算机需要通过校园网、企业网或 ISP 连入地区主干网，地区主干网通过国家主干网连入国家间的高速主干网，这样就形成一种由路由器互连的大型层次结构的互连网络。

(5)移动互联网和物联网时代

20 世纪 90 年代末，随着以智能手机为代表的移动终端的出现，无线网络技术飞速发展，Internet 的发展又进入了一个新的纪元，即移动互联网时代。国内移动数据服务商 QuestMobile 在 2015 年发布了《2015 年中国移动互联网研究报告》，报告显示：截至 2015 年 12 月，国内在网活跃移动智能设备数量达到 8.99 亿。这一数据几乎赶上了所有发达国家人口的总和。

继互联网、移动互联网之后，物联网的发展掀起了新一波信息产业浪潮。在这股产业浪潮下，不仅能够实现人和物体之间的对话，也能实现物体与物体之间的交流，让各种设备和物品开口说话已经不再是科幻电影里面的场景，随着物联网技术的不断完善发展，这将逐渐变得可能，即通过信息传感器将各种设备与互联网连接在一起形成一个巨大网络。物联网能够充当人物或物物之间沟通的枢纽，其与互联网之间最大的区别在于，它是互联网与现代工商业的应用拓展，创新是物联网发展的核心，以提高用户体验为目标是物联网发展的灵魂。

总之，以互联网为代表的计算机网络技术是 20 世纪计算机科学的一项伟大成果，它给我们的生活带来了深刻的变化。网络的发展有三种基本的趋势：一是使用低成本微型计算机构建的分布式计算方向发展；二是向适应多媒体通信、移动通信结构的方向发展；三是网络结构适应网络互连，扩大规模以至于建立全球网络。

4.1.3 计算机网络的分类

根据采用的通信介质、通信距离、拓扑结构等方面的不同，通常可以将计算机网络按不同的分类方式分为不同的类型。

1. 按传输技术进行分类,可以分成有线网和无线网

我们常见的通信介质可以分为两大类：有线介质和无线介质。有线介质一般有粗缆、细缆、双绞线、电话线和光纤等，无线介质有红外线、微波、激光等。相对应地，计算机网络也可以分为有线网络和无线网络。有线网络可分为双绞线网或光纤网等，而微波网则属于无线网络。

无线局域网（Wireless LAN，WLAN）也被称为Wi-Fi（Wireless Fidelity，无线高传真），指的是采用无线传输媒介的计算机网络，结合了最新的计算机网络技术和无线通信技术。无线局域网是有线局域网的延伸，使用无线技术来发送和接收数据，减少了用户的连线需求。

支持WLAN的新兴无线网络标准是IEEE 802.11a,其数据传输速率可达到54 Mbit/s，另一标准IEEE 802.11b的数据传输速率可达到11 Mbit/s。802.11a能够同时支持更多无线用户和增强的移动多媒体应用，如数据流视频。此外，802.11a标准在无阻塞的5 GHz频带上运行，从而减少了与无线电话之间的干扰。

与有线局域网相比较，无线局域网具有开发运营成本低、时间短，投资回报快，易扩展，受自然环境、地形及灾害影响小，组网灵活快捷等优点。可实现“任何人在任何时间，任何地点以任何方式与任何人通信”，弥补了传统有线局域网的不足。随着IEEE 802.11n标准的制定和推行，无线局域网的产品将更加丰富，不同产品的兼容性将得到加强。目前无线局域网除能传输语音信息外，还能顺利地进行图形、图像及数字影像等多种媒体的传输。

有线、无线间的无缝连接，让手机轻松上网、视频信号在PC与电视间顺畅传输，这种可能性已经成为现实的应用。随着Intel迅驰移动计算技术在笔记本计算机中通过集成无线网卡直接支持无线局域网，无线网络将集成到多种网络、设备和服务中去。今后，如果要设置一个无线局域网，就不再需要购买额外的无线网络兼容硬件。未来的网络将是普遍适用和无线的，电视、计算机与手机的区别可能只是屏幕大小不同了。

2. 按网络的地理位置进行分类，可分为广域网、城域网和局域网

广域网（Wide Area Network，WAN）的作用范围通常为几十到几千千米以上，可以跨越辽阔的地理区域进行长距离的信息传输，所包含的地理范围通常是一个国家或洲。在广域网内，用于通信的传输装置和介质一般由电信部门提供，网络则由多个部门或国家联合组建，网络规模大，能实现较大范围的资源共享。

局域网（Local Area Network，LAN）是一个单位或部门组建的小型网络，一般局限在一座建筑物或园区内，其作用范围通常为10 m至几千米。局域网规模小、速度快，应用非常广泛。关于局域网在后面章节将作较详细的介绍。

城域网（Metropolitan Area Network，MAN）的作用范围介于广域网和局域网之间，是一个城市或地区组建的网络，作用范围一般为几十千米。城域网以及宽带城域网的建设已成为目前网络建设的热点。由于城域网本身没有明显的特点，因此我们后面只讨论广域网和局域网。

需要指出的是，广域网、城域网和局域网的划分只是一个相对的分界。而且随着计算机网络技术的发展，三者的界限已经变得模糊了。

3．按网络中的计算机和设备在网络中的地位，可分为对等网和非对等网

在计算机网络中，倘若每台计算机的地位平等，都可以平等地使用其他计算机内部的资源，每台机器磁盘上可供共享的空间和文件都成为公共财产，这种网就称为对等局域网（Peer to Peer LAN），简称对等网。在对等网上计算机资源的共享方式会导致计算机的速度比平时慢，但对等网非常适合于小型的、任务轻的局域网，例如，在普通办公室、家庭或学生宿舍内常建对等网。对等网一般采用总线和星状的网络拓扑结构。

如果网络所连接的计算机较多，在 10 台以上且共享资源较多时，就需要考虑专门设立一个计算机来存储和管理需要共享的资源，这台计算机称为服务器，其他计算机称为工作站，工作站里硬盘的资源就不必与他人共享。如果想与某人共享一份文件，就必须先把文件从工作站复制到文件服务器上，或者一开始就把文件安装在服务器上，这样其他工作站上的用户才能访问到这份文件。这种网络就是非对等网，称为客户机/服务器（Client/Server）网络。

4.1.4　网络的基本结构

计算机网络主要完成网络通信和资源共享两种功能。从而可将计算机网络看成一个两级的子网结构，即内层的通信子网和外层的资源子网，如图 4-3 所示。其中的设备均可称为节点：A～E 称为中间节点，与通信介质构成通信子网；H 称为主机，由主机或终端构成资源子网。两级计算机子网是现代计算机网络结构的主要形式。

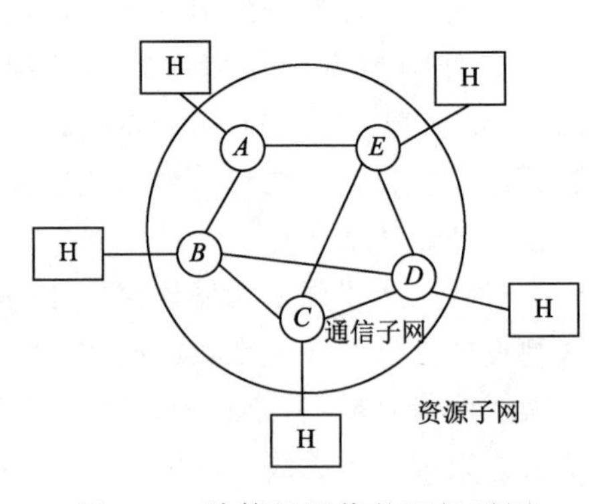

图 4-3　计算机网络的两级子网

通信子网主要负责全网的数据通信，为网络用户提供数据传输、转接、加工和转换等通信处理工作，即将一个主计算机的信息传送给另一个主计算机。它主要包括通信线路（即传输介质）、网络连接设备（如网络接口设备、通信控制处理机、网桥、路由器、交换机、网关、调制解调器和卫星地面接收站等）、网络通信协议和通信控制软件等。资源子网主要负责全网的信息处理，为网络用户提供网络服务和资源共享功能等。它主要包括网络中所有的主计算机、I/O 设备和终端，各种网络协议、网络软件和数据库等。

4.1.5　网络的拓扑结构

计算机网络的拓扑结构是引用拓扑学中的研究与大小、形状无关的点、线特性的方法，把网络单元定义为节点，两节点间的线路定义为链路，则网络节点和链路的几何位置就是网络的拓扑结构。网络的拓扑结构主要有总线、环状、星状和网状结构。

1. 总线拓扑结构

总线网络是一种比较简单的计算机网络结构，它采用一条称为公共总线的传输介质，将各计算机直接与总线连接，信息沿总线介质逐个节点广播传送，如图 4-4 所示。

总线拓扑结构简单，增删节点容易。网络中任何节点的故障都不会造成全网的瘫痪，可靠性高。但是，任何两个节点之间传送数据都要经过总线，总线成为整个网络的瓶颈。当节点数目多时，易发生信息拥塞。

总线结构投资省，安装布线容易，可靠性较高，在传统的局域网中是一种常见的结构。

2. 环状拓扑结构

环状网络将计算机连成一个环。在环状网络中，每台计算机按位置不同有一个顺序编号，在环状网络中信号按计算机编号顺序以“接力”方式传输，如图 4-5 所示。在环状拓扑结构中每一台设备只能和相邻节点直接通信。与其他节点通信时，信息必须依次经过两者间的每一个节点。

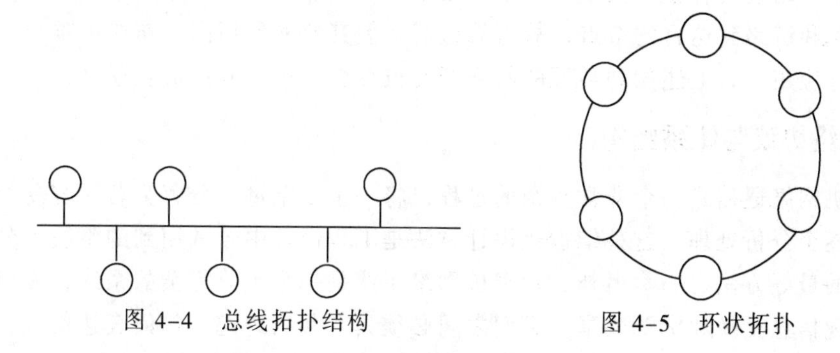

图 4-4　总线拓扑结构　　　　图 4-5　环状拓扑

环状拓扑结构传输路径固定，无路径选择问题，故实现简单。但任何节点的故障都会导致全网瘫痪，可靠性较差。网络的管理比较复杂，投资费用较高。当环状拓扑结构需要调整时，如节点的增、删、改，一般需要将整个网重新配置，扩展性、灵活性差，维护困难。

3. 星状拓扑结构

星状网络由中心节点和其他从节点组成，中心节点可直接与从节点通信，而从节点间必须通过中心节点才能通信。在星状网络中中心节点通常由一种称为集线器或交换机的设备充当，因此网络上的计算机之间是通过集线器或交换机来相互通信的。星状拓扑是目前局域网最常见的方式，如图 4-6 所示。

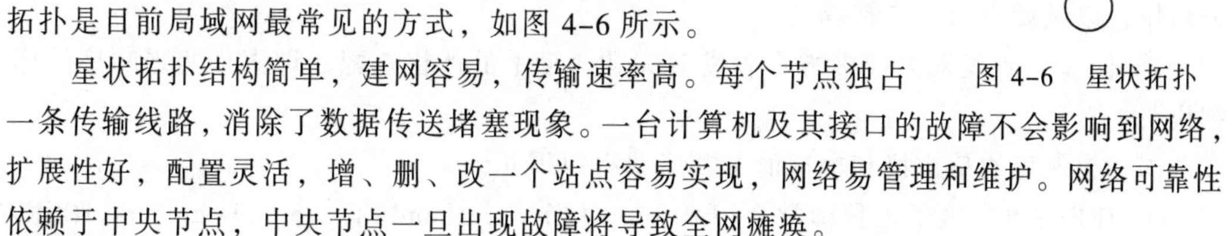

图 4-6　星状拓扑

星状拓扑结构简单，建网容易，传输速率高。每个节点独占一条传输线路，消除了数据传送堵塞现象。一台计算机及其接口的故障不会影响到网络，扩展性好，配置灵活，增、删、改一个站点容易实现，网络易管理和维护。网络可靠性依赖于中央节点，中央节点一旦出现故障将导致全网瘫痪。

4. 网状拓扑结构

网状拓扑结构分为一般网状拓扑结构和全连接网状拓扑结构两种。全连接网状拓扑结构中的每个节点都与其他所有节点有链路相连通。一般网状拓扑结构中每个节点至少与其他两个节点直接相连。图 4-7 所示的网状拓扑结构中，(a) 为一般网状拓扑结构，(b) 为全连接网状拓扑结构。

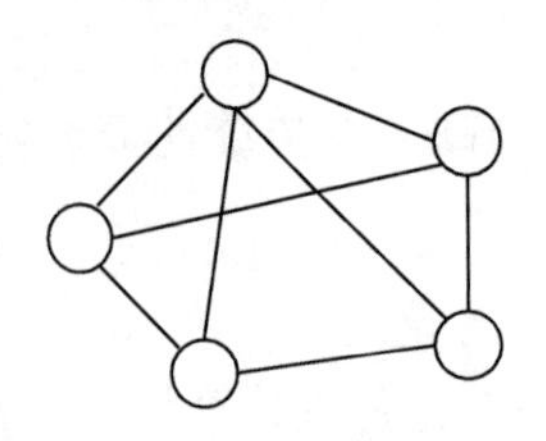

(a) 一般网状拓扑结构

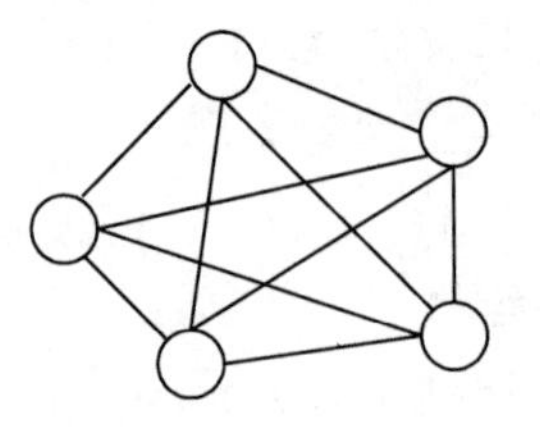

(b) 全连接网状拓扑结构

图 4-7 网状拓扑结构

网状拓扑结构的容错能力强，如果网络中一个节点或一段链路发生故障，信息可通过其他节点和链路到达目的节点，故可靠性高。但其建网费用高，布线困难。

在实际应用中，上述四种类型的网络经常被综合应用，并形成互联网。

4.1.6 网络协议与体系结构

计算机网络通信是一个非常复杂的过程，将一个复杂过程分解为若干容易处理的部分，然后逐个分析处理，这种结构化设计方法是工程设计中经常用到的手段。分层就是系统分解的最好方法之一。另外，计算机网络系统是一个十分复杂的系统，要使其能协同工作实现信息交换和资源共享，它们之间必须具有共同约定。如何表达信息、交流什么、怎样交流及何时交流，都必须遵循某种互相都能接受的规则。

1. 网络协议

一个计算机网络有许多互相连接的节点，在这些节点之间要不断地进行数据的交换。要做到有条不紊地交换数据，每个节点就必须遵守一些事先约定好的规则。这些为进行网络中的数据交换而建立的规则、标准或约定即称为网络协议。

网络协议主要由以下三个要素组成：

① 语法：即数据与控制信息的结构或格式。例如，在某个协议中，第一个字节表示源地址，第二个字节表示目的地址，其余字节为要发送的数据等。

② 语义：定义数据格式中每一个字段的含义。例如，发出何种控制信息，完成何种动作，以及做出何种应答等。

③ 同步：收发双方或多方在收发时间和速度上的严格匹配，即事件实现顺序的详细说明。

国际上制定通信协议和标准的主要组织有以下几个。

① IEEE：电气电子工程师学会（Institute of Electrical and Electronic Engineers，IEEE）是世界上最大的专业技术团体，由计算机和工程学专业人士组成。IEEE 在通信领域最著名的研究成果是 802 标准。802 标准定义了总线网络和环状网络等的通信协议。

② ISO：国际标准化组织（International Organization for Standardization，ISO）是一个世界性组织，它包括了许多国家的标准团体。ISO 最有意义的工作就是它对开放系统的研究。在开放系统中，任意两台计算机可以进行通信，而不必理会各自有不同的体系结构。具有七层协议结构的开放系统互连模型（OSI）就是一个众所周知的例子。作为一个分层协议的典型，OSI 仍然经常被人们学习研究。

③ ITU：国际电信联盟（International Telecommunications Union，ITU）其前身是国际电报电话咨询委员会（Consultative Committee on International Telephone and Telegraph，CCITT）。ITU 是一家联合国机构，共分为三个部门。ITU-R 负责无线电通信，ITU-D 是发展部门，而 ITU-T 负责电信。ITU 的成员包括各种各样的科研机构、工业组织、电信组织、电话通信方面的权威人士。ITU 已经制定了许多网络和电话通信方面的标准。

除此以外，还有一些国际组织和著名的公司等在网络通信标准的制定方面起着重要作用，如国际电子技术委员会（International Electrotechnical Commission，IEC）、电子工业协会（Electronic Industries Association，EIA）、国际商用机器公司（International Business Machine，IBM）等。

2. 网络体系结构

网络通信需要完成很复杂的功能，若制定一个完整的规则来描述所有这些问题是很困难的。实践证明，对于非常复杂的计算机网络协议，最好的方法是采用分层式结构。每一层关注和解决通信中的某一方面的规则。分层在一个"协议栈"的不同级别说明不同的功能。这些协议定义通信如何发生，例如在系统之间的数据流、错误检测和纠错、数据的格式、数据的打包和其他特征。分层时应注意层次的数量和使每一层的功能非常明确，层次划分不合理会带来一些问题。一般来说，层次划分应遵循以下原则：

① 结构清晰，易于设计，层数应适中。若层次太少，就会使每一层的协议太复杂；若层数太多，又会在描述和实现各层功能的系统工程任务时遇到较多的困难。

② 每层的功能应是明确的，并且是相互独立的。当某一层的具体实现方法更新时，只要保持上、下层的接口不变，便不会对相邻层产生影响。

③ 同一节点相邻层之间通过接口通信，层间接口必须清晰，跨越接口的信息量应尽可能少。

④ 每一层都使用下层的服务，并为上层提供服务。

⑤ 网中各节点都有相同的层次，不同节点的同等层按照协议实现对等层之间的通信。

为了促进网络的标准化，ISO 制定了以层次结构为基础的网络体系结构标准，这就是开放系统互连参考模型。层次结构一般以垂直分层模型来表示，网络体系结构就是计算机网络的层次划分及其协议的集合。如果两个网络的体系结构不完全相同就称为异构网络。异构网络之间的通信则需要进行协议的转换。

（1）开放系统互连参考模型（OSI）

OSI 是由国际标准化组织于 1997 年开始研究、1983 年正式批准的网络体系结构参考模型。这是一个标准化开放式计算机网络层次结构模型。在这里"开放"的含义表示能使任何两个遵守参考模型和有关标准的系统进行互连。

OSI 的体系结构定义了一个七层模型，从下向上依次包括物理层、数据链路层、网络层、传输层、会话层、表示层和应用层，如图 4-8 所示。

应用层
表示层
会话层
传输层
网络层
数据链路层
物理层

图 4-8　OSI 七层模型

各层的主要功能如下：

① 物理层：物理层是七层中的第一层，即最下一层。物理层直接和传输介质相连。物理层的任务是实现网内两实体间的物理连接，按位串行传送比特流，将数据信息从一个实体经物理信道送往另一个实体，向数据链路层提供一个透明的比特流传送服务。

② 数据链路层：数据链路层是 OSI 七层协议中的第二层。比特流在这一层被组织成数据链路协议数据单元（通常称为帧），并以其为单位进行传输，帧中包含地址、控制、数据及校验码等信息。

数据链路层的主要作用是通过校验、确认和反馈重发等手段，将不可靠的物理链路改造成对网络层来说无差错的数据链路。数据链路层还要协调收发双方的数据传输速率，即进行流量控制，以防止接收方因来不及处理发送方来的高速数据而导致缓冲器溢出及线路阻塞。

③ 网络层：网络层是 OSI 七层协议的第三层，介于数据链路层和传输层之间。数据链路层提供的是两个节点之间数据的传输，还没有做到主机到主机之间数据的传输，而主机到主机之间数据的传输工作是由网络层来完成的。

网络层是通信子网的最高层，数据以网络协议数据单元（分组）为单位进行传输。网络层关心的是通信子网的运行控制，主要解决如何使数据分组跨越通信子网从源传送到目的地的问题，这就需要在通信子网中进行路由选择。另外，为避免通信子网中出现过多的分组而造成网络阻塞，需要对流入的分组数量进行控制。当分组要跨越多个通信子网才能到达目的地时，还要解决网际互连的问题。

④ 传输层：传输层是 OSI 七层协议的第四层，又称主机—主机协议层。也有的将传输层称为运输层或传送层。该层的功能是提供一种独立于通信子网的数据传输服务，使源主机与目标主机像是点对点地简单连接起来一样。

⑤ 会话层：会话层是 OSI 七层协议的第五层，又称会晤层或对话层。会话层所提供的会话服务主要分为两大部分，即会话连接管理与会话数据交换。

⑥ 表示层：表示层是 OSI 七层协议的第六层。表示层的目的是表示出用户看得懂的数据格式，实现与数据表示有关的功能。主要完成数据字符集的转换，数据格式化和文本压缩，数据加密、解密等工作。

⑦ 应用层：应用层是 OSI 七层中的最高层。应用层为用户提供服务，是 OSI 用户的窗口，并为用户提供一个 OSI 的工作环境。应用层的内容主要取决于用户的需要，因为每个用户可以自行解决运行什么程序和使用什么协议。应用层的功能包括程序执行的功能和操作员执行的功能。在 OSI 环境下，只有应用层是直接为用户服务的。应用层包括的功能最多，已经制定的应用层协议很多，例如虚拟终端协议 VTP、电子邮件、

事务处理等。

根据七层的功能，又将会话层以上的三层（会话层、表示层、应用层）协议称为高层协议，而将下三层（物理层、数据链路层、网络层）协议称为低层协议，传输层居中有的将其归入低层协议，有的将其归入高层协议。高层协议是面向信息处理的，完成用户数据处理的功能；低层协议是面向通信的，完成网络功能。这种层次关系如图 4-9 所示。

（2）TCP/IP

网络互连是目前网络技术研究的热点之一，并且已经取得了很大的进展。在诸多网络互连协议中，传输控制协议/因特网协议 TCP/IP（Transmission Control Protocol/Internet Protocol）是一个使用非常普遍的网络互连标准协议。目前，众多的网络产品厂家都支持TCP/IP 协议，并被广泛用于因特网连接的所有计算机上，所以 TCP/IP 已成为一个事实上的网络工业标准，建立在 TCP/IP 结构体系上的协议也成为应用最广泛的协议。

TCP/IP 协议模型采用四层的分层体系结构，由下向上依次是：网络接口层、网络层、传输层和应用层。TCP/IP 四层协议模型以及与 OSI 参考模型的对照关系如图 4-10 所示。

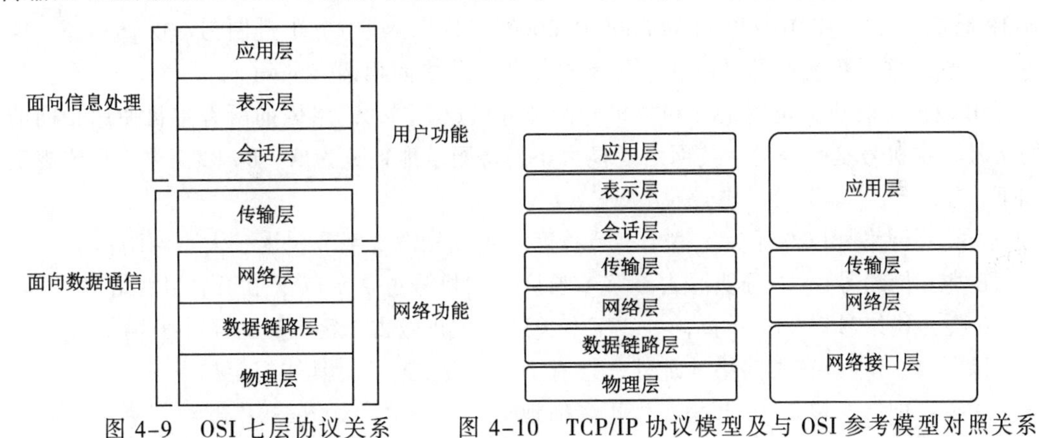

图 4-9 OSI 七层协议关系　　图 4-10 TCP/IP 协议模型及与 OSI 参考模型对照关系

各层的主要功能如下：

① 网络接口层：网络接口层实际上并不是因特网协议组中的一部分，但是它是数据包从一个设备的网络层传输到另外一个设备的网络层的方法。这个过程能够在网卡的软件驱动程序中控制，也可以在固件或者专用芯片中控制。这将完成如添加报头准备发送、通过物理媒介实际发送这样一些数据链路功能。另一端，网络接口层将完成数据帧接收、去除报头并且将接收到的包传到网络层。

然而，网络接口层并不经常这样简单。它也可能是一个虚拟专有网络（VPN）或者隧道，在这里从网络层来的包使用隧道协议和其他（或者同样的）协议组发送而不是发送到物理的接口上。VPN 和隧道通常预先建好，并且它们有一些直接发送到物理接口所没有的特殊特点（例如它可以加密经过它的数据）。由于现在链路“层”是一个完整的网络，这种协议组的递归使用可能引起混淆。但是，它是一个实现常见复杂功能的优秀方法。（尽管需要注意预防一个已经封装并且经隧道发送下去的数据包进行再次封装和发送）

② 网络层：解决在一个单一网络上传输数据包的问题。类似的协议有 X.25 和 ARPANet 的 Host/IMP Protocol。随着因特网思想的出现，在这个层上添加了附加的功能，

也就是将数据从源网络传输到目的网络。

在 TCP/IP 协议组中，IP 完成数据从源发送到目的基本任务。IP 能够承载多种不同的高层协议的数据，这些协议使用一个唯一的 IP 协议号进行标识。ICMP 和 IGMP 分别是 1 和 2。一些 IP 承载的协议，如 ICMP（用来发送关于 IP 发送的诊断信息）和 IGMP（用来管理多播数据），它们位于 IP 层之上但是完成网络层的功能，这表明了因特网和 OSI 模型之间的不兼容性。所有的路由协议，如 BGP、OSPF 和 RIP 实际上也是网络层的一部分。

因特网上的每一台主机要进行通信必须有一个地址，这就像邮寄信件必须有发信人和收信人地址一样，这个地址被称为 IP 地址。IP 地址必须能唯一确定主机的身份，因此因特网上不允许有两台主机有相同的 IP 地址。IP 地址有 IPv4 和 IPv6 两个版本，目前占主导地位的仍是 IPv4。IPv6 版本有许多改进，最大的不同是地址采用 128 位，使得因特网的地址数量大大增加，以满足日益增长的上网计算机地址的需求。以下以 IPv4 为例来讲解。

一个 IP 地址由 4 个字节（二进制 32 位）组成，为便于阅读采用点分十进制表示。如 IP 地址 11001010 10100011 00000001 00000111 表示成点分十进制为 202.163.1.7，即每一字节二进制数换算成对应的十进制数，各字节之间用圆点分隔。

IP 地址可看成是由网络号和主机号两部分组成，同一网络内的所有主机使用相同的网络号，主机号是唯一的。按网络规模大小，将网络地址分为 A、B、C 三类，具体规定如下：

A 类：网络号以 0 开头，占 1 字节长度，主机号占 3 字节，用于大型网络。

B 类：网络号以 10 开头，占 2 字节长度，主机号占 2 字节，用于中型网络。

C 类：网络号以 110 开头，占 3 字节长度，主机号占 1 字节，用于小型网络。

除了 A、B、C 三类网络地址外，还有 D、E 两类地址，具体规定如下：

D 类：网络号以 1110 开头，用于多播地址。

E 类：网络号以 11110 开头，用于实验性地址，保留备用。

IP 地址的类型及划分如图 4-11 所示。

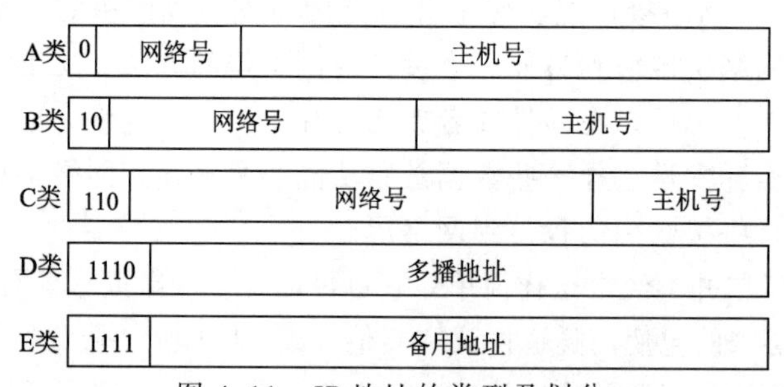

图 4-11　IP 地址的类型及划分

③ 传输层：传输层的协议，能够解决诸如端到端可靠性（数据是否已经到达目的地）和保证数据按照正确的顺序到达等问题。在 TCP/IP 协议组中，传输协议也包括所给数据应该送给哪个应用程序。

TCP 是一个“可靠的”、面向连接的传输机制，它提供一种可靠的字节流保证数据完整、无损并且按顺序到达。TCP 尽量连续不断地测试网络的负载并且控制发送数据的速度以避免网络过载。另外，TCP 试图将数据按照规定的顺序发送。这是它与 UDP 不同之处，这在实时数据流或者路由高网络层丢失率应用的时候可能成为一个缺陷。

UDP 是一个无连接的数据报协议。它是一个“不可靠”协议，它不检查数据包是否已经到达目的地，并且不保证它们按顺序到达。如果一个应用程序需要这些特点，它必须自己提供或者使用 TCP。

UDP 的典型性应用是如流媒体（音频和视频等）这样按时到达比可靠性更重要的应用，或者如 DNS 查找这样的简单查询/响应应用，如果建立可靠的连接所做的额外工作将是不成比例地大。

TCP 和 UDP 都用来支持一些高层的应用。任何给定网络地址的应用通过它们的 TCP 或者 UDP 端口号区分。根据惯例，一些大众所知的端口与特定的应用相联系。

④ 应用层：包括所有和应用程序协同工作，利用基础网络交换应用程序专用的数据的协议。应用层是大多数普通与网络相关的程序为了通过网络与其他程序通信所使用的层。这个层的处理过程是应用特有的；数据从网络相关的程序以这种应用内部使用的格式进行传送，然后被编码成标准协议的格式。

一些特定的程序运行在这个层上。它们提供服务直接支持用户应用。这些程序和它们对应的协议包括 HTTP（万维网服务）、FTP（文件传输）、SMTP（电子邮件）、SSH（安全远程登录）、DNS（域名服务），以及许多其他协议。

一旦从应用程序来的数据被编码成一个标准的应用层协议，它将被传送到 IP 栈的下一层。每一个应用层协议一般都会使用到两个传输层协议之一：面向连接的 TCP（传输控制协议）和无连接的 UDP（用户数据报文协议）。

常用的应用层协议包括：

• 运行在 TCP 协议上的协议。

HTTP（Hypertext Transfer Protocol，超文本传输协议），主要用于普通浏览。

HTTPS（Hypertext Transfer Protocol over Secure Socket Layer, or HTTP over SSL，安全超文本传输协议），HTTP 协议的安全版本。

FTP（File Transfer Protocol，文件传输协议），用于文件传输。

POP3（Post Office Protocol, version 3，邮局协议），用于接收电子邮件。

SMTP（Simple Mail Transfer Protocol，简单邮件传输协议），用于发送电子邮件。

Telnet（Teletype over the Network，网络电传），通过一个终端（Terminal）登录到网络。

SSH（Secure Shell，用于替代安全性差的 Telnet），用于加密安全登录。

• 运行在 UDP 协议上的协议。

BOOTP（Boot Protocol，启动协议），用于无盘设备。

NTP（Network Time Protocol，网络时间协议），用于网络同步。

• 其他。

DNS（Domain Name Service，域名服务），用于完成地址查找、邮件转发等工作（运行在 TCP 和 UDP 协议上）。

ECHO（Echo Protocol，回绕协议），用于查错及测量应答时间（运行在 TCP 和 UDP 协议上）。

SNMP（Simple Network Management Protocol，简单网络管理协议），用于网络信息的收集和网络管理。

DHCP（Dynamic Host Configuration Protocol，动态主机配置协议），用于动态配置 IP 地址。

ARP（Address Resolution Protocol，地址解析协议）和 RARP（逆向地址解析协议），用于解析以太网的硬件地址。

ICMP（Internet Control Message Protocol，因特网控制信息协议），用于向源主机发送控制信息和错误报告。

4.1.7 局域网

虽然人们使用网络的范围越来越大，但大多还都是直接使用局域网络，并且作为一个企业或单位也都是组建本企业或本单位的企业内部局域网络。掌握局域网的基本概念以及某些扩展知识对于学习计算机网络是十分基本也是十分重要的部分。

1. 局域网所采用的拓扑结构

局域网采用总线、星状或环状拓扑结构，基本不采用网状拓扑结构。还有一种很常见的树状拓扑结构，其实是星状的扩展。树状拓扑结构如图 4-12 所示。

2. 局域网的参考模型

由于局域网不采用网状拓扑结构，因此，从源节点到目的节点不存在路由选择问题。而网络层的主要功能是路由选择，因此，局域网的参考模型中，去掉了网络层，而把数据链路层分为介质访问控制子层（MAC）和数据链路控制子层（LLC）。MAC 子层的主要功能是负责与物理层相关的所有问题；LLC 子层不涉及与物理层的问题，主要功能是与高层相关的问题。局域网的参考模型以及与 OSI 参考模型的对照关系如图 4-13 所示。

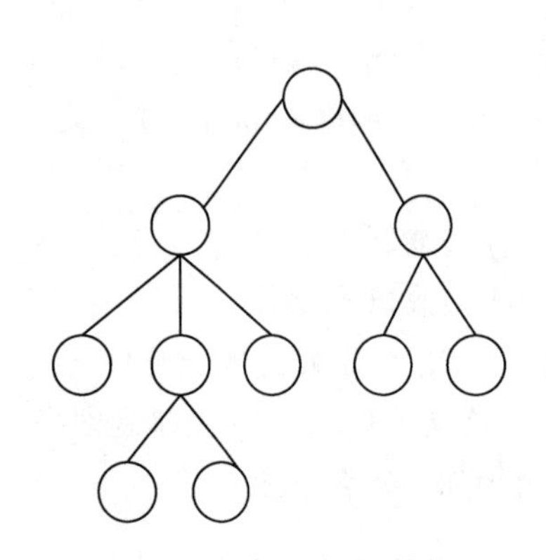

图 4-12　树状拓扑结构

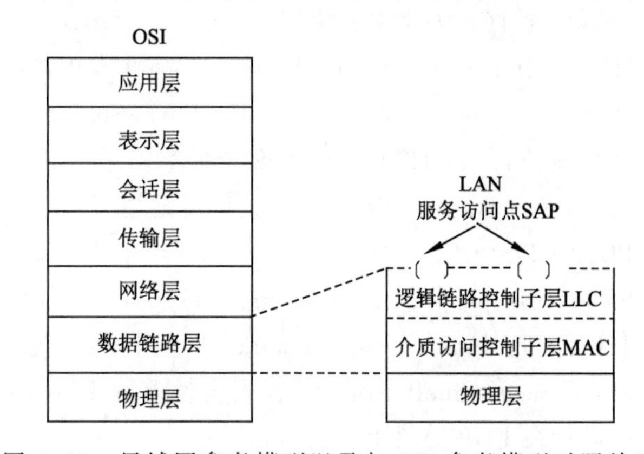

图 4-13　局域网参考模型以及与 OSI 参考模型对照关系

3. 介质访问控制技术

局域网一般都属于信道共享连接的网络。信道共享连接的网络大多是广播网，在这种网络中，基本不存在路由选择问题，而需要解决当信息的使用产生竞争时信道共享的介质访问控制技术的问题。也就是决定谁、什么时间能占用共享的信道传输信息。

针对不同的拓扑结构，采用不同的介质访问控制技术，常用的介质访问控制技术有载波监听多路访问/冲突检测（Carrier Sense Multiple Access with Collision Detection，

CSMA/CD)、令牌环和令牌总线三种。

(1)载波监听多路访问/冲突检测介质访问控制

载波监听多路访问/冲突检测介质访问控制方法属于争用协议，一般用于总线拓扑结构的局域网。

CSMA 的原理是：当一个站点要发送数据前，需要先监听总线。如果总线上没有其他站点的发送信号存在，即总线是空闲的，则该站点发送数据；如果总线上有其他站点的发送信号存在，即总线是忙的，则需要等待一段时间间隔后再重新监听总线，再根据总线的忙、闲情况决定是否发送数据。

由于数据在总线上传播需要传播时间，因此即使采用 CSMA 算法，仍然会出现冲突。CSMA/CD 协议是 CSMA 协议的改进方案。CD 部分是在每个站点发送数据期间同时检测是否有冲突产生。一旦检测到冲突，就立即停止发送，并向总线上发出一串阻塞信号，通知总线上各站点已经产生冲突。这样，可以不因传送已经冲突的数据而浪费通道容量。

(2)令牌(标记)环介质访问控制

标记环介质访问控制方法属于有序竞争的访问方法，主要用于环状拓扑结构的局域网。

① 发送数据过程。这种介质访问控制方法是使用一个标记沿着环循环，标记上有一个满/空的标记位。当某个站点要发送数据帧时，必须等待空标记到来，将空标记改为忙标记，紧跟着忙标记把数据帧发送到环上。由于标记是忙状态，所以其他站点不能发送帧，必须等待空标记到来。标记在环上按顺序传送。

② 移去已发送完数据帧。发送的数据帧在环上循环一周后再回到发送站点，由发送站点将该数据帧从环上移去。同时将忙标记改为空标记，传到紧挨其后的站点，使其获得发送数据帧的许可权。如果有数据帧发送，再将空标记改为忙标记，紧跟着发送数据帧；如果没有数据帧发送，只要简单地将空标记交给下一个站点即可。

③ 接收数据帧的过程。当数据帧通过站点时，通过的站点将数据帧的目的地址与本站点地址进行比较，如果地址相符合，则将数据复制到接收缓冲器，再输入站点，同时将帧送回至环上。如果地址不符合，则简单地将数据帧送回到环上。

假设有 A 站点要向 C 站点发送数据帧。令牌环介质访问控制的操作过程如图 4-14 所示。

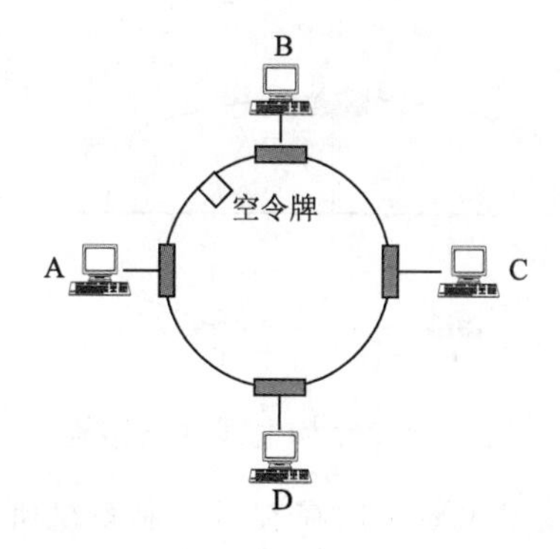

(a) A 站点等待空令牌到来，准备发送数据帧

图 4-14　令牌环发送数据过程

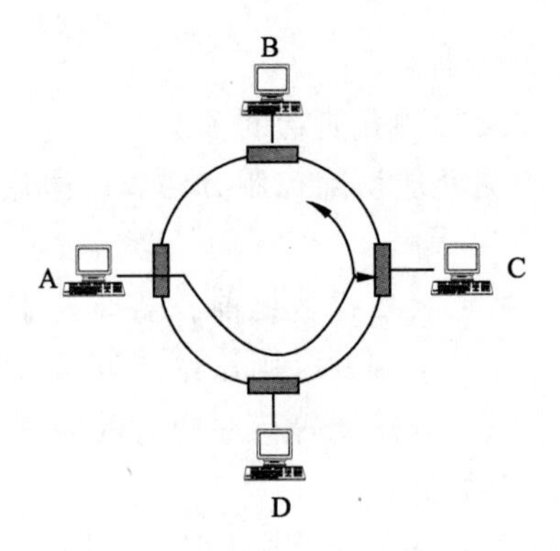

（b）C 站点地址与目的地址相同，复制数据并在环上传输

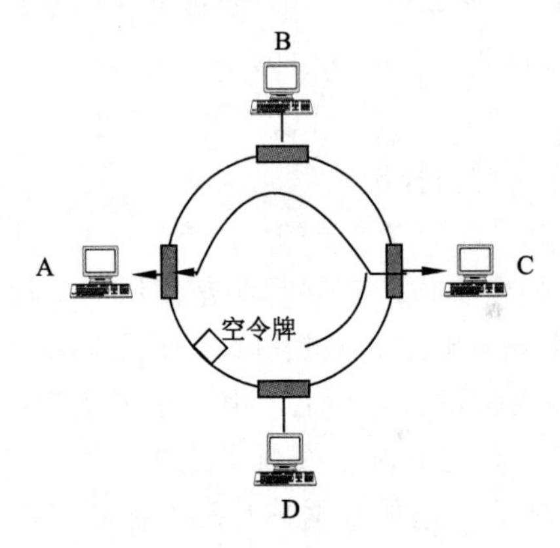

（c）A 站点将数据帧从环上移去，并发送空令牌

图 4-14　令牌环发送数据过程（续）

（3）令牌总线机制访问控制

标记总线介质访问控制方法是在物理总线上建立一个逻辑环，如图 4-15 所示。从物理上看是一种总线拓扑结构的局域网，但是从逻辑看这是一种环状结构的局域网，接在总线上的站点组成一个逻辑环。和标记环介质访问控制一样，只有取得标记的站点才能发送数据帧，标记在环上依次传递。

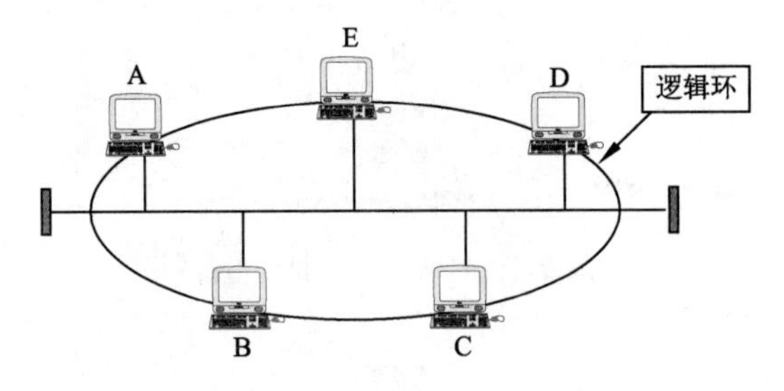

图 4-15　令牌总线网络结构

令牌总线介质访问控制技术主要应用在实时控制系统所使用的网络。因为总线网容易连接和维护，而令牌环介质访问控制能够预测出数据传输的延迟时间。

4．主要局域网协议

局域网协议是由 IEEE 下设的 IEEE 802 委员会制定，并已得到国际标准化组织 ISO 的采纳。这些标准包括：

IEEE 802.1A——体系结构。

IEEE 802.B——网络互操作。

IEEE 802.2——逻辑链路控制 LLC。

IEEE 802.3——CSMA/CD 访问控制及物理层技术规范。

IEEE 802.4——令牌总线访问控制及物理层技术规范。

IEEE 802.5——令牌环访问控制及物理层技术规范。

IEEE 802.6——城域网访问控制及物理层技术规范。

IEEE 802.7——宽带网访问控制及物理层技术规范。

IEEE 802.8——光纤网访问控制及物理层技术规范。

IEEE 802.9——综合话音数据访问控制及物理层技术规范。

IEEE 802.10——局域网安全技术。

IEEE 802.11——无线局域网访问控制及物理层技术规范。

IEEE 802.12——优先级高速局域网访问控制及物理层技术规范。

IEEE 802.13——100 Mbit/s 高速以太网。

IEEE 802.14——电缆电视网。

5．以太网

以太网技术的最初进展来自施乐帕洛阿尔托研究中心的众多先锋技术项目中的一个。人们通常认为以太网发明于 1973 年，当年鲍勃·梅特卡夫（Bob Metcalfe）给他 PARC 的老板写了一篇有关以太网潜力的备忘录。但是，梅特卡夫本人认为以太网是之后几年才出现的。在 1976 年，梅特卡夫和他的助手 David Boggs 发表了一篇名为《以太网：局域计算机网络的分布式包交换技术》的文章。

1979 年，梅特卡夫为了开发个人计算机和局域网离开了施乐（Xerox），成立了 3Com 公司。3Com 对 DEC、英特尔和施乐进行游说，希望与他们一起将以太网标准化、规范化。这个通用的以太网标准于 1980 年 9 月 30 日出台。当时业界有两个流行的非公有网络标准：令牌环网和 ARCNET，在以太网大潮的冲击下他们很快萎缩并被取代。而在此过程中，3Com 成为一个国际化的大公司。

梅特卡夫曾经开玩笑说，Jerry Saltzer 为 3Com 的成功做出了贡献。Saltzer 在一篇与他人合著的很有影响力的论文中指出，在理论上令牌环网要比以太网优越。受到此结论的影响，很多计算机厂商或犹豫不决或决定不把以太网接口作为机器的标准配置，这样 3Com 才有机会从销售以太网网卡大赚。这种情况也导致了另一种说法“以太网不适合在理论中研究，只适合在实际中应用”。也许只是句玩笑话，但这说明了这样一个技术观点：通常情况下，网络中实际的数据流特性与人们在局域网普及之前的估计不同，而正是因为以太网简单的结构才使局域网得以普及。

以太网是遵守 IEEE 802.3 标准的局域网，即采用载波监听多路访问/冲突检测介质访问控制技术。

基本以太网的传输速率只是 10 Mbit/s，随着通信与计算机技术的发展，以太网也在不断发展，高速以太网（100 Mbit/s）和千兆位以太网（1 000 Mbit/s）甚至更高速的以太网相继出现，都使以太网更加充满了勃勃生机。

4.2 数据通信基础

从上一节我们了解到计算机网络通信，归根结底是以数据通信为基础的。下面就来进一步介绍一下数据通信的基本原理。

4.2.1 数据传输

1. 信源和信宿

数据通信是计算机网络的基础，一般数据通信的模型如图 4-16 所示。

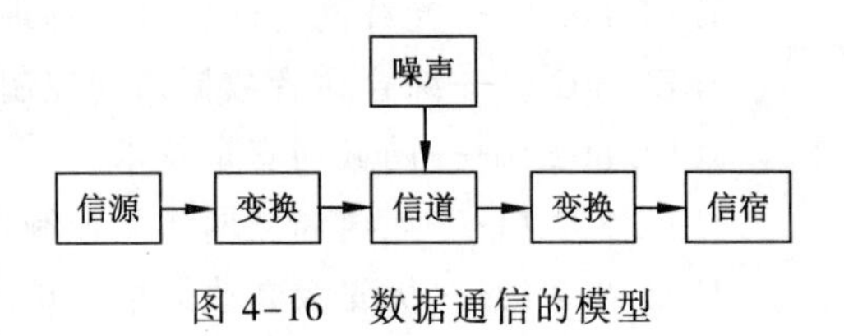

图 4-16 数据通信的模型

发送信息的一端称为信源，接收信息的一端称为信宿。信源和信宿之间的通信线路称为信道。原始的信息一般不适合直接在信道中传输，在进入信道之前需要变换为适合信道传输的形式，在到达目的地后再将信号还原。信号在传输的过程中也会受到外界干扰，这种干扰就会产生噪声，不同的传输介质产生的噪声大小也不同。

2. 数据与信号

信息就是客观事物的属性和相互联系特性的表现，它反映了客观事物的存在形式或运动状态。举个例子，一句同样的话，经过多个人互相传递，可能最后面目全非。我们听到的和事情的本质可能存在非常大的差异。我们听到的是消息，而不是信息。常常把消息中有意义的内容通俗地理解为信息，所以信息是能够用来消除不确定性的东西。

数据是信息的载体，是信息的表现形式。信息所描述的内容能通过某种载体如符号、声音、文字、图形、图像等来表现和传播。

信号是数据在传输过程中的具体物理表示形式，具有确定的物理描述。传输介质是通信中传送信息的载体，是信道的主要组成部分。

3. 模拟与数字

“模拟”（Analog）是对现实世界中信息的一种表达方式。印在纸上的字，用笔在纸上写下的一首诗歌，一幅风景画，电视上或是电影院的屏幕上看到和听到的欢歌笑语，在电话里听到的朋友的声音，这些都是“模拟”。“模拟”需要载体或是信息的存储媒体，如一张白纸、一盒胶卷等。“模拟”还需要工具，称为模拟设备，如电视机的荧光屏和喇叭都属于模拟设备。“模拟”需要传播方式，如电话通话，电话网通过“模拟信号”将你的声音传到了几百千米甚至几千千米以外。

类似于“模拟”，“数字”（Digital）是信息的另一种表达方式。例如，你可以在纸上记下一个电话号码，也可以把这个电话号码输入计算机的存储器；你可以看一本印刷成册的书，也可以看存储在计算机中的电子出版物；你可以听收音机播放的音乐，也可以播放 MP3 音乐。可以看出，“数字”这种表达方式与计算机息息相关。

前面说过，数据是信息的载体。模拟数据（Analog Data）是由传感器设备采集得到的连续变化的值，例如温度、压力，以及电话、无线电和电视广播中的声音和图像。

数字数据（Digital Data）则是模拟数据经量化后得到的离散的值，例如，在计算机中用二进制代码表示的字符、图形、音频与视频数据，如 ASCII 码和 JPEG 图片。

用电磁形式表示的模拟数据和数字数据，称为模拟信号（Analog Signal）和数字信号(Digital Signal)。不同的数据必须转换为相应的信号才能进行传输：模拟数据一般采用模拟信号，例如，用一系列连续变化的电磁波（如无线电与电视广播中的电磁波），或电压信号（如电话传输中的音频电压信号）来表示；数字数据则采用数字信号，例如，用一系列断续变化的电压脉冲或光脉冲来表示。

模拟信号和数字信号需要不同特性的信道来传输，如模拟信号采用连续变化的电压来表示时，它一般通过传统的模拟信道（如电话网、有线电视网）来传输。当数字信号采用断续变化的电压或光脉冲来表示时，一般则需要用双绞线、同轴电缆或光纤组成信道才能传输。

模拟信号和数字信号之间可以相互转换。待传输的数据可能是模拟的（如语音），也可能是数字的（如文字、数码图片）。而可以利用的信道也可能是模拟信道或数字的信道，模拟信道只适合传递模拟信号，数字信道也只适合传递数字信号。当信号和信道的特性不一致时，需要先将信号按照信道的要求进行变换才能进行传输。数字或模拟信号变换成数字信号的过程称为编码（Encode），数字或模拟信号变换为模拟信号的过程称为调制（Modulate），过程反过来则称为解码（Decode）和解调（Demodulator），如图 4-17 所示。

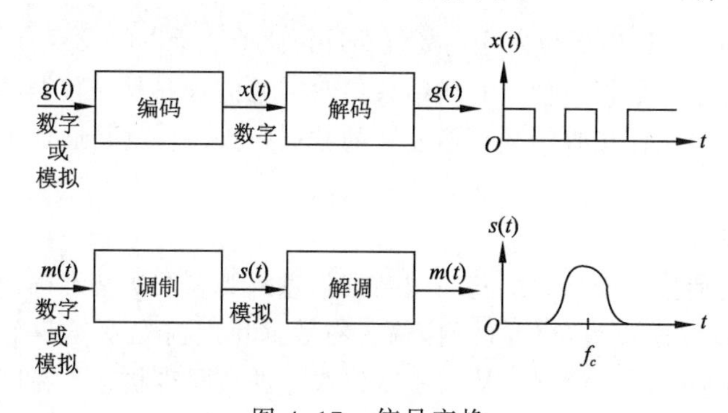

图 4-17　信号变换

计算机内部、计算机局域网和城域网中均使用二进制数字信号，如用恒定的正电压表示二进制数 1，用恒定的负电压表示二进制数 0。在计算机广域网中实际传送的则既有二进制数字信号，也有由数字信号转换而得的模拟信号。

4．并行和串行

计算机网络有两种通信方式，即并行通信和串行通信。并行通信一般用于计算机内部器件之间或近距离设备的传输通信，而串行通信则常用于计算机之间或计算机与通信设备之间的通信。在串行通信中，还要考虑到通信的方向以及通信过程中的同步和异步传输问题。

（1）并行通信

并行通信中有多个数据位（如 8 位）同时在两个器件（或设备）之间传输。发送设备将这些数据位通过对应的数据线传送给接收设备，还可附加一位数据校验位。接收设备可同时接收到这些数据，不需要做任何变换就可直接使用。并行方式主要用于近距离通信，最典型的例子是计算机和并行打印机之间的通信。这种方法的优点是传输速度快，处理简单。

（2）串行通信

串行通信在传输数据时，数据是一位一位地在通信上传输的。网卡负责串行数据和并行数据的转换工作。串行数据传输的速度要比并行传输慢得多，但传输距离较远，线路成本较低，因此对于覆盖面极其广阔的公用网络来说具有更大的现实意义。

串行数据线有三种不同配置：单工通信、半双工通信、全双工通信。

① 单工通信：单工通信数据只能在一个方向上传送，发送方只能发送数据但不能接收数据；接收方只能接收数据但不能发送数据。信道带宽全部用于单向的数据传输。例如，有线电视和无线广播都属于这种类型。

② 半双工通信：在半双工通信中，通信双方可以交替地发送和接收数据，但不能在同一时间发送或接收。这种方式比单工通信设备要贵，但比全双工设备便宜。

③ 全双工通信：全双工通信方式可以双向同时传输数据，通信双方的设备既要做发送设备又要做接收设备。而且对信道要求也比较高，信道需要提供双向的双倍带宽。例如，电话系统就属于全双工通信方式。

5. 同步与异步

在串行通信中，发送端逐位发送，接收端逐位接收，所以收发双方要采取同步措施，即判断什么时候开始有数据，什么时候结束传输。通信双方收发数据序列必须在时间上取得一致，这样才能保证接收的数据与发送的数据一致，这就是通信中的同步。同步的方式有两种：

（1）同步传输方式

同步传输就是使接收端接收的每一位数据信息都要和发送端准确地保持同步，中间没有间断时间。以数据块为单位进行传输，在数据块之前先发送一个或多个同步字符 SYN，用于接收方进行同步检测，从而使通信双方进入同步状态。在同步字符之后，可以连续发送任意多个字符或数据块，发送完毕，再使用同步字符来标识整个发送过程结束。同步传输的传输效率高，但在系统中需要使用精确的同步时钟设备，对传输设备的要求比较高。

（2）异步传输方式

在异步传输中，字符的发送和接收时间可以随机，不需同步，但在一个字符时间之内，收发双方各数据位还是必须同步。发送端在发送字符时，在每个字符前设置 1 位起始位，在每个字符之后设置 1 位或 2 位停止位。起始位为低电平，停止位为高电平。在发送端不发送数据时，传输线处于高电平状态，当接收端检测到低电平（即起始位），表示发送端开始发送数据，于是便开始接收数据，在接收了一个字符的数据位后，传输线将处于高电平状态。这种传输方式又称起止式同步方式。在异步传输中，每个字符作为一个独立的整体进行传送，字符之间的时间间隔是任意的，每传输一个字符都需要多使用2～3个二进制位，增加了通信的开销，适合于低速通信。

4.2.2 通信介质与设备

网络传输介质是网络中传输数据、连接各网络节点的实体，是信息从发送端传输到接收端的物理路径。网络传输介质分为有线介质和无线介质。常用的有线介质有双绞线、同轴电缆和光纤等；无线介质主要有无线电波、微波和红外线等。不同的传输介质对网络的传输性能和成本产生很大的影响。

以太网使用的传输介质主要有双绞线、同轴电缆和光缆。

1. 双绞线

双绞线是由两条相互绝缘的导线按照一定的规格互相缠绕（一般以顺时针缠绕）在一起而制成的一种通用配线，属于信息通信网络传输介质。双绞线过去主要是用来传输模拟信号的，现在同样适用于数字信号的传输。

它的工作原理是，把两根绝缘的铜导线按一定规格互相绞在一起，可降低信号干扰的程度，每一根导线在传输中辐射的电波会被另一根线上发出的电波抵消。其中外皮所包的导线两两相绞，形成双绞线对，因而得名双绞线。

因结构不同，双绞线可分为非屏蔽双绞线（Unshielded Twisted-Pair，UTP）和屏蔽双绞线（Shielded Twisted-Pair，STP），如图4-18所示。屏蔽双绞线比非屏蔽双绞线增加了一个屏蔽层，能够更有效地防止电磁干扰。

双绞线价格低廉，是一种广泛使用的传输介质，如家庭中的电话线。局域网也普遍采用双绞线作为传输介质。

双绞线使用RJ-45接头连接网卡和交换机等通信设备，它包括四对双绞线，如图4-19所示。

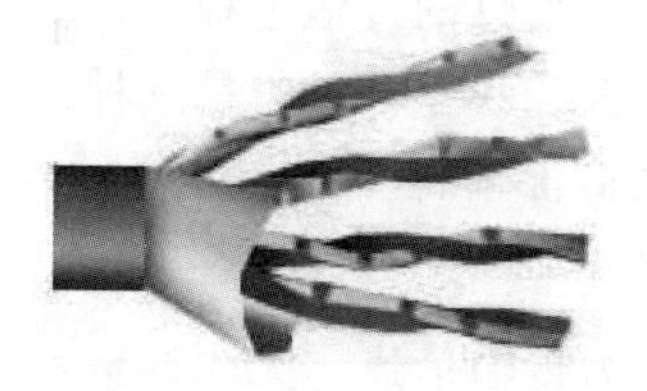

图4-18 双绞线

图4-19 RJ-45接头

2. 同轴电缆

同轴电缆是一种电线及信号传输线，一般由四层物料组成：最内里是一条导电铜线，线的外面有一层塑胶（作绝缘体、电介质之用）围拢，绝缘体外面又有一层薄的网状导电体（一般为铜或合金），导电体外面是最外层的绝缘物料作为外皮，如图4-20所示。

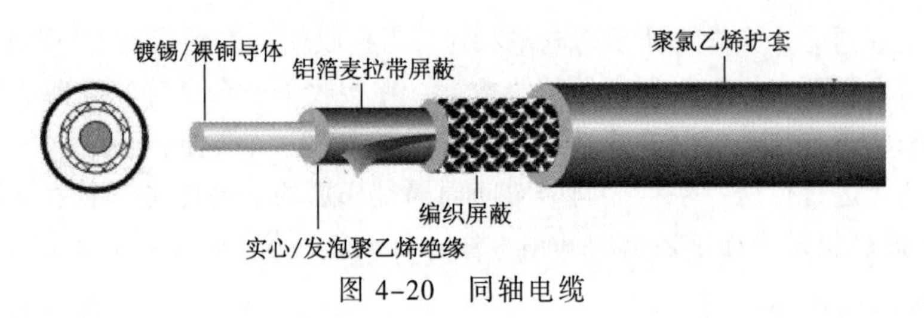

图 4-20　同轴电缆

3．光导纤维

光导纤维简称光纤。与前述两种传输介质不同的是，光纤传输的信号是光，而不是电流。它是通过传导光脉冲来进行通信的。可以简单地理解为以光的有无来表示二进制0和1。

光纤由内向外分为核心、覆层和保护层三部分。其核心是由极纯净的玻璃或塑胶材料制成的光导纤维芯，覆层也是由极纯净的玻璃或塑胶材料制成的，但它的折射率要比核心部分低。正是由于这一特性，如果到达核心表面的光，其入射角大于临界角时，就会发生全反射。光线在核心部分进行多次全反射，达到传导光波的目的。图 4-21 描绘了光纤的基本原理。

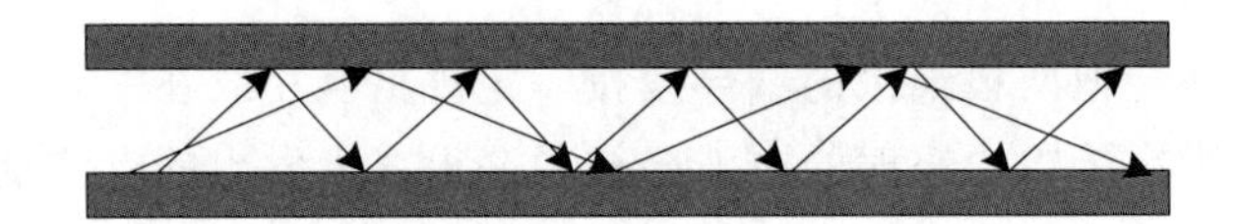

图 4-21　光纤的基本原理

光纤分为多模光纤和单模光纤两种。若多条入射角不同的光线在同一条光纤内传输，这种光纤就是多模光纤。单模光纤的直径只有一个光波长（5～10 μm），即只能传导一路光波，单模光纤因此而得名。

利用光纤传输的发送方，光源一般采用发光二极管或激光二极管，将电信号转换为光信号。接收端要安装光电二极管，作为光的接收装置，并将光信号转换为电信号。光纤是迄今传输速率最快的传输介质（现已超过 10 Gbit/s）。光纤具有很高的带宽，几乎不受电磁干扰的影响，中继距离可达 30 km。光纤在信息的传输过程中，不会产生光波的散射，因而安全性高。另外，它的体积小、重量轻，易于铺设，是一种性能良好的传输介质。但光纤脆性高，易折断，维护困难，而且造价较高。

4．无线介质

在不便敷设电缆的场合，可采用无线介质作为传输信道。无线通信实际是在一对收发设备之间发送和接收不同频率的无线电波。常用的无线介质有微波、超短波、红外线以及激光等。

传输介质的选择取决于网络拓扑结构、实际需要的通信容量、可靠性要求、价格等因素。

双绞线的显著优点是价格便宜，但与同轴电缆相比，其带宽受到限制。对于单个建筑物内的局域网来说，双绞线的性能价格比是最好的。

同轴电缆的价格比双绞线要贵一些。在需要连接较多设备，而且通信容量较大时可选择同轴电缆。

光纤作为传输介质，与双绞线和同轴电缆相比，有一系列的优点：速率高、频带宽、体积小、重量轻、衰减少、能电磁隔离、误码率低等，因此在高速数据通信中有广泛的应用。随着光纤产品价格的降低和性能的进一步提高，光纤作为主流传输媒体将会被进一步广泛采用。

目前，便携式计算机有了很大的发展和普及，对可移动的无线网的要求日益增加。无线传输介质有着非常广阔的应用前景。

4.2.3 数据包的传递

前面说过，计算机网络是一个两级结构，分为资源子网和通信子网，其中的设备均称为节点。资源子网产生的数据通过介质，在节点之间进行传递。每次传递的过程称为数据交换。数据交换技术主要有三种：电路交换、报文交换和分组交换。

1. 电路交换

传统的电话网可以进行计算机网络通信，它采用一种称为电路交换的技术。电路交换需要在通信之前就在信源和信宿之间建立一条被双方独占的物理通路，由通信双方之间的交换设备和链路逐段连接而成。由于通信线路为通信双方用户专用，数据直达，所以传输数据的时延非常小。双方在链路维持期间可以随时通信，实时性强。通信时按发送顺序传送数据，不存在失序问题。电路交换既适用于传输模拟信号，也适用于传输数字信号。而且电路交换的交换设备（交换机等）及控制均较简单。

但是，电路交换的平均连接建立时间对计算机通信来说较长。电路交换连接建立后，物理通路被通信双方独占，即使通信线路空闲，也不能供其他用户使用，因而信道利用低。电路交换时，数据直达，不同类型、不同规格、不同速率的终端之间很难同步。而计算机产生信源数据常常是突发的，而且是低载荷的（即信息量很少），因此电路交换并不适合计算机通信。

2. 报文交换

资源子网中的数据在传输时被划分成较小的数据单元，称为报文。报文并不是网络传输的基本单位，它在传输过程中会不断地被拆解、封装成不同大小，不同结构的数据包来适应不同设备和介质的传输。分组或帧封装的方式就是添加一些信息字段，称为报文头（Header）。这些小的数据包在体系结构的不同层次具有不同的名称。在网络层称为分组，在数据链路层称为帧。

在通信子网中，节点之间通常采用“存储—转发”的方式来传递数据包。“存储—转发”是指每个数据包都会被节点先存储起来，节点分析其Header的内容，从而了解到该数据包应该发往的下一个节点，然后再将其转发出去。

存储—转发具有下列优点：

① 便于设置代码检验和数据重发设施，加之交换节点还具有路径选择，就可以做到某条传输路径发生故障时，重新选择另一条路径传输数据，提高了传输的可靠性。

② 在存储转发中容易实现代码转换和速率匹配，甚至收发双方不要求同时处于可

用状态。这样就便于类型、规格和速度不同的计算机之间进行通信。

③ 提供多目标服务，即一个数据包可以同时发送到多个目的地址，这在电路交换中是无法实现的。

④ 允许建立数据传输的优先级，使优先级高的数据包优先发送。

报文交换是以报文为数据交换的单位，报文携带有目标地址、源地址等信息，在交换节点采用存储转发的传输方式，具有以下优点：

① 报文交换不需要为通信双方预先建立一条专用的通信线路，不存在连接建立时延，用户可随时发送报文。

② 采用存储转发的传输方式，因此具有存储—转发的优点。

③ 通信双方不是固定占有一条通信线路，而是在不同的时间一段一段地部分占有这条物理通路，因而大大提高了通信线路的利用率。

但是报文交换还是具有一些缺点：

① 由于数据进入交换节点后要经历存储、转发这一过程，从而引起转发时延（包括接收报文、检验正确性、排队、发送时间等），而且网络的通信量越大，造成的时延就越大，因此报文交换的实时性差，不适合传送实时或交互式业务的数据。

② 报文交换只适用于数字信号。

③ 由于报文长度没有限制，而每个中间节点都要完整地接收传来的整个报文，当输出线路不空闲时，还可能要存储几个完整报文等待转发，要求网络中每个节点有较大的缓冲区。为了降低成本，减少节点的缓冲存储器的容量，有时要把等待转发的报文存在磁盘上，进一步增加了传送时延。

3. 分组交换

分组交换仍然采用存储—转发传输方式，但将一个长报文先分割为若干较短的分组，然后把这些分组（携带源、目的地址和编号信息）逐个发送出去，如图 4-22 所示。

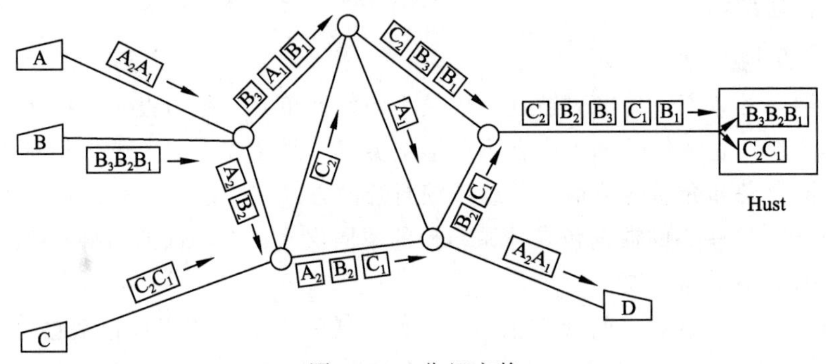

图 4-22 分组交换

分组交换除了具有报文的优点外，还有以下优点：

① 加速了数据在网络中的传输。因为分组是逐个传输，可以使后一个分组的存储操作与前一个分组的转发操作并行，这种流水线式传输方式减少了报文的传输时间。此外，传输一个分组所需的缓冲区比传输一份报文所需的缓冲区小得多，这样因缓冲区不足而等待发送的概率及等待的时间也必然少得多。

② 简化了存储管理。因为分组的长度固定，相应的缓冲区的大小也固定，在交换节点中存储器的管理通常被简化为对缓冲区的管理，相对比较容易。

③ 减少了出错概率和重发数据量。因为分组较短，其出错概率必然减小，每次重发的数据量也就大大减少，这样不仅提高了可靠性，也减少了传输时延。

④ 由于分组短小，更适用于采用优先级策略，便于及时传送一些紧急数据，因此，对于计算机之间的突发式的数据通信，分组交换显然更为合适。

分组交换的缺点是：

① 尽管分组交换比报文交换的传输时延少，但仍存在存储—转发时延，而且其节点交换机必须具有更强的处理能力。

② 分组交换与报文交换一样，每个分组都要加上源、目的地址和分组编号等信息，使传送的信息量增大 5%～10%，一定程度上降低了通信效率，增加了处理时间，使控制复杂，时延增加。

③ 当分组交换采用数据报服务时，可能出现失序、丢失或重复分组，分组到达目的节点时，要对分组按编号进行排序等工作，增加了麻烦。若采用虚电路服务，虽无失序问题，但有呼叫建立、数据传输和虚电路释放三个过程。

综上所述，若要传送的数据量很大，且其传送时间远大于呼叫时间，则采用电路交换较为合适；当端到端的通路有很多段的链路组成时，采用分组交换传送数据较为合适。从提高整个网络的信道利用率上看，报文交换和分组交换优于电路交换，其中分组交换比报文交换的时延小，尤其适合于计算机之间的突发式的数据通信。

4.3 互联网技术

4.3.1 互联网的起源

因特网（Internet）是网络与网络之间所串连成的庞大网络，也称“网际”网络，是指目前世界上最大的全球性互连网络。互连网络即是“连接网络的网络”，可以是任何分离的实体网络之集合，这些网络以一组通用的协议相连，形成逻辑上的单一网络。

Internet 起源于 ARPA 网。在 20 世纪 50 年代，通信研究者认识到需要允许在不同计算机用户和通信网络之间进行常规的通信。这促使了分散网络、排队论和分组交换的研究。1960 年，美国国防部国防前沿研究项目署（ARPA）创建的 ARPA 网引发了技术进步并使其成为互联网发展的中心。1973 年，ARPA 网扩展成互联网，第一批接入的有英国和挪威计算机。

1974 年，ARPA 的鲍勃·凯恩和斯坦福的温登·泽夫提出 TCP/IP 协议，定义了在计算机网络之间传送报文的方法。1983 年 1 月 1 日，ARPA 网将其网络核心协议由 NCP 改变为 TCP/IP 协议。

1986 年，美国国家科学基金会（National Science Foundation，NSF）创建了大学之间互连的主干网络 NSFNet，这是互联网历史上重要的一步。在 1994 年，NSFNet 转为商业运营。1995 年，随着网络开放，互联网中成功接入的比较重要的其他网络包括 Usenet、

Bitnet 和多种商用 X.25 网络。

20 世纪 90 年代，整个网络向公众开放。在 1991 年 8 月，在蒂姆·伯纳斯-李（Tim Berners-Lee）在瑞士创立 HTML、HTTP 和欧洲粒子物理研究所（CERN）的最初几个网页之后两年，他开始宣扬万维网（World Wide Web）项目。在 1993 年，Mosaic 网页浏览器版本 1.0 问世，在 1994 年晚期，公共利益在前学术和技术的互联网上稳步增长。1996 年，Internet 一词被广泛流传，不过是指几乎整个的万维网。

其间，经过一个十年，互联网成功地容纳了原有的计算机网络中的大多数（尽管像 FidoNet 的一些网络仍然保持独立）。这一快速发展要归功于互联网没有中央控制，以及互联网协议非私有的特质，前者造成了互联网有机的生长，而后者则鼓励了厂家之间的兼容，并防止了某一个公司在互联网上称霸。

4.3.2 DNS 与 URL

如前所述，IP 地址是对 Internet 和主机的一种数字型标识，这对于计算机网络来说自然是有效的，但对于用户来说，要记住成千上万的主机 IP 地址则是一件十分困难的事情。为了便于使用和记忆，也为了便于网络地址的分层管理和分配，Internet 在 1984 年采用了域名服务系统（Domain Name System，DNS）。

域名服务系统的主要功能是定义一套为机器取域名的规则，把域名高效率地转换成 IP 地址。域名服务系统是一个分布式的数据库系统，由域名空间、域名服务器和地址转换请求程序三部分组成。

域名采用分层次方法命名，每一层都有一个子域名，子域名之间用点号分隔。具体格式为：主机名.网络名.机构名.最高层域名

例如：public.tpt.tj.cn

含义：主机名.数据局.天津.中国

凡域名空间中有定义的域名都可以有效地转换成 IP 地址，同样 IP 地址也可以转换成域名。因此，用户可以等价地使用域名地址或 IP 地址。但需要注意的是，域名的每一部分与 IP 地址的每一部分并不是一一对应，而是完全没有关系，就像人的名字和他的电话号码之间没有必然的联系是一样的道理。

其中最高层域名代表建立该网络的部门、机构或者该网络所在的地区、国家等，根据 1997 年 2 月 4 日“Internet 国际特别委员会”（IAHC）关于最高层域名的报告，它可以分为以下三类：①通用最高层域名：常见的有 edu（教育、科研机构）、com（商业机构）、net（网络服务机构）、info（信息服务机构）、org（专业团体）、gov（政府机构）等；②国际最高层域名：ini（国际性组织或机构）；③国家或地区最高层域名：cn（中国）、us（美国）、uk（英国）、jp（日本）、de（德国）、it（意大利）、ru（俄罗斯）等。

URL 称为统一资源定位器，它是 WWW 中的信息资源统一的地址标识，也是唯一的标识。

URL 由三部分组成：资源类型、存放资源的主机域名及资源文件名。

例如，http://www.gnnu.cn/6837/list.htm 是一个 URL 地址，其中 http 表示该资源的类型是超文本信息，www.gnnu.cn 表示是赣南师范大学的主机域名，6837/list.htm 为资源的路径和文件名。

4.3.3 Internet 应用

1. 信息浏览

Internet 中最常见的应用之一就是使用浏览器查看网页。浏览器是一种可以从互联网中获取资源并将资源解析并展示给最终用户的软件。

万维网以客户机/服务器的形式和超链接（HyperLink）的方式传送图形、文字、声音、图像等信息，通过在客户机上浏览器软件的单一操作界面和简单直观的操作，便可以享用因特网上绝大部分的网络资源的信息服务。

用户在使用 Web 服务时，在浏览器的地址栏中输入 URL 来访问某个页面。浏览器一般将 HTTP 协议作为默认的协议名，如果用户没有输入协议名，浏览器将自动在主机地址前加上“http://”前缀。

浏览器将 URL 解析后取出其中的 Web 服务器地址，通过地址与服务器建立连接，并提出请求，要求得到 URL 中指定的文件。Web 服务器接收到请求后，将核对是否存在被请求的文件，以及用户是否有权限访问被请求的文件。如果文件存在且允许访问，服务器将该文件发送给浏览器，浏览器将解释收到的页面文件，使用户能以正确的格式阅读页面。如果文件不存在或是权限不够，Web 服务器将给出错误信息。

目前广泛使用的 Web 浏览器很多。除了运行在 Windows 操作系统上的 Internet Explorer（IE）和 Edge，常用的还有 Mozilla FireFox、Google Chrome、Opera 等，其中部分浏览器可以同时在 Linux 和 Windows 操作系统上运行。要访问某个网站，必须首先知道它的 URL，然后在浏览器的地址栏中输入 URL。

以 IE 浏览器为例，如果要访问赣南师范大学官网，那么首先需要启动 IE，在 IE 窗口的“地址”栏中输入 www.gnnu.cn，然后按 Enter 键，浏览器会自动在主机地址前加上“http：//”，随后显示出赣南师范大学官网的主页。

2. 搜索引擎

搜索是因特网最常用的服务之一。搜索引擎（Search Engine）是指根据一定的策略、运用特定的计算机程序从互联网上搜集信息，在对信息进行组织和处理后，为用户提供检索服务，将用户检索相关的信息展示给用户的系统。

人们常使用成语“大海捞针”来形容寻找事物的困难程度。面对浩瀚的信息海洋，如果需要寻找感兴趣的东西，难免有“望洋兴叹”之感。为了解决这个问题，满足大众信息检索的需求，一些专业搜索网站便应运而生了。

最早现代意义上的搜索引擎出现于 1994 年 7 月。当时 Michael Mauldin 将 John Leavitt 的蜘蛛程序接入其索引程序中，创建了大家现在熟知的 Lycos。同年 4 月，斯坦福（Stanford）大学的两名博士生：David Filo 和美籍华人杨致远（Gerry Yang）共同创办了超级目录索引 Yahoo，并成功地使搜索引擎的概念深入人心，从此搜索引擎进入了高速发展时期。

目前，因特网上的搜索引擎已达数百家，其检索的信息量也和从前不可同日而语。人们广泛使用的网上搜索引擎有百度（www.baidu.com）、Google（www.google.com，谷歌），等，这些搜索引擎将帮助用户精准定位。

假设以下情景：3 月 14 日讯，在昨天的人机世纪对战第四盘比赛中，之前连赢李世石三局并且拿下赛点的谷歌阿尔法狗出现失误，遭受首场失利。这次赛事我很感兴趣，还想了解更多信息。该怎么做呢？

解决方法：

打开浏览器，在地址栏中输入 www.baidu.com，然后按 Enter 键，进入到百度的主页。在空白的文本框中输入“阿尔法狗李世石”，然后单击“百度一下”，想要的结果即可展现在眼前，如图 4-23 所示。

图 4-23　搜索引擎的使用情景

3. 电子邮件

电子邮件（E-mail）的传输是通过电子邮件简单传输协议（Simple Mail Transfer Protocol，SMTP）来完成的。电子邮件的基本原理，是在通信网上设立“电子邮箱系统”，它实际上是一个计算机系统。系统的硬件是一个高性能、大容量的计算机。硬盘作为邮箱的存储介质，在硬盘上为用户划分一定的存储空间作为用户的“邮箱”，每位用户都有属于自己的一个电子邮箱，并确定一个用户名和用户可以自己随意修改的密码。存储空间包含存放所收信件、编辑信件以及信件存档三部分空间。系统功能主要由软件实现，用户使用用户名和密码登录自己的邮箱，并进行发信、读信、编辑、转发、存档等各种操作。

世界上的第一封电子邮件是在 1969 年 10 月由计算机科学家 Leonard Klein Rock 发给他的同事的一条简短消息，这条消息只有两个字母：LO。Klein Rock 教授也因此被称为电子邮件之父。从此，E-mail 渐渐成为人们进行沟通的一种选择。正是由于电子邮件的使用简易、投递迅速、收费低廉，易于保存、全球畅通无阻，使得电子邮件被广泛应用，它使人们的交流方式发生了极大的改变。

要发送和接收 E-mail，首先必须拥有一个属于自己的 E-mail 账号（称为 E-mail 地址），其次是收信人的 E-mail 账号。就像我们在信封上需要注明寄信人地址一样，对方收到信件之后根据寄信人地址进行回信。E-mail 地址示例：iemotion@sohu.com、me@163.com、somebody@mail.whut.edu.cn。

电子邮件地址的格式由三部分组成。第一部分 USER 代表用户邮箱的账号，对于同一个邮件接收服务器来说，这个账号必须是唯一的；第二部分@是分隔符；第三部分是用户邮箱的邮件接收服务器域名，用以标志其所在的位置。

4. 即时通信

即时通信（IM）是指能够即时发送和接收互联网消息等的业务。自 1998 年面世以来，特别是随着近几年的迅速发展，即时通信的功能日益丰富，逐渐集成了电子邮件、博客、音乐、电视、游戏和搜索等多种功能。即时通信不再是一个单纯的聊天工具，它已经发展成集交流、资讯、娱乐、搜索、电子商务、办公协作和企业客户服务等为一体的综合化信息平台。

微软、腾讯、AOL、Yahoo 等重要即时通信提供商都提供通过手机接入互联网即时通信的业务，用户可以通过手机与其他已经安装相应客户端软件的手机或计算机收发消息。IM 是指通信双方能够在网上即时发送和接收文字信息、档案、语音或视频消息的服务，类似于手机短信业务。IM 软件很多，如 QQ、阿里旺旺、微信、米聊等。

SNS 社交网站（Social Network Site）就是依据六度理论建立的网站，但是发展到今天，含义已经远不止“熟人的熟人”这个层面，而是扩展到更广阔的范畴，比如根据相同话题进行凝聚、根据学习经历进行凝聚、根据出游的地点相对凝聚。

由于因特网和 SNS 服务的迅猛发展以及 4G/5G 商用手机应用带来的机遇，SNS 虽然在中国发展的时间很短，但是基于大规模的用户基础以及较强的用户付费能力，有着很大的发展空间和潜在的商业价值。

4.3.4 服务器

服务器（Server）是 20 世纪 90 年代起迅速发展起来的计算机产品。作为网络中的节点，服务器存储和处理网络中 80%以上的数据，因此被称为网络的灵魂。服务器就像是一个邮局，而微机、笔记本计算机、PDA、PAD 和智能手机等多种多样的终端设备，就如一个个的邮箱。我们与外界日常的生活、工作中的各种邮件，必须经过邮局，才能到达邮箱；同样，网络终端设备如家庭、企业中的微机上网，获取资讯，与外界沟通、娱乐等，也必须经过服务器，因此也可以说是服务器在“组织”和“领导”这些设备。

服务器是计算机的一种。从广义上讲，服务器是指网络中能对其他机器提供某些服务的计算机系统（如果一个 PC 对外提供 FTP 服务，也可以称为服务器）。从狭义上讲，服务器是专指某些高性能计算机，能通过网络，对外提供服务。相对于普通 PC 来说，稳定性、安全性、性能等方面都要求更高，因此在 CPU、芯片组、内存、磁盘系统、网络等硬件和普通 PC 有所不同。

服务器在网络操作系统的控制下，将与其相连的硬盘、磁带、打印机、调制解调器及各种专用通信设备提供给网络上的客户站点共享，也能为网络用户提供集中计算、信息发表及数据管理等服务。

服务器发展到今天，适应各种不同功能、不同环境的服务器不断出现，分类标准也多种多样。这些分类标准一般也作为采购服务器时考虑的因素。

按服务器 CPU 所采用的指令系统可分为 CISC（Complex Instruction Set Computer，复杂指令集系统）架构服务器、RISC（Reduced Instruction Set Computing，精简指令集系统）架构服务器和 VLIW（Very Long Instruction Word，超长指令字）架构服务器。

CISC 也称 IA（Intel Architecture）架构服务器。它是基于 PC 体系结构，使用 Intel 或其他兼容 x86 指令集的处理器芯片和 Windows 操作系统的服务器，如 IBM 的 System x 系列服务器、HP 的 Proliant 系列服务器等。CISC 的优势是价格便宜、兼容性好，主要用于中小型企业或非关键业务中。

RISC 处理器主要用于 UNIX 和其他专用操作系统。RISC 服务器主要有 IBM 公司的 POWER 和 PowerPC 处理器，Sun 与富士通公司合作研发的 SPARC 处理器等。这种服务器价格昂贵，体系封闭，但是稳定性好，性能强，主要用在金融、电信等大型企业的核心系统中。

VLIW 架构也称 IA-64 架构。每时钟周期可运行约 20 条指令，对比 CISC 每时钟只能运行 1～3 条指令，RISC 每时钟能运行 4 条指令，VLIW 要强大得多。VLIW 的最大优点是简化了处理器的结构，删除了处理器内部许多复杂的控制电路，使得 VLIW 的结构简单，芯片制造成本降低，而性能也提高了很多。目前基于这种指令架构的微处理器主要有 Intel 的 IA-64 和 AMD 的 x86-64 两种。

主流的服务器机箱结构主要有塔式、机架式、机柜式和刀片式。

塔式服务器即台式机服务器，采用大小与普通立式计算机大致相当的机箱，有的采用大容量的机箱，像个硕大的柜子。低档服务器由于功能较弱，整个服务器的内部结构比较简单，所以机箱不大，都采用台式机箱结构。

机架式服务器的外形看起来不像计算机，而像交换机，有 1 U（1 U=1.75 英寸）、2U、4U 等规格，如图 4-24 所示。机架式服务器安装在标准的 19 英寸机柜里面。这种结构的多为功能型服务器。大型专用机房的造价相当昂贵，如何在有限的空间内部署更多的服务器直接关系到企业的服务成本，通常选用机械尺寸符合 19 英寸工业标准的机架式服务器。

图 4-24　机架式服务器

一些高档企业服务器中由于内部结构复杂，内部设备较多，有的还具有许多不同的设备单元或几个服务器都放在一个机柜中，这种服务器就是机柜式服务器，如图 4-25 所示。对于证券、银行、邮电等重要企业，则应采用具有完备的故障自修复能力的系统，关键部件应采用冗余措施，对于关键业务使用的服务器也可以采用双机热备份或者是高性能计算机，这样的系统可用性就可以得到很好的保证。

刀片服务器是一种高可用高密度的低成本服务器平台，是专门为特殊应用行业和高密度计算机环境设计的，目前最适合群集计算提供互联网服务。其中每一块“刀片”实际上就是一块系统主板，如图 4-26 所示，它们可以通过本地硬盘启动自己的操作系统，如 Windows、Linux、Solaris 等，类似于一个个独立的服务器。在这种模式下，每一个主板运行自己的系统，服务于指定的不同用户群，相互之间没有关联。

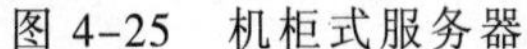
图 4-25　机柜式服务器

图 4-26　刀片式服务器

此外，服务器按应用功能还可分为域控制服务器(Domain Server)、文件服务器(File Server)、打印服务器(Print Server)、数据库服务器(Database Server)、邮件服务器(E-mail Server)、Web 服务器(Web Server)、多媒体服务器(Multimedia Server)、通信服务器(Communication Server)、终端服务器(Terminal Server)、基础架构服务器(Infrastructure Server)和虚拟化服务器(Virtualization Server)等。

4.3.5　C/S 与 B/S

互联网中的应用系统通常由客户端程序和服务器端程序配合运行。从软件结构上总体可分为两种架构：C/S 和 B/S。

C/S 全称是 Client/Server，即客户机/服务器架构。客户端包含一个或多个在用户的计算机上运行的程序。而服务器端主要包括数据库管理系统和存取数据库所需的定制程序，客户端通过定制接口或数据库连接接口访问服务器端的数据。C/S 是典型的两层架构，如图 4-27 所示。

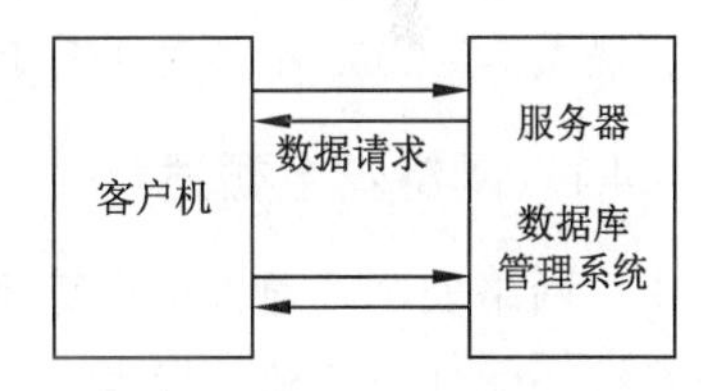

图 4-27　C/S 架构

C/S 架构也称胖客户端架构。这种架构中，因为显示逻辑和事务处理都包含在客户端程序，所以客户端需要承受很大的压力。相比之下，服务器端可以设计得较为简单，主要用于存储数据（当然，也有服务器端很复杂的情况）。

B/S 架构的全称为 Browser/Server，即浏览器/服务器结构。Browser 指的是 Web 浏览器。Web 浏览器，如 IE、Chrome 等实际上也是一种客户端软件，主要用于浏览网页，但随着网络基础设施的建设和网速的提高，现在的浏览器所支持的功能也越来越多，如在线视频、Web 即时聊天等。

不同于 C/S 架构中的客户端，浏览器适合于极少数事务逻辑在前端实现，主要事务逻辑在服务器端实现的应用。对用户来说，B/S 架构的系统无须特别安装，只需要有 Web 浏览器即可。系统设计时需要以浏览器为中心，由服务器来满足 Web 浏览器的接口需求，从而完成应用。

B/S 架构中，显示逻辑交给了 Web 浏览器，事务处理逻辑放在了 Web 服务器上，这样就避免了庞大的胖客户端，减少了客户端的压力。因为客户端包含的逻辑很少，因此也被称为瘦客户端。

B/S 架构的优点在于：客户端无须安装；程序可以直接发布在广域网上，升级方便，无须升级多个客户端，升级服务器即可。

在实际应用中，B/S 架构的缺点也很明显：由于浏览器多样性，使得程序设计者需要在不同浏览器的界面表现上额外花费不少精力；在速度和安全性上需要花费巨大的设计成本，这是 B/S 架构的最大问题；浏览器的工作机制需要刷新页面，这对很多用户来说没有胖客户端的体验好。

C/S 架构和 B/S 架构的选择并没有绝对的优劣之分。当需要在客户端实现绝大多数的业务逻辑和界面展示时，适合使用 C/S 结构，如大型的网络游戏。当存储数据规模庞大、业务逻辑复杂、系统更新较为频繁或开发周期较短时适合使用 B/S 模式。当然，实际项目中还是要根据应用需求的具体特点进行选择。

4.4 网络安全

网络安全（Cyber Security）是指网络系统的硬件、软件及其系统中的数据受到保护，不因偶然的或者恶意的原因而遭受到破坏、更改、泄露，系统连续可靠正常地运行，网络服务不中断。

2020 年 4 月 27 日，国家互联网信息办公室、国家发展和改革委员会、工业和信息化部、公安部、国家安全部、财政部、商务部、中国人民银行、国家市场监督管理总局、国家广播电视总局、国家保密局、国家密码管理局共 12 个部门联合发布《网络安全审查办法》，于 2020 年 6 月 1 日起实施。

4.4.1 网络安全概述

网络安全，通常指计算机网络的安全，即计算机通信网络的安全，也就是一个网络系统不受任何威胁与侵害，能正常地实现资源共享功能。要使网络能正常地实现资源共享功能，首先要保证网络的硬件、软件能正常运行，然后要保证数据信息交换的安全。

网络安全在不同的应用环境下有不同的解释。针对网络中的一个运行系统而言，网络安全就是指信息处理和传输的安全。它包括硬件系统的安全、可靠运行，操作系统和应用软件的安全，数据库系统的安全，电磁信息泄露的防护等。狭义的网络安全，侧重于网络传输的安全。广义的网络安全是指网络系统的硬件、软件及其系统中的信息受到保护。它包括系统连续、可靠、正常地运行，网络服务不中断，系统中的信息不因偶然的或恶意的行为而遭到破坏、更改或泄露。

随着计算机技术的飞速发展，信息网络已经成为社会发展的重要保证。所以难免会遭受各种人为攻击（例如信息泄露、信息窃取、数据篡改、数据删添、计算机病毒等）。同时，网络实体还要经受诸如水灾、火灾、地震、电磁辐射等方面的考验。

由于互联网的快速发展及互联网本身所固有的开放性，使得计算机越来越受到不安全因素的威胁，计算机安全问题已发展成社会问题，正受到广泛的关注。

1. 计算机安全问题

现阶段，计算机安全问题主要源于以下几个方面。

（1）个人信息没有得到规范采集

现阶段，虽然生活方式呈现出简单和快捷性，但其背后也伴有诸多信息安全隐患。

例如，诈骗电话、大学生“裸贷”问题、推销信息以及“人肉搜索”信息等均对个人信息安全造成影响。不法分子通过各类软件或者程序盗取个人信息，并利用信息来获利，严重影响了公民生命、财产安全。此类问题多是集中于日常生活，比如无权、过度或者是非法收集等情况。部分未经批准的商家或者个人对个人信息实施非法采集。上述问题使得个人信息安全遭到极大影响，严重侵犯公民的隐私权。

（2）公民欠缺足够的信息保护意识

网络上个人信息的肆意传播、电话推销源源不绝等情况时有发生，从其根源来看，这与公民欠缺足够的信息保护意识密切相关。公民在个人信息层面的保护意识相对薄弱为信息被盗取创造了条件。例如，随便点进网站便需要填写相关资料，有的网站甚至要求精确到身份证号码等信息。很多公民并未意识到上述行为是对信息安全的侵犯。此外，日常生活中随便填写传单等资料也存在信息被为违规使用的风险。

（3）相关部门监管不力

政府针对个人信息采取监管和保护措施时，可能存在界限模糊的问题，这主要与管理理念模糊、机制缺失联系密切。部分地方政府并未基于个人信息设置专业化的监管部门，引起职责不清、管理效率较低等问题。此外，大数据需要以网络为基础，网络用户较多并且信息较为繁杂，因此政府也很难实现精细化管理。

在美国国家信息基础设施（NII）的文献中，明确给出安全的五个属性：保密性、完整性、可用性、可控性和不可抵赖性。这五个属性适用于国家信息基础设施的教育、娱乐、医疗、运输、国家安全、电力供给及通信等广泛领域。

① 保密性（Confidentiality）：信息不泄露给非授权用户、实体或过程，或供其利用的特性。

② 完整性（Integrity）：数据未经授权不能进行改变的特性。

③ 可用性（Availability）：信息和信息系统是否能够使用，保证信息和信息系统随时可为授权者提供服务而不被非授权者滥用。

④ 可控制性（Availability）：对信息的传播及内容具有监管和控制能力，即不允许不良内容通过公共网络进行传输，使信息在合法用户的有效掌控之中。

⑤ 不可否认性（Non-repudiation）：建立有效的责任机制，为信息行为承担责任，保证信息行为人不能否认其信息行为，这一点在电子商务中是极其重要的。简单地说，就是发送信息方不能否认发送过信息，信息的接收方不能否认接收过信息。

2. 网络安全类型

网络安全由于不同的环境和应用而产生了不同的类型，主要有以下几种：

（1）系统安全

运行系统安全即保证信息处理和传输系统的安全。它侧重于保证系统正常运行；避免因为系统的崩溃和损坏而对系统存储、处理和传输的消息造成破坏和损失；避免由于电磁泄漏，产生信息泄露，干扰他人或受他人干扰。

（2）网络信息安全

网络上系统信息的安全。包括用户口令鉴别，用户存取权限控制，数据存取权限、方式控制，安全审计，计算机病毒防治，数据加密等。

（3）信息传播安全

网络上信息传播安全，即信息传播后果的安全，包括信息过滤等。它侧重于防止和控制由非法、有害的信息进行传播所产生的后果。

（4）信息内容安全

网络上信息内容的安全。它侧重于保护信息的保密性、真实性和完整性；避免攻击者利用系统的安全漏洞进行窃听、冒充、诈骗等有损于合法用户的行为。其本质是保护用户的利益和隐私。

4.4.2 网络安全的层次

一般认为，网络安全主要分为三个层次：物理安全、安全控制和安全服务。

1. 物理安全

物理安全是指在物理介质层次上对存储和传输的网络信息的安全保护，即保护计算机网络设备和其他媒体免遭受到破坏。物理安全是网络信息安全最基本的保障，是整个安全系统必备的组成部分，它包括了环境安全、设备安全和媒体安全三方面的内容。

在这个层次上可能造成不安全的因素主要是来源于外界的作用，如硬盘的受损、电磁辐射或操作失误等。对应的措施主要是做好辐射屏蔽、状态检测、资料备份（因为有可能硬盘的损坏是不可能修复，那可能丢失重要数据）和应急恢复。

2. 安全控制

安全控制是指在网络信息系统中对信息存储和传输的操作进程进行控制和管理，重点在网络信息处理层次上对信息进行初步的安全保护。安全控制主要在三个层次上进行了管理。

① 操作系统的安全控制：包括用户身份的核实、对文件读写的控制，主要是保护了存储数据的安全。

② 网络接口模块的安全控制：在网络环境下对来自其他计算机网络通信进程的安全控制，包括了客户权限设置与判别、审核日记等。

③ 网络互连设备的安全控制：主要是对子网内所有主机的传输信息和运行状态进行安全检测和控制。

3. 安全服务

安全服务是指在应用程序层对网络信息的完整性、保密性和信源的真实性进行保护和鉴别，以满足拥护的安全需求，防止和抵御各种安全威胁和攻击手段。它可以在一定程度上弥补和完善现有操作系统和网络信息系统的安全漏洞。

安全服务主要包括：安全机制、安全连接、安全协议和安全策略。

① 安全机制：利用密码算法对重要而敏感的数据进行处理。

② 安全连接：这是在安全处理前与网络通信方之间的连接过程。它为安全处理提供必要的准备工作，主要包括密钥的生成、分配和身份验证（用于保护信息处理和操作以及双方身份的真实性和合法性）。

③ 安全协议：在网络环境下互不信任的通信双方通过一系列预先约定的有序步骤而能够相互配合，并通过安全连接和安全机制的实现保证通信过程的安全性、可靠性和

公平性。

④ 安全策略：安全体制、安全连接和安全协议的有机组合方式，是网络信息系统安全性的完整解决方案。安全策略决定了网络信息安全系统的整体安全性和实用性。

4.4.3 数字签名与认证

数字签名是公开对称加密算法的一个应用，它类似于写在纸上的普通的物理签名，但是使用了公钥加密领域的技术实现，用于鉴别数字信息。下面用一个例子来说明数字签名的原理。

假设你有一封重要的邮件要发送给代理经销商，邮件内容是对代理经销商的授权，如何让代理经销商相信这封邮件是来自于你呢？这就是数字签名所要面对的问题。整个过程要经过的步骤如图 4-28 所示。

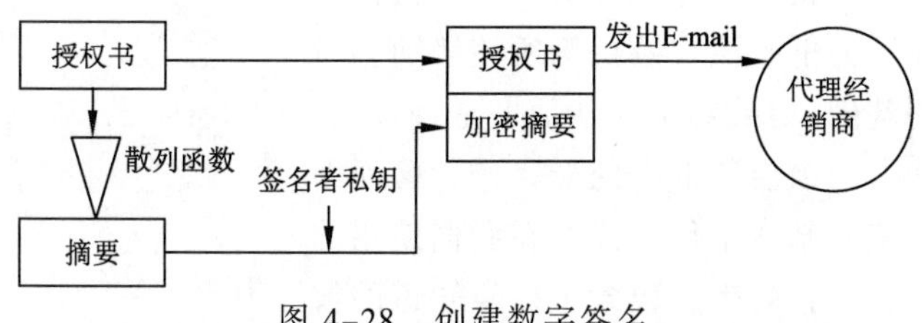

图 4-28 创建数字签名

① 若用户和代理经销商各自拥有一对密钥中的一把，这是由公开密钥算法生成的两把钥匙，自己所持有的称为签名者私钥，代理经销商所持有的称为签名者公钥。

② 授权书经过散列函数生成摘要。散列函数是将长长的授权书压缩成一小段数据的函数，最后生成出来的一小段数据称为摘要，这种函数确保无法从摘要恢复出授权书，也无法从摘要中得到授权书的任何信息。摘要由于具有代表授权书的唯一性，也被称为指纹。目前安全性比较好的散列算法有 SHA-1 等算法。

③ 摘要被用户自己的私钥加密，产生加密摘要，然后将加密摘要放在授权书之后，一起通过 E-mail 发给代理经销商。

④ 代理经销商收到邮件后，先将授权书和加密摘要分开。

⑤ 代理经销商再次使用散列函数生成授权书的新的摘要，称为摘要′。

⑥ 代理经销商将加密摘要用公钥进行解密，得到摘要。

⑦ 对摘要′和摘要进行对比，看看是否一致，如果一致，代理经销商就可以确定授权书是由用户发出的，因为只有用签名者私钥加密的摘要才能用签名者公钥解密得到原始摘要，而签名者私钥只有用户才有；如果不一致，则说明授权书在传输过程中被人改动过，这份授权书不是由我发出的原始授权书。

验证数字签名的过程如图 4-29 所示。数字签名确实可以解决判断一个信息是否被修改过，但是这个过程却有一个漏洞，如果黑客将签名者公钥替换成自己的公钥，那么代理经销商会认为来自于黑客的授权书才是真正的授权书，这会导致整个数字签名失败。这就需要建立认证系统来解决这个问题，对于参与者的鉴别由权威机构提供一个担保文件完成，这个担保文件就是数字证书，数字证书就是希望向公钥的使用者证明，这个公钥确实是由某个公司或个人发出的，权威机构将参与者的公钥和证明信息用权威机构自己的私钥进行数字签名，这些信息一起形成的一个文件就是数字证书了。

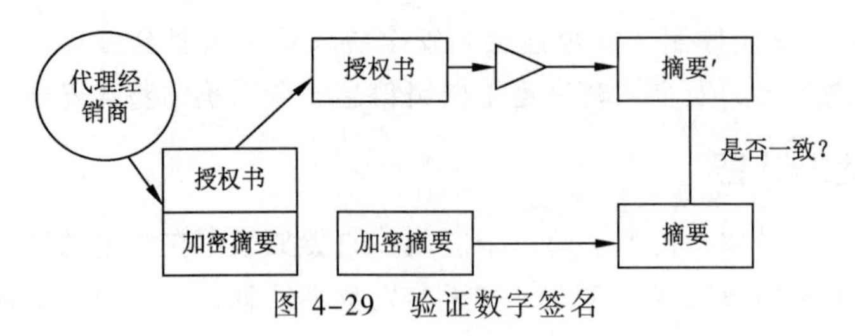

图 4-29　验证数字签名

然而，如何验证数字证书呢？这需要权威机构将自己的信息和公钥进行签名，形成一个特殊的数字证书，如图 4-30 所示，这种证书称为自签名证书，使用认证系统的软件需要很小心地管理这些权威机构的顶层证书，这些顶层证书是该权威机构所签署的，所有数字证书的信任基础。如果要认证某证书是否可信，只需要用签发该证书的顶层证书中的公钥进行验证即可，这就是认证系统的基本工作方式。在我们使用的浏览器中已经存储了一张列表，包含了已经知道的权威认证机构的顶层证书，浏览器厂商在验证了这些权威机构是可信的之后，就会将这些证书加载到浏览器中，进行认证使用。

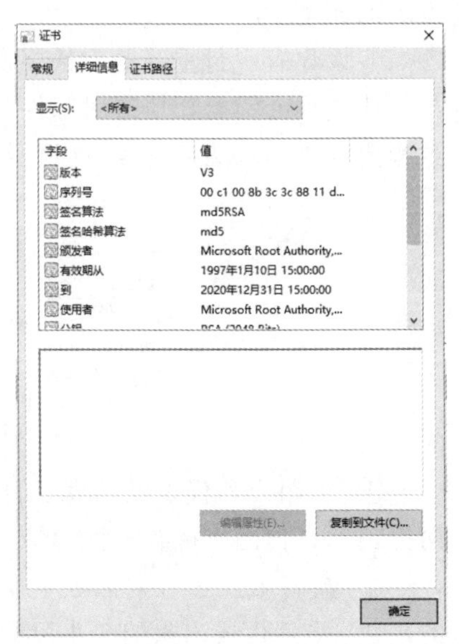

图 4-30　数字证书

4.4.4　计算机病毒

何为”计算机病毒”？在 1994 年 2 月 28 日出台的《中华人民共和国计算机信息系统安全保护条例》中，计算机病毒（Computer Virus）被明确定义为：“编制者在计算机程序中插入的破坏计算机功能或者破坏数据、影响计算机使用并且能够自我复制的一组计算机指令或者程序代码。”

当今社会，计算机病毒（恶意软件）通常是运行在用户的计算机后台或用户的移动设备，设法获取用户的银行账号、网购账号，以及用户个人信息等数据，从中谋得经济利益。一旦计算机病毒感染到用户的计算机或者移动设备，它们能获取到用户在键盘上所做的操作。它们若成功获取了用户的相关信息，将转移用户个人银行卡或财务账号中的资产，访问用户的邮箱、一些免费存储网盘，以及盗窃用户的个人信息，并能使用用户的在线购物账号在网上商城以用户的名义购买物品。

1. 计算机病毒的特征

（1）传染性

传染性即自我复制能力（能通过存储器和网络传播），是计算机病毒最根本的特征，也是病毒和正常程序的本质区别。

（2）隐蔽性

计算机病毒具有很强的隐蔽性，有的可以通过病毒查杀软件检查出来，有的根本就查不出来，有的时隐时现、变化无常。

（3）潜伏性

有些病毒像定时炸弹一样，让它什么时间发作是预先设计好的。比如，黑色星期五病毒，不到预定时间一点都觉察不出来，等到条件具备的时候一下子就爆炸开来，对系统进行破坏。

（4）可激发性

在一定条件下，通过外界刺激，可使病毒程序激活。例如，在某个时间或日期、特定的用户标识符的出现、特定文件的出现或使用、用户的安全保密等级或者一个文件使用的次数等，都可使病毒激活并发起攻击。

（5）破坏性

计算机病毒寄生在其他程序之中，当执行这个程序时，病毒就起破坏作用，使系统资源受到损失、数据遭到破坏、计算机运行受到干扰，甚至使计算机系统瘫痪，造成严重的破坏后果。

（6）变异性

某些病毒可以在传播过程中自动改变自己的形态，从而衍生出另一种不同于原版病毒的新病毒，这种新病毒称为病毒变种。有变形能力的病毒能更好地在传播过程中隐蔽自己，使之不易被反病毒程序发现及清除。有的病毒能产生几十种变种病毒。

2. 计算机病毒的分类

（1）根据计算机病毒入侵系统的途径划分

① 源码病毒：专门攻击高级语言编写的源程序。该病毒在源程序被编译之前，隐藏在用高级语言编写的源程序中，随源程序一起被编译成目标代码。

② 入侵病毒：病毒侵入到主程序中，成为合法程序的一部分，破坏原程序。

③ 操作系统病毒：病毒将自身加入或替代操作系统中的部分模块，当系统引导时，就被装入内存，同时获得对系统的控制权，对外传播。

④ 外壳病毒：病毒将其自身包围在系统可执行文件的周围，对原来的文件不做修改。运行被感染的文件时，病毒首先被执行，并进入系统获得对系统的控制权。

（2）根据计算机病毒的寄生方式划分

① 磁盘引导区传染的病毒（引导型病毒）：病毒程序取代正常的引导记录，导致引导记录的丢失。

② 可执行程序传染的病毒（文件型病毒）：病毒通常寄生在可执行文件中，一旦程序被执行，病毒就被激活。

③ 复合型病毒：结合了引导型病毒和文件型病毒两种特点。

④ 宏病毒：是一种寄存在 Office 文档或模板的宏中的计算机病毒。

3. 网络病毒和黑客

随着 Internet 的发展和普及，通过网络传播计算机病毒已成为主要途径。在互联网上影响最大的当属计算机蠕虫和木马病毒。

蠕虫病毒以尽量多复制自身（像虫子一样大量繁殖）而得名，多感染计算机和占用系统、网络资源，造成 PC 和服务器负荷过重而死机，并以使系统内数据混乱为主要的破坏方式。它不一定马上删除数据让人发现。

木马病毒源自古希腊特洛伊战争中著名的“木马计”而得名，顾名思义就是一种伪装潜伏的网络病毒，等待时机成熟才会运行。木马是有隐藏性的、自发性的可被用来进行恶意行为的程序，大多不会直接对计算机产生危害，而是以控制为主。而盗号木马是指隐秘在计算机中的一种恶意程序，并且能够伺机盗取各种需要密码的账户（游戏、应用程序等）的木马病毒。

木马的传播方式主要有两种：一种是通过 E-mail，控制端将木马程序以附件的形式夹在邮件中发送出去，收信人只要打开附件系统就会感染木马；另一种是软件下载，一些非正规的网站以提供软件下载为名，将木马捆绑在软件安装程序上，下载后，只要运行这些程序，木马就会自动安装。

黑客的英文是“Hacker”，其原意是“开辟、开创”之意。早期的黑客是指热衷于计算机程序的设计者，是一群天资聪颖、勇于探索的计算机迷，他们个个都是编程高手。在 20 世纪六七十年代，作为一名黑客是很荣耀的事。现在黑客是指非法入侵者的行为（也有人称为“骇客”（Cracker））。由于在网络中存在操作系统漏洞、网络协议不完善、网络管理的失误等隐患，给一些网络黑客造成了可乘之机，借此攻击网络，或者放置木马程序盗取他人的密码、账户、资料，以及控制其他用户的计算机等。

4. 计算机病毒的传染渠道

计算机病毒的传染渠道主要有两种途径：

① 通过光盘、U 盘、移动硬盘等移动存储设备传染。

② 通过网络传染。有了互联网，大量的信息可以通过计算机网络快速地进行传播。因此，计算机病毒可以附着在正常文件中通过网络进入一个又一个系统。这种方式已成为计算机病毒的第一传播途径。

5. 计算机病毒症状

病毒感染的症状取决于病毒的种类。通常，出现下列的一些症状可能说明计算机被感染了病毒：

① 计算机的运行速度明显减慢（如程序装入的时间或磁盘读写时间变长，程序运行久无结果等）。

② 用户未对磁盘进行读写操作，而磁盘驱动器的灯却发亮。

③ 磁盘可用空间不正常地变小 。

④ 可执行程序的长度增大（文件字节数增多）。

⑤ 程序或数据莫名其妙地丢失。

⑥ 屏幕显示异常及机器的喇叭乱鸣。

⑦ 突然死机或计算机异常重启。

6. 防范计算机病毒的措施

防范，就是防止出现。计算机病毒的防范是指人们在平时使用计算机的过程中通过计算机杀毒软件和相应的计算机管理制度，随时发现计算机病毒，随时清除或隔离。

计算机病毒的防治要从防毒、查毒、解毒三方面来进行。

防毒是指根据系统特性，采取相应的系统安全措施预防病毒侵入计算机。对于一般用户，应充分认识到计算机病毒的危害性，了解病毒的传染链，自觉地养成正确使用计算机的好习惯，以避免病毒的感染及发作。例如，至少应注意以下几点：

① 不用盗版或来历不明的硬盘、U盘。对于外来的硬盘、U盘，一定要先检查，确认安全后再使用。不要浏览危险网站或从不可靠的网站下载软件，对收到的电子邮件进行必要的鉴别。

② 备份重要资料，定期进行文件（程序及数据）的备份。

③ 对所有不需写入数据的磁盘进行写保护。

④ 做好密码管理工作，注意观察计算机系统的运行情况，对于任何异常现象都应高度警惕，及时采取消毒措施。

⑤ 使用防火墙。防火墙是在内部网络与外部网络之间实施安全防范的系统。可以认为它是一种访问控制机制，作用是确定哪些内部服务允许外部访问，以及允许哪些外部服务可被内部访问。从逻辑上说，防火墙充当了分离器、限制器、分析器的作用，它有效地监控了内部网络和外部网络之间的活动，从而保证了内部网络的安全。

⑥ 安装杀毒软件并及时更新病毒库，定期查杀病毒。

⑦ 经常用杀毒软件检查硬盘（U盘）。一旦发现计算机感染了病毒，要立即采用有效措施将病毒清除。清除病毒的方法有很多，目前最常用、最有效的方法是采用杀毒软件来杀灭病毒。用户可根据自己的需求选择合适的查杀病毒的软件。

4.4.5 信息系统安全技术

1. 加密技术

现在由计算机控制的信息系统中，要获取对系统资源的访问，一般会被要求输入密码。但在网络系统中，这样的密码方式在传输线路上很容易被窃听或篡改。因此，从用户终端到网络服务器之间传输的数据必须进行加密。

密码学（Cryptology）包括两个方面的内容：密码编码学（Cryptography）及密码分析学（Cryptanalysis）。数据加密属于密码编码学范畴。密码技术的基本思想是伪装信息，伪装就是对数据实施一种可逆的数学变换。

伪装前的报文和数据称为明文。伪装后的报文和数据称为密文。把明文伪装的过程称为加密。去掉伪装恢复明文的过程称为解密。加密所采取的变换方法称为加密算法。与加密变换相逆变换的算法称为解密算法。在加密和解密算法中所选用的参数称为密钥。加密时所用的密钥和解密时所用的密钥可以相同，也可以不同。

传统加密技术（古典密码）：虽然传统的加密方法多种多样，但用得较多的主要是置换法和代替法。置换法是把明文中的字母重新排列，字母本身不变，但其位置改变了。代替法首先构造一个或多个密文字母表，然后用密文字母表中的字母或字母组来代替明文字母或字母组，各字母或字母组的相对位置不变，但其本身改变了。传统的加密方法在快速的计算机面前不堪一击，而且密钥的安全传送较为困难或根本无法完成。

现代加密技术：现代密码学主要有两种给予密钥的加密算法——对称加密算法和公开密钥算法。现代加密共同的特点是公开加密的算法，保密的是密钥。现代加密是建立在算法复杂性的基础上的。

① 对称加密算法。

对称密钥加密：加密和解密使用相同的密钥，并且密钥是保密的，不向外公布。比较典型的加密算法是数据加密标准算法，简称 DES（Data Encryption Standard）。这种加密技术的特点是加解密密钥相同或可以相互推导出，发送方用密钥对数据（明文）进行加密，接收方收到数据后，用同一个密钥进行解密。这种算法实现容易，速度快。算法的安全性完全依赖密钥的安全性，如果密钥丢失，就意味着任何人都可以解密加密信息。为了保证双方拥有相同的密钥，在数据发送接收之前，必须通过安全通道来传递密钥。所以，这种加密方法在网络环境中实现较为困难，因为通信双方无论以何种方式交换密钥都有可能发生失密。

② 公开密钥算法。

公开密钥加密技术也称非对称密码加密技术。它有两个不同的密钥：一个公布于众，谁都可以使用的公开密钥（称为公钥），一个只有解密人自己知道的私人密钥（称为私钥）。在进行数据加密时，发送方用接收方公开密钥将数据加密，接收方收到数据后使用私人密钥进行解密。公开密钥算法要求，根据公开的加密密钥在计算上不能推算出解密密钥。

公开密钥加密技术与对称密钥加密技术相比，其优点是比较明显的。

用户可以把用于加密的密钥，公开地分发给任何需要的其他用户。谁都可以使用这把公共的加密密钥与该用户秘密通信。除了持有解密密钥的合法用户以外，没有人能够解开密文。

公开密钥加密系统允许用户事先把公共密钥公布出来，让任何人都可以查找并使用到。这就使得公开密钥应用的范围不再局限于数据加密，还可以应用于身份鉴别、权限区分、数字签名等各种领域。

公开密钥加密技术能适应网络的开放性要求，是一种适合于计算机网络的安全加密方法。由于密钥是公开的，密钥可以随着密文一起在网络中传递，而不必再使用专门的秘密通道。

公钥密钥加密方法的缺点是：算法复杂加密数据的效率较低。

RSA 体制是 1978 年由 Rivest、Shamir 和 Adleman 提出的公钥密码体制，也是迄今为止理论上最为成熟完善的一种公钥密码体制。RSA 的基础是数论的欧拉定理，它的安全性是基于大整数的因数分解的困难性。

2. 防火墙技术

防火墙是一个实施访问控制策略的系统，它是一种由计算机硬件和软件的组合，使互联网与内部网之间建立起一个安全网关（Security Gateway），从而保护内部网免受非法用户的侵入。它其实就是一个把互联网与内部网隔开的屏障，如图 4-31 所示。

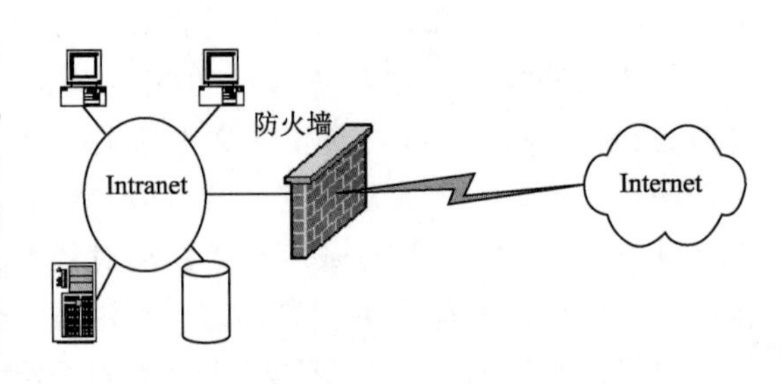

图 4-31 防火墙

实现防火墙的网络安全策略有两条可遵循的规则：①未被明确允许的都将被禁止；②未被明确禁止的都将被允许。两种策略各有利弊，前者过“严”，而后者过“宽”。

防火墙的主要技术有包过滤技术、应用网关技术、代理服务技术。防火墙能够较为有效地防止黑客利用不安全的服务对内部网络进行攻击，并且能够实现数据流的监控、过滤、记录和报告功能，较好地隔断内部网络与外部网络的连接。但它本身可能存在安全问题，也可能会是一个潜在的瓶颈。

防火墙从实现方式上来分，可分为硬件防火墙和软件防火墙两类，我们通常意义上讲的硬防火墙为硬件防火墙，它是通过硬件和软件的结合来达到隔离内、外部网络的目的，价格较贵，但效果较好，一般小型企业和个人很难实现；软件防火墙是通过纯软件方式来达到的，价格便宜，但这类防火墙只能通过一定的规则来达到限制一些非法用户访问内部网的目的。

防火墙的局限性：①不能防范网络内部的攻击。②不能防范那些伪装成超级用户或诈称新员工的黑客们劝说没有防范心理的用户公开其密码，并授予其临时的网络访问权限。③不能防止传送已感染病毒的软件或文件，不能期望防火墙去对每一个文件进行扫描，查出潜在的病毒。

4.4.6 网络安全趋势与展望

近年来，人们的日常生活和工作越来越依赖计算机和网络技术。计算机技术和网络技术的快速发展，一方面为人们带来了极大的便捷性，另一方面也产生了一些网络安全问题。倘若对于网络安全问题没有足够的重视，则可能造成数据的泄露和缺失，而当这些数据信息被不法分子所使用，那么便有可能对个人以及企业造成一定的经济损失。

据统计，全球大约有4%的移动设备被恶意软件感染，另外大约有一半的设备处在暴露敏感数据的高风险中。即使是信誉良好的应用商店，也可能被恶意软件开发商所欺骗，因为这些软件至少表面上看起来是安全的。除了复杂的网络环境和黑客攻击带来的外部威胁，在企业内网中，各种企业内员工的违规操作或恶意窃取事件也成为另一类重大安全隐患。目前，大部分网络安全事件是由信息泄露引起的，数据安全已成为信息安全领域的核心问题之一。针对网络攻击事件，包括微软、思科、Facebook 和 Oracle 在内的 34 家全球知名科技公司签署了一项具有重要意义的网络安全技术协议（有些学者称之为数字日内瓦公约），这些科技公司将就网络安全问题展开深入合作，承诺反对所有政府支持的各类网络攻击，并考虑研发新的安全工具和产品来保护客户。

1. 网络安全的发展趋势

随着网络安全领域的攻击与反攻击、渗透与反渗透的越演越烈，网络安全呈现出以下显著特点和演变趋势。

（1）网络安全的国家属性和国际合作趋势越来越强

从近年来发生的一系列安全事件来看，网络安全领域的国际竞争对抗日趋激烈。种种迹象表明，国与国、政府与政府之间的科技竞争和博弈不断加剧，彰显出网络安全具有明显的国家属性。欧美许多国家政府都强调网络安全是国家安全不可分割的组成要素。另外，网络安全领域的国际合作不断增多，成为未来的发展趋势之一。这是因为，安全问题本身就是全球问题，很多威胁情报信息需要充分共享，很多攻击需要多方协作才能有效抵制。因此，网络安全合作和对抗是各国政府必须面对的现实，也是网络安全领域的主旋律。

（2）网络安全产业的发展生态多样化

目前，中国、日本和韩国等众多国家的网络安全产业正在崛起，全球网络安全产业发展态势良好。就全球安全产业而言，其生态圈呈现多样化格局，包括技术研发公司、安全产品公司和技术咨询公司等，分工越来越细，专业性越来越强。

（3）网络安全技术逐渐回归安全本源

从技术层面看，网络安全研究回归安全本源的态势日益明显。更多的安全科技公司更加重视安全基础理论和原始创新。值得关注的是，安全技术的叠加演进态势日益明显，新的安全技术并不摒弃原有的安全措施，而倾向使用新的技术手段来补足加强原有的安全方案。例如，端点检测与响应（EDR）技术就是在原有终端安全技术基础上的叠加演进，通过叠加基于数据的威胁态势分析，可以弥补传统终端安全技术对未知威胁检测和响应能力上的不足，提高终端安全系统的主动防御能力。

（4）逐渐放弃网络安全的“银弹”思维

当前，业界对网络安全有了更加清晰一致的认知，安全业务正变得更加务实。当前，安全威胁越演越烈，但网络空间安全形势却日益变好，因为越来越多的机构和个人已抛弃传统的“银弹”思维，不再追求一劳永逸解决安全问题的终极方案，而是非常务实地实施安全技术创新和协同防御策略，持续改进和优化安全技术与产品。企业正采取商业驱动的安全方法来管理数字风险。风险本身并不是威胁，太多或者太少的风险才容易带来问题。在应对风险过程中，企业通过引入大数据、机器学习、人工智能等热门且已日趋成熟的新技术来减少安全事件带来的负面影响。当前，在企业开发的生命周期中应用安全实践的增长趋势日益明显，越来越多的公司意识到将安全纳入开发运营的重要性，并将安全自动化纳入了产品开发过程中。另外，政府部门不断完善安全监管政策，推出了许多行之有效的奖惩措施。

2. 安全技术展望

（1）物联网与工控安全日益增多

由于物联网与人们的生活息息相关，长期以来物联网安全一直在安全领域占据着重要地位。小到家庭温度计、智能电视，大到智能汽车、工业控制系统，由于联网设备缺乏统一的安全标准，凸显出的安全问题不仅数量庞大而且类型众多，如安全加密固件的升级问题、未加密的视频流、密码存储未有效保护、过度分享数据带来的隐私问题，等等。对于这些问题，需要物联网设备制造商和终端用户联合采取措施，并注重系统每一个环节的安全。当前，有很多专注于物联网安全的厂商，如Lynx软件技术公司试图通过将内核、内存、应用程序、系统和其他资源互相隔离的方式，打造更加安全的互联网环境。

此外，由于工业领域的设备数量庞大、组成复杂，操作系统更新和危险防护措施都难以及时落地，一旦其中一项遭遇攻击，将造成严重威胁，特别是对工业系统最后一层保障的安全辅助控制系统的攻击，被视为最危险的网络攻击行为之一。针对工控安全，

各大厂商均建议工业企业要制定行之有效的整体安全策略，从架构上和配置上整体考虑安全防护、综合网络运营中心（NOC）和安全运营中心（SOC）进行网络管理和危险探测，建立 IT 和 OT 一体化的安全团队等。例如，UPTAKE 公司提出对工业大数据进行安全监测和响应，盘点工业企业资产，获得全面的安全可见性，对威胁进行分类、调查以及补救来解决工业企业 OT 安全问题。Monaco 公司倡导用加密方式从基础开始建立可信度，保障工业控制系统和工业物联网（IIoT）的安全，提供一支多种嵌入式平台的类 OpenSSL 信任平台，确保联网设备安全。此外，还有多家公司提出 SDN 平台、混合基础设施和智能制造全覆盖、安全且可信的数字基础架构等多种解决方案来应对工控安全问题。

（2）数据安全与隐私保护问题日益突出

欧盟议会于 2016 年 4 月 14 日通过的《通用数据保护条例（*General Data Protection Regulations*，DGPR）》于 2018 年 5 月 25 日正式在欧盟成员国内生效实施。该条例的适用范围极为广泛，任何收集、传输、保留或处理涉及欧盟所有成员国内的个人信息的机构组织均受该条例的约束。

一些安全专家认为，当今的软件构建方式依托于庞大的在线代码库，通过代码库协作、云存储数据并托管关键应用程序，这种方式在带来便利的同时也暴露出严重的安全隐患。在数据为王的时代，攻击者的攻击目标逐渐从终端转变到数据，即通过收集来自不同来源的数据并将其融合在一起，达到识别用户身份、查找业务弱点和攻击机会的目的。攻击者一旦成功对数据存储库和云存储基础架构实施攻击，将会窃取大量的企业和用户敏感数据。

因此，企业不仅需要采取必要的防护措施，还要分析其数据可能遭遇的风险。企业应考虑配备专门的“数据管理员”，来跟踪和管理数据资产，特别是保护云中的数据资产。企业应当采取多种工具，定期审查存储在云中的数据资产相关的访问日志，检测并预防通过代码库导致的数据泄露。

（3）信息新技术在网络安全领域的快速应用

大数据作为监测网络状态、分析网络行为和诊断网络故障的关键技术手段，得到包括安全领域在内的许多行业的高度重视。基于大数据的网络安全态势感知是未来网络安全发展的一个重要方向。网络安全态势感知旨在对网络安全当前态势进行充分了解并对未来态势进行科学预测，以便有效应对当前新的网络安全威胁。态势感知以大数据为基础，全面洞悉网络及应用运行健康状态，识别安全风险漏洞，从全局视角提升对安全威胁发现、理解、分析和响应能力，并通过全流量分析技术实现完整的网络攻击溯源取证，帮助信息安全人员采取针对性响应处置措施。

人工智能（AI）在安全领域已做了多年探索，但整体实现效果并不尽如人意。基于 AI 的安全产品最大的问题是存在较高的误报率，并且这一问题至今没有得到较好解决。最近，基于群体智能的恶意软件检测和安全防御产品彰显出强大的群体效应。另外，基于大数据和人工智能的安全运维自动化引起了业界极大关注，将会成为未来安全系统的内嵌特征之一。与此同时，区块链技术逐步从理论走向实践。如一些专家认为区块链是实现 GDPR 合规的关键技术之一。这也预示着，区块链技术从前期的概念探讨阶段逐步走向初步落地阶段。企业应用区块链技术时，往往要涉及信任模型、管理、身份和保密等内容。区块链只是一个工具，并非一项业务。企业厂商需要摆正态度，应当从实际应用角度来思考其在安全领域的发展。

另外，随着云计算的不断发展与进步，云化应用逐渐走向成熟，基于云的防护服务已成为安全厂商的标配。云安全系统越来越注重用户实体行为分析技术(UEBA)的集成。最后，云端交付的自动化防护和响应的趋势日益明显，将安全防护和安全响应能力上云，通过云端处理来加强终端安全防护能力的做法越来越流行。

4.5 网络道德

信息化社会加快了人们工作和学习的节奏，使生活变得更加丰富多彩，同时也产生了一些新的社会矛盾和问题。

当我们享受网络带来的种种便利的同时，也遇到了前所未有的道德困境；一些网络上不道德的现象，也由于网络的神秘性和隐蔽性越演越烈。网站、网络通信工具中的不健康言论以及人身攻击，网站内容和电子刊物被剽窃、修改，转贴他人的文章能够完成在分秒之间完成，充斥于网上的假新闻，泛滥成灾的网络色情，所有这些，给我们提出了新的课题——网络道德问题以及网络犯罪的预防。

我国进入网络社会后，刑法如何应对网络犯罪，就成为一个社会关注的热点问题。犯罪作为一种社会现象，具有与社会变动之间的联动性，社会的重大变动总是在犯罪中反映出来。在这个意义上说，犯罪是社会变动的“晴雨表”。在历史上，社会关系的变动引起犯罪现象的更迭是一条犯罪学的规律。例如，从农业社会到工业社会的转变，引发暴力犯罪和财产犯罪之间数量上的消长。

美国犯罪学家路易斯·谢利(Louise Sherri)指出：犯罪现象的当代观察家和犯罪历史学家都把工业革命的出现看作犯罪发展的分水岭。谢利在其著作中，引述了霍德华·齐尔就 19 世纪工业化发展进程对犯罪的影响所提出的最具特色的和最具说服力的解释，认为农村和城市的犯罪类型的变化是现代化的一种表现。从农村的暴力犯罪突出转变为城市的财产犯罪占优势并不是因为没有社会规范或社会混乱，而是由于社会准则和社会制度的变化。经济形态和社会结构的改变导致犯罪类型的变化，这主要是由生产方式以及建立在此基础上的社会经济制度的变化所引起的。因此，不能简单地把犯罪变迁的动因理解为一种文化现象。事实上，犯罪更是一种社会经济现象，随着社会制度和经济体制的变动而发生变化。

4.5.1 网络道德概述

网络道德作为一种实践精神，是人们对网络持有的意识态度、网上行为规范、评价选择等构成的价值体系，是一种用来正确处理、调节网络社会关系和秩序的准则。网络道德的目的是按照善的法则创造性地完善社会关系和自身，其社会需要除了规范人们的网络行为之外，还有提升和发展自己内在精神的需要。网络道德是网上活动和交往所需要的，用以调节网民与社会、网民与网民之间关系的一系列行为规范的总称。

1. 网络道德的原则

网络道德的基本原则：诚信、安全、公开、公平、公正、互助。网络道德的三个斟酌原则是全民原则、兼容原则和互惠原则。

（1）全民原则

网络道德的全民原则内容包含一切网络行为必须服从于网络社会的整体利益。个体利益服从整体利益；不得损害整个网络社会的整体利益。它还要求网络社会决策和网络运行方式必须以服务于社会一切成员为最终目的，不得以经济、文化、政治和意识形态等方面的差异为借口把网络仅仅建设成只满足社会一部分人需要的工具，并使这部分人成为网络社会新的统治者和社会资源占有者。网络应该为一切愿意参与网络社会交往的成员提供平等交往的机会，它应该排除现有社会成员间存在的政治、经济和文化差异，为所有成员所拥有，并服务于社会全体成员。

全民原则包含下面两个基本道德原则：

第一，平等原则。每个网络用户和网络社会成员享有平等的社会权利和义务，从网络社会结构上讲，他们都被给予某个特定的网络身份，即用户名、网址和密码，网络所提供的一切服务和便利他都应该得到，而网络共同体的所有规范他都应该遵守，并履行一个网络行为主体所应该履行的义务。

第二，公正原则。网络对每一个用户都应该做到一视同仁，它不应该为某些人制订特别的规则并给予某些用户特殊的权利。作为网络用户，与别人具有同样的权利和义务，就不能强求网络给予与别人不一样的待遇。

（2）兼容原则

网络道德的兼容原则认为，网络主体间的行为方式应符合某种一致的、相互认同的规范和标准，个人的网络行为应该被他人及整个网络社会所接受，最终实现人们网际交往的行为规范化、语言可理解化和信息交流的无障碍化。其中最核心的内容就是要求消除网络社会由于各种原因造成的网络行为主体间的交往障碍。

当我们今天面临网络社会，需要建立一个高速信息网时，兼容问题依然有其重要意义。“当世界各地正在研究环境与停车场的时候，新的竞争的种子也正在不断地播下。例如，Internet 正逐渐变得如此重要，以至于只有 Windows 在被清楚地证明为是连接人们与 Internet 之间的最佳途径后，才可能兴旺发达起来。所有的操作系统公司都在十万火急地寻找种种能令自己在支持 Internet 方面略占上风，具有竞争力的方法。”

兼容原则要求网络共同规范适用于一切网络功能和一切网络主体。网络的道德原则只有适用于全体网络用户并得到全体用户的认可，才能被确立为一种标准和准则。要避免网络道德的“沙文主义”和强权措施，谁都没有理由和“特权”把自己的行为方式确定为唯一道德的标准，只有公认的标准才是网络道德的标准。

兼容原则总的要求和目的是达到网络社会人们交往的无障碍化和信息交流的畅通性。如果在一个网络社会中，有些人因为计算机硬件和操作系统的原因而无法与别人交流，有些人因为不具备某种语言和文化素养而不能与别人正常进行网络交往，有些人被排斥在网络系统的某个功能之外，那么这样的网络是不健全的。从道德原则上讲，这种系统和网络社会也是不道德的，因为它排斥了一些参与社会正常交往的基本需要。因此，兼容不仅仅是技术的，也是道德的社会问题。

（3）互惠原则

网络道德的互惠原则表明，任何一个网络用户必须认识到，他既是网络信息和网络服务的使用者和享受者，也是网络信息的生产者和提供者，网民有网络社会交往的一切权利，也应承担网络社会对其成员所要求的责任。信息交流和网络服务是双向的，网络主体间的关系是交互式的。用户如果从网络和其他网络用户得到利益和便利，也应同时给予网络和对方利益和便利。

互惠原则集中体现了网络行为主体道德权利和义务的统一。从伦理学上讲，道德义务是“指人们应当履行的对社会、集体和他人的道德责任。凡是有人群活动的地方，人和人之间总得发生一定的关系，处理这种关系就产生义务问题”。作为网络社会的成员，他必须承担社会赋予的责任，他有义务为网络提供有价值的信息，有义务通过网络帮助别人，也有义务遵守网络的各种规范以推动网络社会稳定有序地运行。这里，可以是人们对网络义务自学意识之后自觉执行，也可以是意识不到而规范“要求”这么做，但无论怎样，义务总是存在的。当然，履行网络道德义务并不排斥行为主体享有各种网络权利。有学者指出：“权利是对某种可达到的条件的要求，这种条件是个人及其社会为更好地生活所必需的。如果某种东西是生活中得好可得到且必不可少的因素，那么得到它就是一个人的权利。无论什么东西，只要它生活得好是必需的、有价值的，都可以被看作一种权利。如果它不太容易得到，那么，社会就应该使其成为可得到的。”

2. 网络道德的特点

“网络社会”生活是一种特殊的社会生活，正是它的特殊性决定了“网络社会”生活中的道德具有不同于现实社会生活中的道德的特点与发展趋势。

（1）自主性

与现实社会的道德相比，“网络社会”的道德呈现出一种更少依赖性、更多自主性的特点与趋势。

因特网本来是人们基于一定的利益与需要（资源共享、互惠合作等）自觉自愿地互连而形成的，在这里，每一个人都既是参与者，又是组织者。也正因为网络是人们自主自愿建立起来的，人们必须自己确定自己干什么、怎么干，自发地“自己对自己负责”“自己为自己做主”“自己管理自己”，自觉地做网络的主人。

在网络建设之初，信息贫乏且杂乱无章，此时就有许多网络人无私地大量上载信息，并为那些杂乱无章的信息资源建立管理程序、编制各种实用软件，以方便网络用户特别是那些不太熟悉网络的人访问和运用网上资源（这种行为后来越来越商业化了）；网络建立起来以后，为维持网络的正常秩序，人们又自觉地订立规范；当发现不道德行为时，又都自发站出来扶正祛邪。“网络社会”的道德规范不是根据权威的意愿建立起来的，而是网络人自发自觉的行为的结果。由于网络道德规范是人们根据自己的利益与需要制定的，因此增强了人们遵守这些道德规范的自觉性。

此外，网络道德环境（“非熟人社会”）与道德监督机制的新特点（更少人干预、过问、管理和控制），也要求人们的道德行为具有较高的自律性。在那种失去了某些强制和

他律因素的“自由时空”“自主社会”中，或许最初人们还不太适应，然而这种社会必将是人们的主体意识，特别是权利、责任与义务意识逐步觉醒的社会，一个主体的意志与品格得到更充分锤炼的社会，一个真正的道德主体地位得以确立的社会，一个人们自主自愿进行活动和管理的社会。如果说传统社会的道德主要是一种依赖型道德，那么随着“网络社会”的到来，人们建立起来的应该是一种自主型的新道德。

（2）开放性

与现实社会的道德相比，“网络社会”的道德呈现出一种不同的道德意识、道德观念和道德行为之间经常性的冲突、碰撞和融合的特点与趋势。时空一直是限制人们之间交往的主要障碍。美国网络专家威廉·奥尔曼说：信息革命带来的最基本的变化是，它有能力以甚至十年前还不可想象的方式，使人们紧密联系，消除“这里”和“那里”的界限。正如几十年前铁路和高速公路使地理距离缩短，人们有可能异地交往，有可能住在远离工作地点的城市郊区一样，信息技术带来的传播方式的现代化，特别是信息高速公路的建设，使得地理距离暂时“消失”了，我们居住的星球正在变成一个“小村庄”，正在或将要创造出一个一个“电子社区”，人们即使居住在不同的州、时区、国家，也可以“在一起”工作、娱乐。甚至那些穷乡僻壤也能与世界上其他地区的人们方便地交往、合作乃至打成一片。这样，人们之间便可以不受时空的限制而交往，人们之间不同的道德意识、道德观念和道德行为的冲突、碰撞和融合也就变得可能了。

同时，由于人们的风俗习惯和生活方式的不同，致使人们的交往受到了极大的限制。一方面，人们之间不能相互理解；另一方面，也缺乏相互交往的方式与手段。而因特网的全球化，把不同的人群都连接起来，它既可以将不同的风俗习惯和生活方式频繁而清晰地呈现在世人面前，也为他们提供了交往的有效方式和手段。这样，一方面可以使风俗习惯和生活方式不同的人们，通过学习、交往、教育和阅读等各种方式，增进相互之间的沟通和理解，从而更宽容、更通情达理；另一方面也使各种文化冲突日益表面化和尖锐化。因特网的全球化，将使网络道德的开放性由可能转化为现实。

（3）多元性

与传统社会的道德相比，“网络社会”的道德呈现出一种多元化、多层次化的特点与趋势。在现实社会中，虽然道德因生产关系的多层次性而有不同的存在形式，但每一个特定社会只能有一种道德居于主导地位，其他道德则只能处于从属的、被支配的地位，因此现实社会的道德是单一的、一元的。然而在“网络社会”中，既存在关涉社会每一个成员的切身利益和“网络社会”的正常秩序，属于“网络社会”共同性的主导道德规范，如不应该制作和传送不健康的信息，不应该利用电子邮件作商业广告，禁止非法闯入加密系统，等等；也存在各网络成员自身所特具的多元化道德规范，如各个国家和地区的独特风俗习惯等。随着彼此交往的增多，这些处于经常性冲突和碰撞之中的多元化道德规范，一方面使相互之间增进了理解和同情，从而在经历了冲突和碰撞之后达到了融合；另一方面即便彼此无法融合，冲突和碰撞仍旧，也由于彼此并无实质性的利害关系而能够求同存异。

“网络社会”多元化道德规范同时并存有其理论与现实根据。与现实社会相比，“网络社会”更多地具有自主性，它是网络成员自主自愿互连而成的，其成员之间的需求与偏好更多地具有共同性，他们一开始就是抱着同一个目的串连起来的。因此，彼此之间行为的共同点就是“求同”，除了为此必须遵守的共同的道德之外，他们不需要，也不强求具有类似于现实社会中的那种统一的道德。也就是说，只要其网络行为不违背“网络社会”的主导道德，他们并不需要为加入因特网而改变自己原有的道德意识、道德观念和道德行为。或者说，在遵守网络主导道德的前提下，他们仍然可以按照他们自己的道德从事网络行为，进入网络生活。 净化网络语言，优化网络环境，必须从网络道德抓起。要加强网络道德建设，不仅要出台相应网络法规、网络道德守则，更要在全社会范围内加强道德文化和道德教育的实施。

在“网络社会”中，人们的需要和个性有可能得到更充分的尊重与满足。自主自愿形成的“网络社会”，以其独特的生产方式、管理方式和生活方式，终将建立起一个各国家和地区的具有不同习俗和个性的人们互相尊重、互相理解并互相促进的多元道德并存的社会。当然，技术的进步只是为道德进步提供了前提和条件。道德是属人的范畴，一切“事在人为”。道德进步是否能够真正产生，一个更高水平的道德社会是否能够真正建成，还有赖于网民们自我塑造的意愿、能力，以及现实的努力程度。

4.5.2 计算机安全及相关法律

计算机和网络极大地改变了人们的社会。人们生活和工作的全面网络化要求对现在的计算机刑法或者网络刑法进行全新的思考。

电子计算机以及建立在电子计算机基础之上的互联网不仅是一种技术创新，而且形成了有形与无形的以下三种物质形态。第一是硬件形态，即以计算器、控制器、存储器等为内容的电子计算机物理设备。第二是软件形态，即以程序和文档为内容的计算机信息系统。第三是互联网，即若干计算机网络互相连接而形成的信息交互网络。

计算机犯罪是指：行为人利用计算机操作所实施的危害计算机信息系统（包括内存数据和程序）安全和其他严重危害社会的犯罪行为。可包括两种形式：一种是以计算机为犯罪工具而进行的犯罪，如利用计算机进行金融诈骗、盗窃、贪污、挪用等犯罪；另一种是以计算机为破坏对象而实施的犯罪，如非法侵入计算机系统罪、破坏计算机信息系统罪等犯罪行为。

在以计算机为对象的犯罪中，如果是从外部毁坏计算机的行为，完全可以认定为传统的毁坏型财产犯罪；如果是在非法侵入计算机信息系统以后，非法获取计算机数据，非法控制计算机信息系统或者制作，传播计算机病毒对计算机系统进行破坏，这种行为是传统刑法所没有规定的，因而有必要在刑法中设置相关罪名。我国刑法对计算机犯罪的早期立法，就是围绕上述行为展开的。

1997 年刑法设立了计算机犯罪，其立法的规范目的在于保护计算机信息系统安全，以及惩治利用计算机所实施的犯罪，从刑法所列举的罪名来看，主要是财产性犯罪。此后，随着计算机技术的发展以及计算机运用的普及，逐渐形成互联网，由此出现了互联网犯罪或者网络犯罪。

我国学者对从计算机犯罪到互联网犯罪的演变过程进行了概括总结，认为这种演变存在以下三个阶段：一是只有计算机犯罪概念而没有网络犯罪概念的阶段。这里的计算机犯罪是指利用计算机操作所实施的危害计算机信息系统（包括内存数据及程序）安全的犯罪。二是计算机犯罪和网络犯罪成为并存关系概念的阶段。两者存在区分和差异：前者是指利用计算机作为犯罪工具，针对计算机信息系统实施的犯罪；后者是指利用互联网实施的传统犯罪。三是网络犯罪和计算机犯罪成为种属关系概念的阶段。在这个阶段，计算机犯罪的概念几乎不再被提起，利用网络实施的传统犯罪在数量和社会影响上的绝对优势，让计算机犯罪一词几乎完全退出了历史舞台，网络犯罪成为一个更被广泛认可的术语。计算机犯罪与网络犯罪在概念上不再是一种并列关系，而演变为一种种属关系，计算机犯罪成为网络犯罪的下位概念。

从计算机犯罪到互联网犯罪的演变，正好契合了以计算机为基础的互联网的技术发展，从而为网络犯罪提供了生存空间。

我国《刑法》第二百八十五条规定："违反国家规定，侵入国家事务、国防建设、尖端技术领域的计算机信息系统属非法侵入计算机信息系统罪。"

我国《刑法》第二百八十六条规定："破坏计算机信息系统功能；破坏计算机信息系统数据和应用程序；制作、传播计算机破坏性程序的属破坏计算机信息系统罪。"

我国《刑法》第二百八十七条规定："利用计算机实施金融诈骗、盗窃、贪污、挪用公款、窃取国家秘密或者其他犯罪的，依照本法有关规定定罪处罚。"

此外，我国国务院、公安部、国家保密局也制定了许多与计算机信息安全、互联网的管理、商用密码管理、计算机病毒防治管理等与计算机信息网络有关的法令和法规。

虽然计算机和网络的发展过程中还会出现新的问题，但是相关的法律法规为进一步完善有关计算机犯罪的法律奠定了基础。

总之，随着计算机和网络的发展，信息系统安全、网络道德、计算机知识产权、计算机网络犯罪等还会出现新的矛盾和问题。除了进一步加强信息安全技术建设，进一步健全相应法律法规外，还需要加强道德意识和行为规范，加强自律，形成一个完善、成熟的道德体系网，使计算机网络系统朝着健康有序的方向发展。

小　　结

本章主要介绍了计算机网络的概念、发展与分类等网络基础知识，同时让读者对数据通信基础、互联网技术、网络安全和网络道德等内容有一定的了解和认识。

习　　题

一、选择题

1. 网络的传输速率是指单位时间内传输的二进制位数，称为（　　）。

   A. BPS　　B. Bps　　C. bps　　D. MIS

2. 网络使用介质在计算机之间连接，常见的介质分为（　　）两类。

   A. 有线和无线　　B. 通道和线路　　C. 带宽和宽带　　D. 电的和光的

3. 调制解调器是一种网络设备，用来在（　　）之间进行转换。

A. 数字信号和模拟信号　　B. 有线信号和无线信号
C. 电话信号和网络信号　　D. 计算机信号和网络信号

4. 按照网络规模，可以将网络分为广域网和（　　）。
A. 公共网　　B. 移动网　　C. 令牌网　　D. 局域网

5. 互联网的基础是 TCP/IP，广义上它是（　　）。
A. 单一的协议　　B. 两个协议　　C. 一个协议集　　D. 三个协议

二、问答题

1. 简述计算机病毒主要特点。

2. 沉迷网络已经成为危害学生学习的因素，试探讨导致部分学生“网络成瘾”现象的原因。

第 5 章 数据组织与信息处理

在信息化社会，数据无处不在，任何人都有处理大量数据的实际需求。管理和利用数据已经成为当今社会人人都必须面对的问题。高效管理数据、合理利用数据的能力也成为信息时代每个人必须具备的能力和基本素养。

5.1 数据与数据管理

为了更好地对海量数据进行处理并为我们所用，首先需要了解数据的分类、数据可视化的方法、数据管理技术以及为何要使用数据库等。

5.1.1 数据的分类

1. 数据与信息

什么是数据？在大多数人头脑中数据的第一个反应就是数字，例如 1 000、3.14、-330.8 等。其实数字只是最简单的一种数据，文本、图形、图像、音频、视频等也是数据，它们都可以经过数字化后存入计算机。我们可以对数据做如下的定义：描述事物的符号记录称为数据。早期的计算机系统主要用于科学计算，处理的数据类型是数值型数据，如整数、实数、浮点数等。现在计算机存储和处理的对象十分广泛，表达这些对象的数据也越来越复杂。在计算机科学中，数据是指所有能输入到计算机并被计算机程序处理的、具有一定意义的数字、字母、符号等的统称。

信息是指把数据放置到一定的背景下，对数字进行解释、赋予意义。信息是从采集的数据中获取的有用信息。数据经过加工处理之后，就成为信息；而信息需要经过数字化转变成数据才能存储和传输。

数据和信息之间是相互联系的。数据是反映客观事物属性的记录，是信息的具体表现形式。接收者对信息识别后表示的符号称为数据。数据的作用是反映信息内容并为接收者识别。声音、符号、图像、数字是人类传播信息的主要数据形式。因此，信息是数据的含义，数据是信息的载体。

2. 结构化数据与非结构化数据

结构化数据即行数据，它存储在数据库里，是可以用二维表结构来逻辑表示的数据。不方便用数据库里的二维逻辑表来表现的数据称为非结构化数据，包括各种格式的办公文档、文本、图片、各类图形图像和音频/视频信息等。半结构化数据是介于完全结构化数据（如关系型数据库中的数据）和完全非结构化数据（如声音、图像等）之间的数据。

HTML 文档就属于半结构化数据，它一般是自描述的，数据的结构化和非结构化内容混在一起，没有明显的区分。

5.1.2 数据可视化：一图胜千言

人类的大脑对视觉信息的处理优于对文本的处理，因此使用图表、图形和设计元素的数据可视化（Data Visualization）可以帮助用户更容易地解释趋势和统计数据。

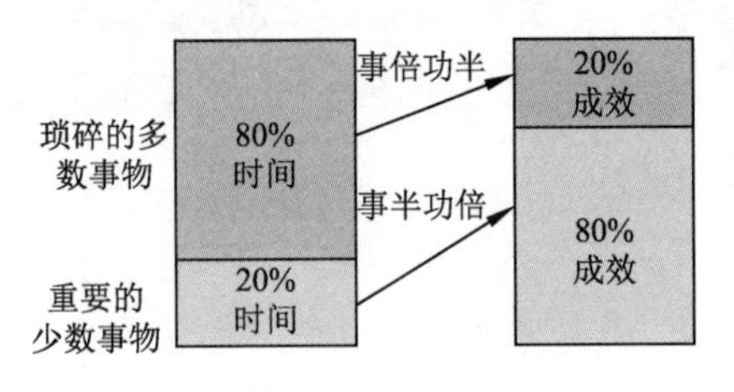

图 5-1 数据可视化

数据可视化是指将数据以视觉形式来呈现，如图 5-1 所示，以帮助人们了解这些数据的意义。它重在洞察数据中的规律，同时为了便于人们理解以及视觉上的美感，它也包含相当的美学成分，需要在设计与功能之间取得平衡。

在信息时代，一组经过精心设计、形象生动的信息图要比一篇深度长文更容易赢得眼球和青睐。“媒介即信息”是著名媒介理论家马歇尔·麦克卢汉在 20 世纪时就给出的结论。在社交媒体上，出色的可视化产品很容易获得海量转发和分享。媒介会影响人们思考和理解的习惯，当时间紧迫或心绪浮躁时，长篇大论的文字和杂乱无序的数据往往会让人产生压迫感和厌倦感，“消化”起来也费劲。但一张可视化信息图表能够做到内容有趣、逻辑清晰并且设计巧妙，那么它在传递庞杂信息和数据时，将大大缩减人们理解分析繁杂数据的时间，提高获取信息的效率。这或许和人天生具有发达的生物视觉系统息息相关。

数据可视化通过获取数据、清洗和整理数据、可视化表达数据这三个步骤，将枯燥无味的数据通过富有吸引力又易于理解的方式组织起来。图表是“数据可视化”的常用手段，其中基本图表（柱形图、折线图、饼图、散点图等）最为常用。

常用的数据图表形式如图 5-2 所示。

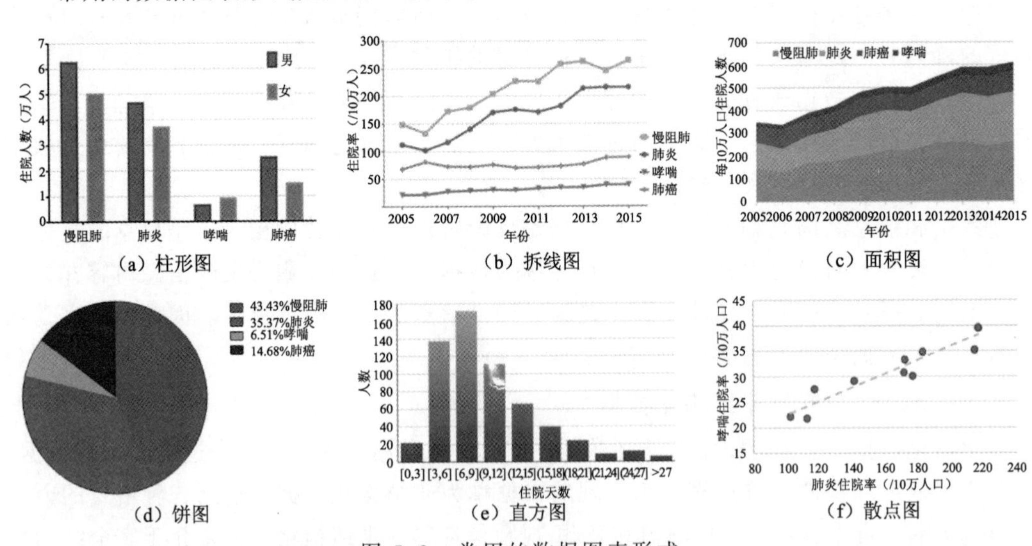

图 5-2 常用的数据图表形式

很多人觉得基本图表过于简单原始，因此追求更复杂的图表。但是，越简单的图表越容易理解，进而快速易懂地理解数据，正是“数据可视化”的最重要目的和最高追求。只要是适用的场合，就应该考虑优先使用这些基本图表。

“词云图”可以过滤掉大量的文本信息，使浏览网页者只要一眼扫过文本就可以领略文本的主旨，如图 5-3 所示，“词云”就是通过形成“关键词云层”或“关键词渲染”，对网络文本中出现频率较高的“关键词”的视觉上的突出。

雷达图（Radar Chart）适用于多维数据（四维以上），且每个维度必须排序。例如，与表 5-1 所示数据对应的雷达图如图 5-4 所示。

表 5-1　专业课成绩数据

专业名称	C 语言	Java	Python	C#	JavaScript
major1	95	96	85	63	91
major2	75	93	66	85	88
major3	86	76	96	93	67

图 5-3　词云图

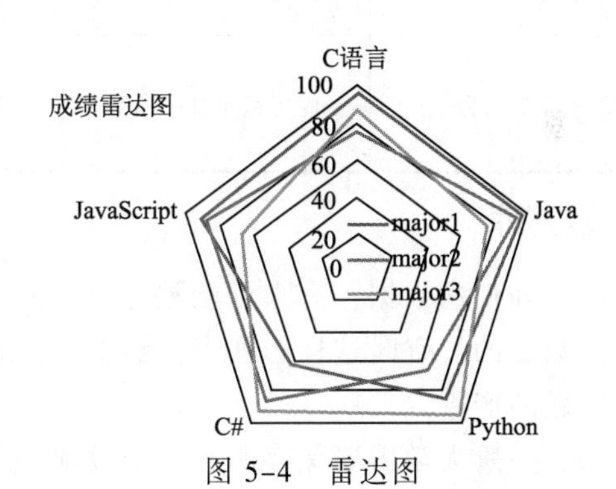

图 5-4　雷达图

数据可视化除了上述静态的（图表和地图）表示之外，交互动态式的数据可视化则相对更为先进：人们能够使用计算机和移动设备深入到这些图表和图形的具体细节，然后用交互的方式改变他们看到的数据及数据的处理方式。由于书本无法表现出动态效果，读者可以课后通过网络自行了解学习数据交互式可视化的实例。

5.1.3　数据管理

数据管理是指对数据进行分类、组织、编码、存储、检索和维护，是数据处理的中心问题。数据管理分析方法主要包括如何处理所有的数据材料，如何分解和构建复杂问题和数据集，如何将原始数据转变成推进现实工作的妙策，进而牢牢把握工作中各种问题的要害。

从计算机出现开始至今，数据管理技术经历了人工管理、文件系统、数据库系统三个阶段。表 5-2 对比了在应用需求的推动下，在计算机硬件软件发展的基础上，三个阶段的发展与特点。

表 5-2 数据管理技术的三个阶段

背景和特点		人工管理阶段	文件系统阶段	数据库系统阶段
背景	应用背景	科学计算	科学计算、数据管理	大规模数据管理
	硬件背景	无直接存取的存储设备	磁盘、磁鼓	大容量磁盘、磁盘阵列
	软件背景	没有操作系统	有文件系统	有数据库管理系统
	处理方式	批处理	联机实时处理、批处理	联机实时处理、分布处理、批处理
特点	数据的管理者	用户（程序员）	文件系统	数据库管理系统
	数据面向的对象	某一应用程序	某一应用	现实世界（一个部门、企业、跨国组织等）
	数据的共享程度	无共享，冗余度极大	共享性差，冗余度大	共享性高，冗余度小
	数据的独立性	不独立，完全依赖于程序	独立性差	具有高度的物理独立性和一定的逻辑独立性
	数据的结构化	无结构	记录内有结构，整体无结构	整体结构化，用数据模型描述
	数据控制能力	应用程序自己控制	应用程序自己控制	由数据库管理系统提供数据安全性、完整性、并发控制和恢复能力

5.1.4 数据库

要记录和使用数据，有人可能觉得使用列表文件就已足够了。很多用户就是通过列表来记录数据的。有时这样的列表就够了，但是在大多数情况下，简单的列表可能会导致很多问题的产生。

例如，一所大学需要保存所有关于教师、学生、院系和开设课程的信息，一种方法是将它们存放在文件中。为了使用户可以对信息进行操作，系统中应该有一些对文件进行操作的应用程序，包括：

① 增加新的学生、教师和课程。

② 为课程添加选修学生，并产生花名册。

③ 为学生填写成绩、计算绩点（GPA），并产生成绩单。

这些应用程序由系统程序员根据大学的需求编写。

随着需求的增长，新的应用程序将被加入系统中。例如，该大学决定新开一个系（人工智能），那么大学就要建立一个新的系并创建新文件（或者在现有文件中添加信息）来记录关于这个系中所有的教师、学生、开设的课程、学位条件等信息。有可能需要编写新的应用程序来处理这个新系的特殊规则。或者有些院系会合并或拆分，也需要重新编写应用程序。因此，随着时间的推移，越来越多的文件和应用程序就会加入到系统中。

这是典型的文件系统：数据被存储在多个不同的文件中，人们编写不同的应用程序来将数据写入文件或从文件中读出。在数据库管理系统出现以前，通常都采用这样的系统来管理信息，如表 5-3 所示的学生选课表。

表 5-3 学生选课表

课　　程	学　　分	选 修 学 生	联 系 方 式
大学语文	2	李萍	1387123****
微积分	3	张欢	1592721****
大学英语	3	李萍	1387123****
大学英语	3	胡涂图	1502233****
大学语文	2	胡涂图	1502233****
大学物理	2	李萍	1387123****
大学计算机基础	2	章小天	1370123****

假设要删除张欢同学的选课数据，则会同时删除微积分这门课和课程的学分数据。如果改动了第 7 行的联系方式，则会出现数据不一致。第 2 行的联系电话和第 7 行不一样，难道她们不是同一名同学吗？如果要给没有选课学生的课程添加信息，又该怎么做呢？例如，程序设计基础这门课暂时没有选课学生，但是仍需要记录学分，此时就必须在列表中插入值不完全（称为空值）的行，如表 5-4 所示，如果我们将上面的表格拆分成三个表：课程信息表（课程，学分）、学生信息表（姓名，联系方式）、选课信息表（课程，选修学生姓名），情况又会怎样呢？则删除、修改和插入都不会发生异常。

表 5-4 学生选课列表的修改问题

1	课程	学分	选修学生	联系方式
2	大学语文	2	李萍	1387123****
3	微积分	3	张欢	1592721****
4	大学英语	3	李萍	1387123****
5	大学英语	3	胡涂图	1502233****
6	大学语文	2	胡涂图	1502234****
7	大学物理	2	李萍	1512828****
8	大学计算机基础	2	章小天	1370123****
9	程序设计基础	3	？？？	？？？
10				

删除一行——丢失过多的数据（第 3 行）
改变一行——不一致的数据（第 7 行）
插入一行——出现空值（第 9 行）

总结一下文件处理系统主要存在的弊端：

① 数据冗余和不一致（Data Redundancy and Inconsistency）。由于文件和程序是在很长的一段时间内由不同的程序员创建的，不同文件结构可能不同。此外，相同信息可能在几个地方（文件）重复存储。例如，某教师同时带数学系和计算机系的课程，该教师的地址和电话号码就可能出现在两个文件中（分别存储数学系和计算机系开课教师记录）。这种冗余除了导致存储和访问开销增大外，还可能导致数据不一致性，即同一数据的不同副本不一致。例如，教师电话号码的更改可能在数学系记录中得到反映而在其他地方没有。

② 数据访问困难（Difficulty in Accessing Data）。假设大学的某个办事人员想找出居住在某个特定邮编地区的所有学生的姓名，于是他要求数据处理部门生成这样的一个列表。可是，原始系统设计者没有预料到会有这样的需求，因此没有现成的应用程序去满足这个需求。这时有两种选择：一种是取得所有学生的列表（系统原有的应用程序可以

产生所有学生的列表）并从中手工提取所需信息；另一种是要求数据处理部门的程序员现编相应的应用程序。这两种方案显然都不太令人满意。假设编写了相应的程序，几天以后可能又需要列出选了至少 20 个学分的学生。

③ 数据孤立（Data Isolation）。由于数据分散在不同文件中，这些文件又可能具有不同的格式，因此编写应用程序处理不同文件里相关联的信息是很困难的。例如，找出学生选修“大学计算机基础”课程的得分和学生生源地的关系（涉及学生、课程、成绩等多个文件，这些文件中的数据有联系但是文件处理系统本身很难体现这种联系，必须重新编写应用程序）。

④ 完整性问题（Integrity Problem）。现实应用中，很多数据的值必须满足某些特定的一致性约束（Consistency Constraint）。假设大学为每个系维护一个账户，并且记录各个账户的余额（要求每个账户的余额永远不能低于零）。开发者通过在各种不同应用程序中加入适当的代码来强制系统中的这些约束。然而，当新的约束加入时（如账户余额不能低于 5 000 元），很难通过修改程序来实现新约束。尤其当约束涉及不同文件中的多个数据项时，问题就变得更加复杂了。

⑤ 原子性问题（Atomicity Problem）。如同别的任何设备一样，计算机的软硬件系统也会发生故障。例如，我们想将计算机系的 5 000 元转入中文系，假设在程序的执行过程发生了系统故障，导致计算机系的余额减去的 5 000 元还没来得及存入中文系，这就造成了数据的不一致性。显然，为了保证一致性，这里的借和贷两个操作必须是要么都发生，要么都不发生。也就是说，转账这个操作必须是原子性——它要么全部发生要么根本不发生。在传统的文件处理系统中，保持原子性是很难做到的。

⑥ 并发访问异常（Concurrent-Access Anomaly）。为了提高系统的总体性能以及加快响应速度，许多系统允许多个用户同时更新数据。实际上，如今大的互联网零售商每天就可能有来自购买者对其数据的数千万次访问。在这样的环境中，并发的更新操作可能相互影响，有可能导致数据的不一致性。例如，假设为确保注册一门课程的学生人数不超过上限（如 40），注册程序会维护选修了某门课程的学生计数。当一个学生选课时，该程序读入这门课程的当前计数值，核实没有达到上限，给计数值加 1，将计数存回文件。假设两个学生在两处同时注册，而此时的计数值是 39。两处的程序执行时都读到 39，加 1 后将 40 写回，两个学生都成功注册了。

⑦ 安全性问题（Security Problem）。并不是所有的用户都可以访问所有的数据。例如在大学里，财务人员只需要看到工资发放等财务信息，不需要访问关于选课学术活动等信息。但是，文件系统中总会有应用程序即席加入，这样的安全性约束很难保证。

以上问题以及一些其他问题，促进了数据库系统的发展。

5.2 数据库管理系统

5.2.1 基本概念

数据库的应用非常广泛，以下是一些具有代表性的典型应用。

（1）企业信息

① 销售：用于管理客户、产品和购买信息。

② 会计：用于管理收付款、票据、账户余额、资产和其他会计信息。

③ 人力资源：用于管理员工、工资、所得税和津贴补助等信息，以及产生工资单。

④ 生产制造：用于管理供应链，跟踪工厂中产品的生产情况、仓库和卖场中产品的详细清单以及订单。

⑤ 联机零售：用于管理销售数据，以及实时的订单跟踪，推荐商品清单的生成，还有实时的产品评估与维护。

（2）银行和金融

① 银行业：用于管理客户信息、账户信息、存贷款信息，以及银行的交易流水记录。

② 信用卡交易：用于记录信用卡消费的情况、产生每月清单。

③ 金融业：用于管理股票、债券等金融票据的持有、出售和买入信息；也可用于管理实时的市场数据，以便客户能够进行联机交易，公司能够进行自动交易等。

（3）大学教务管理

用于管理学生信息、课表、选课和成绩。

（4）航空业信息管理

用于管理订票退票和航班信息。

（5）电信业信息管理

用于管理通话记录，产生每月账单，维护预付费电话卡的余额，存储通信基站网络的信息。

数据库（DataBase，DB）是存放数据的仓库。这个仓库是在计算机存储设备上的，而且数据是按一定的格式存放的。数据库是长期存储在计算机内、有组织的、可共享的大量数据的集合。数据库中的数据按一定的数据模型组织、描述和存储，具有较小的冗余度、较高的数据独立性和易扩展性，并可为各种用户共享。概括地讲，数据库数据具有永久存储、有组织和可共享三个基本特点。

如何科学地组织和存储数据？如何高效地获取和维护数据？完成这个任务的是一个系统软件——数据库管理系统。

数据库管理系统（DataBase Management System，DBMS）是位于用户与操作系统之间的一层数据管理软件。数据库管理系统和操作系统一样是计算机的基础软件，也是一个大型复杂的软件系统。

数据库系统（DataBase System，DBS）是指在计算机系统中引入数据库后的系统，一般由数据库、数据库管理系统（及其开发工具）、应用系统、数据库管理员构成。应当指出的是，数据库的建立、使用和维护等工作只靠一个 DBMS 远远不够，还要有专门的人员来完成，这些人被称为数据库管理员（DataBase Administrator，DBA）。一般在不引起混淆的情况下常常把数据库系统简称为数据库。数据库系统如图 5-5 所示。

数据库系统提供数据定义语言（Data-Definition Language，DDL）来定义数据库模式，以及数据操纵语言（Data-Manipulation Language，DML）来对数据库进行查询和更新。数据定义和数据操纵语言并不是两种分离的语言，相反地，它们是一种统一的数据库语言

（如广泛使用的 SQL 语言）的不同部分。

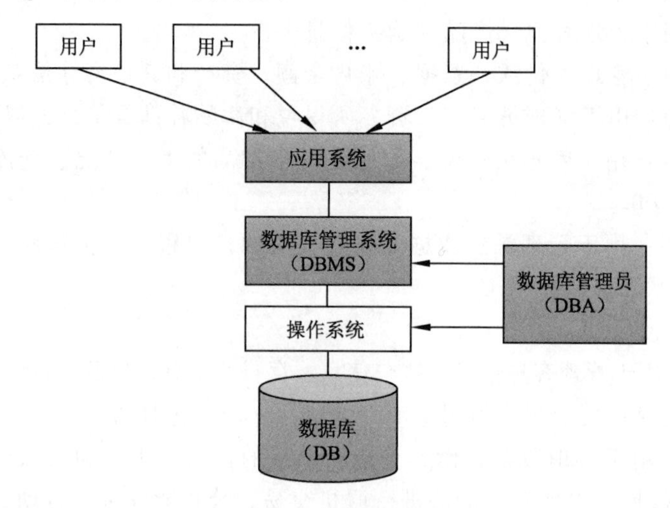

图 5-5　数据库系统

1. 数据操纵语言

数据操纵语言使得用户可以访问（或操纵）那些按照某种适当的数据模型组织起来的数据：

① 对存储在数据库中的信息进行检索。

② 向数据库中插入新的信息。

③ 从数据库中删除信息。

④ 修改数据库中存储的信息。

查询（Query）是按要求对信息进行检索的语句。DML 中涉及信息检索的部分称作查询语言（Query Language）。实践中常把查询语言和数据操纵语言作为同义词使用，尽管从技术上来说这并不正确。我们将学习最广泛使用的查询语言 SQL。

2. 数据定义语言

数据定义语言定义了数据库模式的实现细节，这些细节对用户来说是不可见的。DDL 的主要功能包括：

① 定义数据库模式。

② 定义数据库系统所使用的存储结构和访问方式。

③ 提供一致性约束保证的工具。

DDL 的输出放在数据字典（Data Dictionary）中，数据字典包含了元数据（Meta-Data），元数据是关于数据的数据。在读取和修改实际的数据前，数据库系统先要参考数据字典。

5.2.2　数据模型

数据库中存储的是数据，这些数据不仅要反映数据本身的内容，还要反映数据之间的联系。那么，如何抽象地表示、处理现实世界的数据呢？这就需要使用数据模型这个工具了。数据模型是现实世界到数据世界的桥梁。数据模型是一个描述数据、数据联系、数据语义以及一致性约束的概念工具的集合。

为了能使数据库中的数据更好地反映现实世界，我们使用了两级抽象。首先使用概念模型将现实世界转换为信息世界，然后再使用基本数据模型将信息世界转化到计算机世界。

最典型的概念模型是实体—联系模型（Entity-Relationship 模型，E-R 模型），其用实体、属性和联系三个抽象概念对现实世界进行抽象。而最典型的基本数据模型就是关系模型。下文我们将使用通俗的语言简略地介绍这两种模型

1. 实体—联系模型

实体是现实世界里可相互区别的一件“事情”或一个“对象”。例如，每个人是一个实体，每个银行账户也是一个实体。数据库里实体通过属性集合来描述。例如，系名、系办公地点、系办公电话、预算经费等可以描述大学里的一个系。类似地，楼栋、房间号和容量可以描述教室实体。每个实体都有若干属性，其中的某个属性（或某组属性）的值可以唯一地标识一个实体。例如，考虑到教师名、性别、系名都相同的情况，我们可以增加额外的属性（如工号）来唯一标识教师。

联系是几个实体之间的关联。例如，从属（Membership）联系将一名教师和他所在的系联系在一起。实体和实体之间的联系从数目约束（Mapping Cardinality，映射基数）上可以分为三种。

① 一对一联系（1：1）。如果对于实体集 A 中的每一个实体，实体集 B 中至多有一个实体与之联系，反之亦然，则称实体集 A 与实体集 B 具有一对一联系，记为 1：1。例如，在大学里，一个系只有一个正主任，而一个主任只能在一个系任职，则系和主任之间具有一对一联系。

② 一对多联系（1：n）。如果对于实体集 A 中的每一个实体，实体集 B 中有 n 个实体（n>1）与之联系，反之，对于实体集 B 中的每一个实体，实体集 A 中至多只有一个实体与之联系，则称实体集 A 与实体集 B 有 1 对多联系，记为 1：n。例如，一个系有多名教师，而一名教师的人事关系只在一个系中，则系与教师之间具有 1 对多联系。

③ 多对多联系（m：n）。如果对于实体集 A 中的每一个实体，实体集 B 中有 n 个实体（n>1）与之联系，反之，对于实体集 B 中的每一个实体，实体集 A 中也有 m 个实体（m>1）与之联系，则称实体集 A 与实体集 B 有多对多联系，记为 m：n。例如，一门课程同时有多名学生选修，而一名学生可以选修多门课程，则课程与学生之间具有多对多联系。

单个实体内部不同的实体集之间也可以存在一对一、一对多、多对多的联系。例如，教师实体内部具有的领导与被领导的关系，就是一种一对多的联系。两个以上的实体之间也存在这三种联系，比如供应商、项目、零件这三个实体，一个供应商可以为多个项目提供多种零件，每个项目中使用的零件可以由不同的供应商提供。

数据库的逻辑结构可以用实体—联系图（Entity-Relationship Diagram，E-R 图）进行图形化表示。有几种方法来画这样的图，最常用的方法之一是采用统一建模语言（Unified Modeling Language，UML）。在我们使用的基于 UML 的符号中，E-R 图可以用如下方法表示：

① 实体集用矩形框表示，实体名在头部，属性名列在下面。

② 联系集用连接一个菱形表示，菱形联系相关的几个实体集，联系名放在菱形内部。

作为例子，我们来看一下大学数据库中包括教师和系以及它们之间的关联部分。如图 5-6 所示，E-R 图表示教师和系这两个实体集，它们具有先前已经列出的一些属性，同时指明了教师和系之间的所属联系。

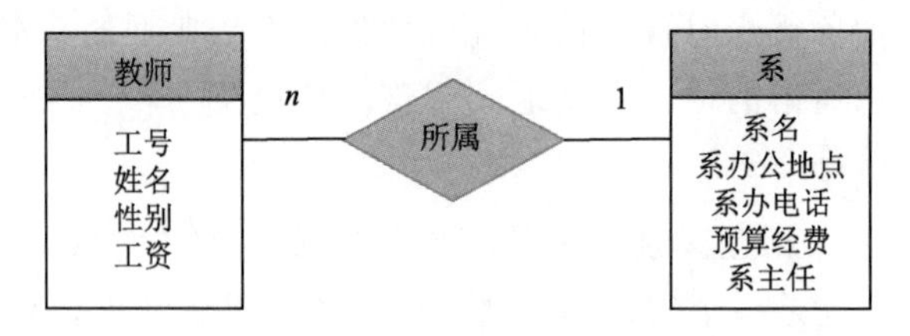

图 5-6 E-R 图示例

除了实体和联系外，E-R 模型还描绘了数据库的数目约束。图 5-6 中横线上的数字 1 和 n 表示：一位教师只能属于一个系，而一个系中有多名教师。

2．关系模型（Relation Model）

历史上，网状数据模型（Network Data Model）和层次数据模型（Hierarchical Data Model）先于关系模型出现。但是前两者和底层实现的联系很紧密，数据建模复杂。因此除了某些仍在使用的旧数据库之外，如今它们已经很少被使用了。而关系模型容易理解、容易掌握、有成熟的技术和产品支持，因此成为使用最为广泛的数据模型。现在，几乎每个商业数据库都是基于关系模型的。

关系模型的数据结构非常简单，只包含单一的数据结构——关系。从用户的观点看，关系模型中数据的逻辑结构是一张扁平的二维表。在关系模型中，现实世界的实体以及实体间的各种联系均用单一的结构类型（即表）来表示。

关系数据库基于关系模型，使用一系列的二维表来表达数据以及这些数据之间的联系。现在以学生信息表为例，介绍关系模型中的一些术语：

① 关系（Relationship）：一个关系对应通常说的一张表，如表 5-5 所示的学生信息表。

② 元组（Tuple）：表中的一行即为一个元组。

③ 属性（Attribute）：表中的一列即为一个属性，给每一个属性起一个名称即属性名。学生信息表有 6 列，对应 6 个属性（学号，姓名，年龄，性别，系名，联系方式）。

④ 码（Key）：也称键，是表中的某个属性或属性组合；候选码也是表中的某个属性或属性组合，但它可以唯一标识一个关系中的元组。如学生信息表中的学号，可以唯一确定一名学生，它就是本关系的候选码。如果一个关系有多个候选码，则选择一个作为主码。候选码中的属性称为主属性，其他属性为非主属性。有时为了简单会将候选码求主码简称码。

⑤ 域（Domain）：属性的取值范围，如学生信息表中性别属性的域是（男，女）。

⑥ 关系模式：对关系的描述，一般表示为：

关系名（属性 1，属性 2，…，属性 n）

例如，学生信息表这个关系可以描述为：

学生（学号，姓名，年龄，性别，系名，联系方式）

表 5-5 学生信息表

学号	姓名	年龄	性别	系名	联系方式
201601010001	张欢	18	男	数学系	1387158****
201601010002	李萍	18	女	数学系	1592733****
201601010003	胡涂图	19	男	中文系	1570211****
201601010004	章小天	18	女	数学系	1321110****
201601010005	柳眉	18	女	数学系	1360011****
201601020001	王百川	17	男	中文系	1321122****
201601020002	侯晓飞	18	男	中文系	1891221****
201601020003	雷小磊	19	男	中文系	1331232****

表 5-5 给出了学生信息表，当然，现实世界里大学的学生信息表会有更多的学生。本书中，我们使用小型的表来描述概念。不难看出，表可以存储到文件中，对于数据库的开发者和用户，关系模式屏蔽了如何存储读取的方式和细节。

在关系模型中，有可能创建一些有问题的模式，比如出现不必要的冗余信息。例如，表 5-6 所示的教师登记表，每当系的办公电话和地点发生改变时，这个变化必须被反映在该系的所有教师记录中。后面将研究如何区分好的（规范的）和不好的模式设计。

表 5-6 不规范的教师登记表

姓名	性别	系名	系办公电话	系办公地点
李欢	男	数学系	122878812	西区教 4
张珊珊	女	数学系	122878812	西区教 4
胡一发	男	数学系	122878812	西区教 4
刘洋	女	数学系	122878812	西区教 4
袁小铃	女	数学系	122878812	西区教 4
牛一川	男	中文系	122876817	东区教 1
池飞	男	中文系	122876817	东区教 1
李欢	男	中文系	122876817	东区教 1

5.2.3 关系数据库的设计

数据库系统被设计用来管理大量的信息，其主要内容是数据库模式的设计。为设计一个满足企业需求模型的完整的数据库需要考虑很多问题。首先，设计者需要和企业领域的专家、数据库用户广泛的交流，全面刻画用户的数据需求，制定出用户需求的规格文档；然后，将需求转化为概念模型（E-R 模型是主要的设计工具）；最后，实现从概念模式到数据库系统实现模型的映射（从关系模型的角度来看，这个阶段决定了数据库包含的表和属性），并指定数据库的物理特性。

为了阐明设计过程，还是以大学数据库设计为例。初始的用户数据需求说明可以基于与数据库用户的交流以及设计者自己对大学机构的分析，这里直接给出大学的主要特性和需求描述：

① 大学分成多个系，每一个系用自己唯一的系名来标识，有系办公地点、系办公电话、预算经费和系主任。

② 每一个系开设若干门课程，每门课程有课程号、课程名、系名和学分，还可能有先修课程要求。

③ 每个教师有姓名、性别、所在的系和工资；教师每学期都有教学任务，开设若干门课程，每次开课要说明课程号、年份、学期、教室和时段。

④ 学生由个人唯一的学号来标识，每个学生有姓名、年龄、性别、所在系、联系方式，学生需求选修若干门课程。

⑤ 有一个教室列表，详细说明楼栋、房间号和容量。

一个真正的大学数据库比上述要求复杂得多。然而，我们就用这个简化了的需求来帮助大家理解，从而避免迷失在过于复杂的设计细节中。

将 E-R 图转换为二维关系表是整个数据库设计中极为关键的一步。如何构造一个好的数据库模式，从而避免数据冗余、插入删除修改异常？这就是我们接下来要讨论的关系规范化理论。

关系数据库的规范化理论使得数据库具有严格的数学理论基础。下文我们避开了过于形式化的描述和严格的数学证明，仅仅从上面提到的大学数据库的实例出发，简单讨论规范化理论。关系数据库中的关系必须是规范化的，即满足一定规范要求，满足不同程度要求的为不同范式。满足最低要求为第一范式，简称 1NF。在 1NF 中满足进一步要求的称为 2NF，依此类推。我们这里只介绍前三条。

第一范式（First Normal Form，1NF）：所有属性是不可分割的原子项。

表 5-7 所示的学生选课表就不满足 1NF，课程和成绩列都由多项构成。我们可以修改如表 5-8 所示。

表 5-7 不规范的学生选课表

学 号	姓 名	系 名	系办地点	课 程	成 绩
201601010001	张欢	数学系	西区教 4	大学英语、大学计算机基础	90、86
201601010002	李萍	数学系	西区教 4	微积分、大学英语	75、77
201601010003	胡涂图	中文系	东区教 1	大学英语、大学计算机基础	70、78

表 5-8 学生选课表

学 号	姓 名	系 名	系办地点	课 程	成 绩
201601010001	张欢	数学系	西区教 4	大学英语	90
201601010001	张欢	数学系	西区教 4	大学计算机基础	86
201601010002	李萍	数学系	西区教 4	微积分	75
201601010002	李萍	数学系	西区教 4	大学英语	77
201601010003	胡涂图	中文系	东区教 1	大学英语	70
201601010003	胡涂图	中文系	东区教 1	大学计算机基础	78

第二范式（2NF）：属于 1NF，且每一个非主属性完全函数依赖于任何一个候选码。

观察表 5-8 所示的学生选课表中的关系可以发现学号和课程这个属性组合构成关系的主码，它决定了姓名、系名、系办地点和成绩这四个非主属性的值。但是学号、课程中的学号完全决定了姓名、系名、系办地点属性的值，故姓名、系名、系办地点对主码是部分函数依赖。所以要满足 2NF，必须将学生选课表拆分为两个表，如表 5-9 和表 5-10 所示。

表 5-9　学生信息表

学　号	姓　名	系　名	系办地点
201601010001	张欢	数学系	西区教 4
201601010002	李萍	数学系	西区教 4
201601010003	胡涂图	中文系	东区教 1

表 5-10　学生选课表

学　号	课　程	成　绩
201601010001	大学英语	90
201601010001	大学计算机基础	86
201601010002	微积分	75
201601010002	大学英语	77
201601010003	大学英语	70
201601010003	大学计算机基础	78

其中学生信息表的主码为学号，姓名、系名、系办地点这三个非主属性都是完全函数依赖于主码；学生选课表的主码为学号、课程，成绩这个非主属性同样完全函数依赖于主码。所以上面的两个关系满足 2NF。

第三范式（3NF）：属于 2NF，并且每一个非主属性不传递依赖于主码。

表 5-9 所示的学生信息表中存在非主属性对主码的传递依赖：学号决定了其所在系的系名，而系名决定了系办地点，即系办地点传递函数依赖于学号。为了满足 3NF，必须再次对表 5-9 中的关系进行拆分。下面就是将表 5-7 不规范的学生选课表逐步规范为 3NF 的结果，如表 5-11 所示。

表 5-11　满足 3NF 的关系

学　号	姓　名	系　名
201601010001	张欢	数学系
201601010002	李萍	数学系
201601010003	胡涂图	中文系

系　名	系办地点
数学系	西区教 4
中文系	东区教 1

学　号	课　程	成　绩
201601010001	大学英语	90
201601010001	大学计算机基础	86
201601010002	微积分	75
201601010002	大学英语	77
201601010003	大学英语	70
201601010003	大学计算机基础	78

5.2.4 SQL 语言与数据检索

结构化查询语言（Structured Query Language，SQL）是一种能实现数据库定义、数据库操纵、数据库查询和数据库控制等功能的数据库语言，目前已经成为关系数据库的标准查询语言。这里仍然以大学数据库为例介绍 SQL 的基本内容。

假设大学数据库中要学生、课程、成绩三张表，接下来从建表语句、增删改数据、检索数据等三个方面来讨论 SQL 语句的使用。

1. 利用 SQL 语句建立数据库的结构

例如，定义学生表：学生（学号、姓名、年龄、性别、所在系、联系方式），属性（学号）不允许为空值。

```
Create table 学生(学号 char(12) not null,
姓名 char(10),
年龄  int,
性别  char(2),
所在系  char(20),
联系方式  char(50));
```

上例中的 char(n)表示该属性为字符类型的数据，最大长度为 n 个字符，int 表示整数类型。实际应用中，不同数据库产品的数据类型集会略有不同，具体情况请参考各自产品的说明。

上面的 SQL 语句执行之后将在数据库中创建“学生”表，其结构如表 5-12 所示。

表 5-12 “学生”表的结构示意

学　号	姓　名	年　龄	性　别	所在系	联系方式

2. 利用 SQL 语句进行数据库内容的增删改

一个表刚建立时表中是没有数据的，这时就需要向表中插入（增加）数据。例如，向“学生”表中插入一条记录：

```
Insert into 学生 values("201601010001","张欢",18,"男","数学系",
"1387158****");
```

依次插入八条记录后学生表的数据如表 5-13 所示。

表 5-13 “学生”表

学　号	姓　名	年　龄	性　别	所在系	联系方式
201601010001	张欢	18	男	数学系	1387158****
201601010002	李萍	18	女	数学系	1592733****
201601010003	胡涂图	19	男	中文系	1570211****
201601010004	章小天	18	女	数学系	1321110****
201601010005	柳眉	18	女	数学系	1360011****
201601020001	王百川	17	男	中文系	1321122****
201601020002	侯晓飞	18	男	中文系	1891221****
201601020003	雷小磊	19	男	中文系	1331232****

当要删除数据库中某些记录，可以使用 Delete 语句从表中删除满足指定条件的行。例如 删除工号为“1229”的教师：

```
Delete from "教师"
Where 工号="1229";
```

“教师”表的操作结果如图 5-7 所示。

工号	姓名	性别	职称	所在系
1223	李欢颜	男	教授	数学系
1224	张珊珊	女	讲师	数学系
7833	胡一发	男	讲师	数学系
0012	刘洋	女	教授	数学系
9227	袁小铃	女	副教授	数学系
1228	牛一川	男	讲师	中文系
1229	池飞	男	教授	中文系
1230	李晨曦	男	副教授	中文系

⇨

工号	姓名	性别	职称	所在系
1223	李欢颜	男	教授	数学系
1224	张珊珊	女	讲师	数学系
7833	胡一发	男	讲师	数学系
0012	刘洋	女	教授	数学系
9227	袁小铃	女	副教授	数学系
1228	牛一川	男	讲师	中文系
1230	李晨曦	男	副教授	中文系

图 5-7　删除记录操作

修改操作（Update 语句）的功能则是对存储在数据库中的某些记录进行修改。例如，将“选课”表里大学计算机基础课的成绩提高 5%，如图 5-8 所示。

```
Update 选课
Set 成绩=成绩*1.05
Where 课程="大学计算机基础";
```

学号	课程	成绩
201601010001	大学英语	90
201601010001	大学计算机基础	86
201601010002	微积分	75
201601010002	大学英语	77
201601010003	大学英语	70
201601010003	大学计算机基础	78

⇨

学号	课程	成绩
201601010001	大学英语	90
201601010001	大学计算机基础	90.3
201601010002	微积分	75
201601010002	大学英语	77
201601010003	大学英语	70
201601010003	大学计算机基础	81.9

图 5-8　修改记录操作

3. 利用 SQL 语句进行数据库内容的查询

经过前面的两个步骤，基本表的结构定义已经完成，数据也已经存储到数据库。然而建立数据库的目的不仅是保存数据，更重要的是为了使用数据。数据被使用的频率越高，其价值就越大。

SQL 语句可实现一张表上的查询，可选择满足条件的行或列、排序、进行运算等。例如，列出所有学生的学号和姓名，或列出所有数学系的女生的学号和姓名，如图 5-9 所示。

```
Select 学号, 姓名
From 学生;
```

学号	姓名
201601010001	张欢
201601010002	李萍
201601010003	胡涂图
201601010004	章小天
201601010005	柳眉
201601020001	王百川
201601020002	侯晓飞
201601020003	雷小磊

```
Select 学号, 姓名
From 学生
Where 所在系="数学系" and 性别 = "女";
```

学号	姓名
201601010002	李萍
201601010004	章小天
201601010005	柳眉

图 5-9　单表查询操作示意图所示

5.3　数据库应用的新格局

数据库的应用非常广泛，不管是家庭、公司或大型企业，还是政府部门，都需要使用数据库来存储数据信息。上一节介绍了一些传统的应用领域，如证券行业、银行、销售部门、医院、公司或企业单位，以及国家政府部门、国防军工领域、科技发展领域等。在传统的数据库应用中，存储在数据库中的数据类型相对简单，这可以从 SQL 的早期版本只支持非常有限的数据类型上反映出来。但是，随着时间的流逝，在数据库中处理诸如图像数据、时空数据和多媒体数据等复杂数据类型的需求在不断增长，数据库也产生了一些新的应用领域。

5.3.1　多媒体数据库

多媒体数据库是数据库技术与多媒体技术结合的产物。多媒体数据与传统数据库数据不同，具有以下特点。

① 数据量巨大且媒体之间量的差异十分明显，而使得数据在库中的组织方法和存储方法复杂。

② 媒体种类的繁多使得数据处理变得非常复杂。在具体实现时，常常根据系统定义、标准转换而演变成几十种媒体形式。

③ 多媒体不仅改变了数据库的接口，使其声、图、文并茂，而且改变了数据库的操纵形式，其中最重要的是查询机制和查询方法。媒体的复合、分散、时序性质及其形象化的特点，使得查询不再只是通过字符查询，查询的结果也不仅是一张表，而是多媒体的一组“表现”。接口的多媒体化将对查询提出更复杂、更友好的设计要求。

多媒体技术的发展改变了计算机的使用领域，使计算机由办公室、实验室中的专用品变成了信息社会的普通工具，广泛应用于工业生产管理、学校教育、公共信息咨询、商业广告、军事指挥与训练，甚至家庭生活与娱乐等领域。而多媒体数据库不是对现有的数据进行界面上的包装，而是从多媒体数据本身的特性出发，考虑将其引入数据库之后带来的有关问题。

多媒体中的文本、图形图像、音频视频等是非结构化的数据，具有数据量大、处理复杂等特点。需要压缩/解压缩等编解码手段来存储和展现相关的媒体数据，需要多种媒体间的关联与同步处理，有时要求对结构化和非结构化数据能够统一管理。例如，以结构化数据库来刻画素材的结构化特性，而将图形图像音频视频本身以非结构化形式读取、解析和展现。

多媒体数据库从本质上来说，要解决三个难题。第一是信息媒体的多样化：不仅仅是数值数据和字符数据，要扩大到多媒体数据的存储、组织、使用和管理。第二要解决多媒体数据的集成或表现集成：实现多媒体数据之间的交叉调用和融合，集成粒度越细，多媒体一体化表现才越强，应用的价值也才越大。第三是多媒体数据与人之间的交互性：传统信息交流只能单向、被动地传播信息，而多媒体技术则可以实现人对信息的主动选择和控制。

多媒体数据库包括图像数据库和音乐数据库，典型的例子就是一些视频网站、音乐图像网站所建立和使用的数据库，它们通过聚集大量的音频视频等来为用户提供专业化的服务。

5.3.2 地理数据库

地理数据库（Geographical DataBase，GDB）是应用数据库技术对地理数据进行科学组织和管理的软硬件系统，其以数字地图、全球定位系统、空间物体的位置/形状/大小/分布/拓扑关系等特征描述为基础，是地理信息系统 GIS 的核心部分。基础库的形成以数字信息服务为基本目标，运用各种数据测算手段，对基础地理信息进行编辑存储和科学的分析，为各级部门提供信息基础服务，构建网络数据体系，实现数据资源的共享。

与传统的数据库相比，地理数据库有以下一些特点。地理数据模型是一种采用矢量数据结构和栅格数据结构相结合、以空间位置坐标为基础的模型，将不同比例尺、不同类别的信息分层次标注在数字地图上，可以支持地理数据的直观显示和实时化处理。地理数据库属于空间数据库，能为多种应用目的服务。广义的地理数据库还包括地理数学模型库、知识库（智能数据库）和专家系统。地理数据库属于空间数据库，表示地理实体及其特征的数据具有确定的空间坐标，为地理数据提供标准格式、存储方法和有效的管理，能方便、迅速地进行检索、更新和分析，使所组织的数据达到冗余度最小的要求，为多种应用目的服务。

地理数据包括观测数据、分析测定数据、遥感数据和统计调查数据。按内容分为自然条件和社会经济两类数据。图形数据经过数字化后，在计算机内将各要素数据按一定的数据结构建立地理数据库，包括两种基本数据类型：①描述地理实体属性的数据。如土地利用类型、河流名称、道路宽度和质量等；②描述地理实体空间分布的数据，如实体位置（X、Y 坐标集合）、实体间相邻关系等。这两类数据的管理方式不同。对地理属性数据可采用通用数据库管理系统进行管理，而对地理空间数据则需采用专门的空间数据管理系统进行管理，并在两者之间建立有效的联结。地理数据库是地理信息系统中最主要的数据基础，应用于地理过程、地理环境分析评价与制图。

5.3.3 Web数据库

Web数据库又称Internet数据库，指在互联网中以Web查询接口方式访问的数据库资源，是一种开放的以网页为管理对象的数据库。由静态网页技术的HTML到动态网页技术的CGI、ASP、PHP、JSP等，Web技术经历了一个重要的变革过程。Web数据库就是将数据库技术与Web技术融合在一起，使数据库系统成为Web的重要有机组成部分，从而实现数据库与网络技术的无缝结合。这一结合不仅把Web与数据库的所有优势集合在了一起，而且充分利用了大量已有数据库的信息资源。网页这种超媒体，包括了文本/媒体以及链接两个部分的内容，其重要特性是数据的多维化动态化组织，一个网页可以很方便地链接到另外的网页。

Web数据库有一些与传统数据库不一样的特点，例如，大量异构数据的统一化管理、遍布在互联网上的分散化网页的搜索、结构化和非结构化数据混合网页的信息提取、支持大规模用户并发的数据库检索等。Web数据库由数据库服务器（DataBase Server）、中间件（Middle Ware）、Web服务器（Web Server）、浏览器（Browser）四部分组成。它的工作过程可简单地描述成：用户通过浏览器端的操作界面以交互方式通过Web服务器来访问数据库。用户向数据库提交的信息以及数据库返回给用户的信息都是以网页的形式显示。

5.3.4 其他数据库

1. 工程数据库

一种能存储和管理各种工程设计图档（如零件图、装配图等）和工程设计文档（如设计说明书、工艺制造文件），并能为工程设计和工程制造提供诸如过程仿真、性能仿真等各种服务的数据库。与传统的数据库管理系统相比，工程数据库管理系统有如下特点：支持复杂对象的表示和处理，尤其是图形数据对象（二维三维零件图等）；支持产品全生命周期数据的管理和集成，包括设计阶段、制造阶段、测试阶段和使用阶段的数据；能够与各种计算机辅助设计软件（Computer Aided Design，CAD）、计算机辅助制造软件（Computer Aided Manufacturing，CAM）等进行有效的集成，进而能基于工程数据库完成运行制造等过程仿真和各种性能仿真工作。

2. 文献数据库

其聚集的是各种出版物如科技期刊、会议论文等，可以为广大研究者提供信息检索服务，例如，检索某作者所发表的论文以及该论文的引用情况，检索某一主题的或某关键词的相关文献及其来源等。该类数据库与传统数据库的主要区别之处在于它包括了非结构化数据——文档的管理和检索。

3. 移动数据库

该类数据库是在移动计算机系统上发展起来的，如笔记本计算机、掌上计算机、智能手机等。该数据库最大的特点是通过无线数字通信网络传输的。移动数据库可以随时随地地获取和访问数据，为一些商务应用和紧急情况带来了很大的便利。

5.4 数据仓库和数据挖掘

自从 1991 年数据仓库之父 Bill Inmon 提出了数据仓库概念以来，数据仓库已从早期的探索走向实用阶段，进入了一个快速发展阶段。在此期间，全球经济急速发展，激烈的竞争、企业间频繁的兼并重组，使企业对信息的需求大大加剧，这是数据仓库发展的根本原因。当越来越多的企业开始重视数据资产的价值时，数据仓库也就成为必然的选择。它是一种存储技术，其数据存储量是一般数据库的 100 倍，它包含大量的历史数据、当前的详细数据以及综合数据，能适应于不同用户对不同决策需要提供所需的数据和信息。

数据挖掘是从人工智能机器学习中发展起来的。它研究各种方法和技术，从大量的数据中挖掘出有用的信息和知识。

数据仓库和数据挖掘都是决策支持新技术。但它们有着完全不同的辅助决策方式。数据仓库中存储着大量辅助决策的数据，它为不同的用户随时提供各种辅助决策的随机查询、综合信息或趋势分析信息。数据挖掘是利用一系列算法挖掘数据中隐含的信息和知识，让用户在进行决策中使用。

5.4.1 数据仓库

数据仓库是一个面向主题的（Subject Oriented）、集成的（Integrate）、相对稳定的（NonVolatile）、反映历史变化（Time Variant）的数据集合，用于支持管理决策。我们能够从两个层次予以理解：①数据仓库用于支持决策，面向分析型数据处理，它不同于企业现有的操作型数据库；②数据仓库是对多个异构数据源的有效集成，集成后依照主题进行了重组，包括历史数据，并且存放在数据仓库中的数据一般不再改动。

企业数据仓库的建设是以现有企业业务系统和大量业务数据的积累为基础。数据仓库不是静态的概念，仅仅有把信息及时交给需要这些信息的使用者，供他们作出改善其业务经营的决策，信息才干发挥作用，信息才有意义。而把信息加以整理、归纳和重组，并及时提供给对应的管理决策人员是数据仓库的根本任务。

在一家超市里，有一个有趣的现象：尿布和啤酒赫然摆在一起出售。但是，这个奇怪的举措却使尿布和啤酒的销量双双增加了。这不是一个笑话，而是发生在美国沃尔玛连锁店超市的真实案例，并一直为商家所津津乐道。沃尔玛拥有世界上最大的数据仓库系统，为了能够准确了解顾客在其门店的购买习惯，沃尔玛对其顾客的购物行为进行购物篮分析，想知道顾客经常一起购买的商品有哪些。沃尔玛数据仓库里集中了其各门店的详细原始交易数据。在这些原始交易数据的基础上，沃尔玛利用数据挖掘方法对这些数据进行分析和挖掘。一个意外的发现是：跟尿布一起购买最多的商品竟是啤酒！经过大量实际调查和分析，揭示了一个隐藏在“尿布与啤酒”背后的美国人的一种行为模式：在美国，一些年轻的父亲下班后经常要到超市去买婴儿尿布，而他们中有 30%～40%的人同时也为自己买一些啤酒。产生这一现象的原因是：美国的太太们常叮嘱她们的丈夫下班后为小孩买尿布，而丈夫们在买尿布后又随手带回了他们喜欢的啤酒。按常规思维，尿布与啤酒风马牛不相及，若不是借助数据挖掘技术对大量交易数据进行挖掘分析，沃尔玛是不可能发现数据内在这一有价值的规律的。

数据库应用可广义的划分为事务处理系统和决策支持系统。事务处理系统是用来记录有关事务的信息系统，比如公司的产品销售信息系统，或者大学的课程选修成绩管理系统。事务处理系统现今已得到广泛的应用，组织机构已经积累了由这类系统产生的大量信息。决策支持系统的目标是从事务处理系统存储的细节信息中提取出高层次的信息，并利用这些高层次信息来做出各种决策。决策支持系统帮助经理决定商场该采购什么产品，工厂该生产什么产品等。

例如，公司数据库常常包含大量关于客户和交易的信息。所需的信息存储规模可能高达数百吉字节，对于大型零售连锁店甚至达到太字节级。零售商的交易信息可能包括顾客姓名或者标识（如身份证号）、购买的商品、支付的价钱以及购买的日期。所购商品信息可能包括商品名称、生产商、型号、颜色和大小。顾客信息可能包括信贷历史、年薪、住址、年龄，甚至教育背景等。

这种大型数据库可以作为制定商业决策的信息宝库，如要采购什么商品或者提供多少折扣。例如，一家零售公司可能发现在某地突然盛行购买法兰绒衬衫，于是储备大量这种衬衫。或者，一家汽车销售公司查询数据库后发现，其大多数小型跑车是由年薪超过 50 万元的年轻职业女性购买。于是该公司开始调整其市场定位，以吸引更多这类女性来购买它的小型跑车，并且避免了将宣传费浪费在其他非目标人群上。

为了能在不同的数据源上高效地执行查询，一些公司已经创建了数据仓库（Data Warehouse，DW）。20 世纪 90 年代初出现的数据仓库将多个异构的数据源在单个站点以统一的模式组织和存储，以支持管理决策。数据仓库集成了来自多种数据源和各个时间段的数据，它在多维空间上合并数据，形成部分物化的数据立方体。

5.4.2 数据挖掘

数据挖掘是一种技术，将传统的数据分析方法和处理大量数据的复杂算法相结合，在大型的数据库存储库（数据仓库）中，自动地发现有用信息的过程，通过对大型数据库的探查来发现先前未知的有用模式。简言之，DM 就是从大量的、不完全的、有噪声的、模糊的、随机的实际应用数据中，提取隐含在当中的、人们事先不知道的，但又是潜在实用的信息和知识的过程。

数据挖掘是一门交叉学科，它把人们对数据的应用从低层次的简单查询，提升到从数据中挖掘知识，提供决策支持。在这样的需求牵引下，汇聚了不同领域的研究者，尤其是数据库技术、人工智能技术、数理统计、可视化技术、并行计算等方面的学者和项目技术人员，投身到数据挖掘这一新兴的研究领域，形成新的技术热点。作为一个应用驱动的学科，数据挖掘已经在许多应用中获得巨大成功。如 DM 在以下两个领域的实例。

1. 商务

数据挖掘技术可以用来支持广泛的商务智能应用，如顾客分析、定向营销、工作量管理、商店分布和欺诈检测等。最广泛的应用是那些需要某种预测的应用。例如，当一个人申请信用卡时，信用卡公司要预测这个人是否有好的信用风险。另一类应用是寻找关联（Association），比如会一起购买的书籍。如果某位顾客购买了一本书，在线书店可以建议购买其他相关书籍。如果某人购买了一架照相机，系统可以建议相关附件。又如，发现某种新引进的药与心脏病之间的意外联系，即这种药可能会在某些人群中增大心脏病的患病风险，医药公司会立刻将这种药从市场上撤出。数据库挖掘能帮助回答这样一些重要的商务问题，例如，“谁是最有价值的顾客？”“什么产品可以交叉销售？”“公司明年的收入前景如何？”

2. 医学、科学与工程

医学、科学与工程技术界的研究者正在快速积累大量数据，这些数据对于获得有价值的新发现至关重要。例如，为了更深入地理解地球的气候系统，NASA 已经部署了一系列的地球轨道卫星，不停地收集地表、海洋和大气的全球观测数据。然而，由于这些数据的大规模和时空特性，传统的方法常常不适合分析这些数据。数据挖掘技术可以帮助地球科学家回答如下问题：“干旱和飓风等生态系统扰动的频度和强度与全球变暖之间有何联系？”“海洋表面温度对地表降水量和地表温度有何影响？”“如何准确地预测一个地区生长季节的开始和结束？”

综上所述，数据仓库是一种存储技术，它的数据存储量是一般数据库的100倍，它包含大量的历史数据、当前的详细数据以及综合数据。它能适应于不同用户对不同决策需要提供所需的数据和信息。数据挖掘是从人工智能机器学习中发展起来的。它研究各种方法和技术，从大量的数据中挖掘出有用的信息和知识。

数据仓库和数据挖掘都是决策支持新技术。但它们有着完全不同的辅助决策方式。数据仓库中存储着大量辅助决策的数据，它为不同的用户随时提供各种辅助决策的随机查询、综合信息或趋势分析信息。数据挖掘是利用一系列算法挖掘数据中隐含的信息和知识，让用户在决策中使用。

小　　结

本章主要介绍了数据的概念、数据可视化及数据管理的重要性，数据库管理系统的基本概念、数据模型及其相关应用，并简要介绍了数据库应用的新格局及数据仓库和数据挖掘等相关知识。

习　　题

一、选择题

1. 数据库管理技术经历了人工管理阶段、文件管理阶段和（　　）。

A. 系统管理阶段　　B. 数据库管理阶段

C. 操作系统管理阶段　　D. 网络管理阶段

2. 数据模型包括（　　）、网状模型、关系模型、面向对象模型。

A. 通信模型　　B. 层次模型　　C. 单向模型　　D. 地址模型

3. 在数据库中能够唯一地标识一个元组的属性或属性的组合称为（　　）。

A. 记录　　B. 字段　　C. 域　　D. 关键字

4. 使用二维表来表示实体之间联系的数据模型是（　　）。

A. 实体—联系模型　　B. 层次模型

C. 关系模型　　D. 网状模型

5. 关系中的记录对应二维表中的（　　）。

A. 列　　B. 行　　C. 实体　　D. 结构

6. 更改数据表中的记录可以用哪条语句实现（　　）。

A. Insert　　B. Update　　C. Delete　　D. Create

7. SQL的含义是（　　）。

A. 结构化查询语言　　B. 数据定义语言

C. 数据库查询语言　　D. 数据库操纵与控制语言

8. 数据不包括（　　）。

A. 文字　　B. 图像　　C. 信息　　D. 视频

9. 提供建立、管理、维护和控制数据库功能的一组计算机软件是（　　）。

A. 数据库　　B. 数据库管理系统

C. 数据库系统　　D. 操作系统

10.（　　）又称数据库中的知识发现（Knowledge Discovery from Database，KDD），是从存放在数据库、数据仓库或其他信息库中的大量数据中发现有用知识的过程。

A. 数据库　　B. 数据挖掘　　C. 数据发现　　D. 数据分析

二、问答题

1. 数据管理技术经历了哪几个阶段？

2. 什么是数据模型？现实社会中什么样的应用需要高性能计算？

3. 请列举现实生活中数据挖掘的相关应用实例。

第 6 章 算法与程序设计初步

算法（Algorithm）是计算机科学的重要组成，一旦确定了求解问题的算法，就可以用程序设计语言来编写程序。算法是计算的核心，即将问题分解为计算机可以进行处理的步骤，也是程序设计的重要内容。

6.1 算法基础

6.1.1 算法的概念

用计算机解决问题时，必须先确定解决问题的步骤和方法，然后根据确定的步骤编写程序，最后由计算机来执行程序。这里，解决问题的方法和步骤就是算法，而解决问题的过程就是算法实现的过程。

算法具有五个基本特征：

① 输入（Input）：一个算法有零个或多个输入（即算法可以没有输入），这些输入通常取自某个特定的对象集合。

② 输出（Output）：一个算法有一个或多个输出（即算法必须要有输出），通常输出与输入之间有着某种特定的关系。

③ 可行性（Effectiveness）：也称有效性，即算法中的每一步操作都应该是有效的、可行的。

④ 确定性（Definiteness）：算法中的每一条指令必须有确切的含义，不存在二义性。

⑤ 有穷性（Finiteness）：一个算法必须总是（对任何合法的输入）在执行有限步之后结束，且每一步都在有限的时间内完成。

算法的执行与数据的输入/输出密切相关，不同的输入将会产生不同的输出结果。如果输入不够或输入错误时，算法本身也就无法执行或会导致执行有错误。因此，当算法拥有足够的输入数据时，此算法才是有效的；当输入的数据不够时，算法可能会是无效的。

6.1.2 算法的表示

通过对问题的分析，我们可以提出问题的求解方法，但如果要与他人分享算法就必须要正确、有效地描述算法。表示算法的方法很多，如自然语言法、传统流程图法、N-S 流程图法、伪代码法等。

1. 自然语言法

自然语言法就是用我们日常中用到的、大家都能理解的语言来表示，这个语言可以是英文，也可以是中文，没有标准格式的要求，只要写出来的算法能看懂就行。但这种表示方法可能比较啰唆，而且可能会存在二义性问题，因此并不常用。

2. 传统流程图法

传统流程图法就是使用几何图形、流程线、文字说明来描述一个算法，它的好处是直观、易懂，便于初学者掌握。表 6-1 是传统流程图中用到的基本图形及具体含义说明。

表 6-1 传统流程图基本图形及其含义

图形	名称	说明
▭	处理框	表示算法中的各种处理操作，又称矩形框
◇	判断框	表示算法中的条件判断操作
▱	输入/输出框	表示算法的输入或输出操作
⬭	起始结束框	表示算法的开始或结束
○	连接点	用于将不同的流程线连接起来
▥	功能调用框	表示调用一个处理过程
→	流程线	表示算法中流程的执行方向
……[	注释框	用于书写注释或说明信息

然而，由于在使用传统流程图描述算法时，可以根据需要不受限制地使用流程线，使得设计出来的算法结构性不好，导致相应编制出来的程序结构性也不好，而且会导致阅读和编程的困难，也不利于后期的使用和维护。

3. N-S 流程图

N-S 图是用于取代传统流程图的一种描述方式。因为在传统流程图的使用过程中，人们发现流程线不一定是必需的，随着结构化程序设计方法的出现，1973 年美国学者 I. Nassi 和 B. Shneiderman 提出了一种新的流程图形式，这种流程图完全去掉了流程线，算法的每一步都用一个矩形框来描述，把一个个矩形框按执行的次序连接起来就是一个完整的算法描述。这种流程图用两位学者名字的第一个字母来命名，称为 N-S 流程图。

在 N-S 流程图中，每个处理步骤用一个盒子表示的，所谓处理步骤可以是语句或语句序列。需要时，盒子中还可以嵌套另一个盒子，嵌套深度一般没有限制。由于只能从上边进入盒子然后从下边走出，除此之外没有其他的入口和出口，所以，N-S 图限制了随意的控制转移，保证了程序的良好结构。

N-S 流程图形象直观，具有良好的可读性。例如，循环的范围、条件语句的范围都是一目了然的，所以容易理解设计意图，而且 N-S 图简单、易学易用，但手工修改比较麻烦。

4. 伪代码法

伪代码（Pseudocode）是一种算法描述语言，它用介于自然语言和计算机语言之间

的文字和符号（包括数学符号）来描述算法。用伪代码描述的算法结构清晰、表达简单、可读性好，而且相比程序语言来说它更类似于自然语言。

【例 6-1】问题描述：从键盘输入三个数，打印输出其中最大的数。

下面分别用四种算法表示方法来描述解决这个问题的算法。

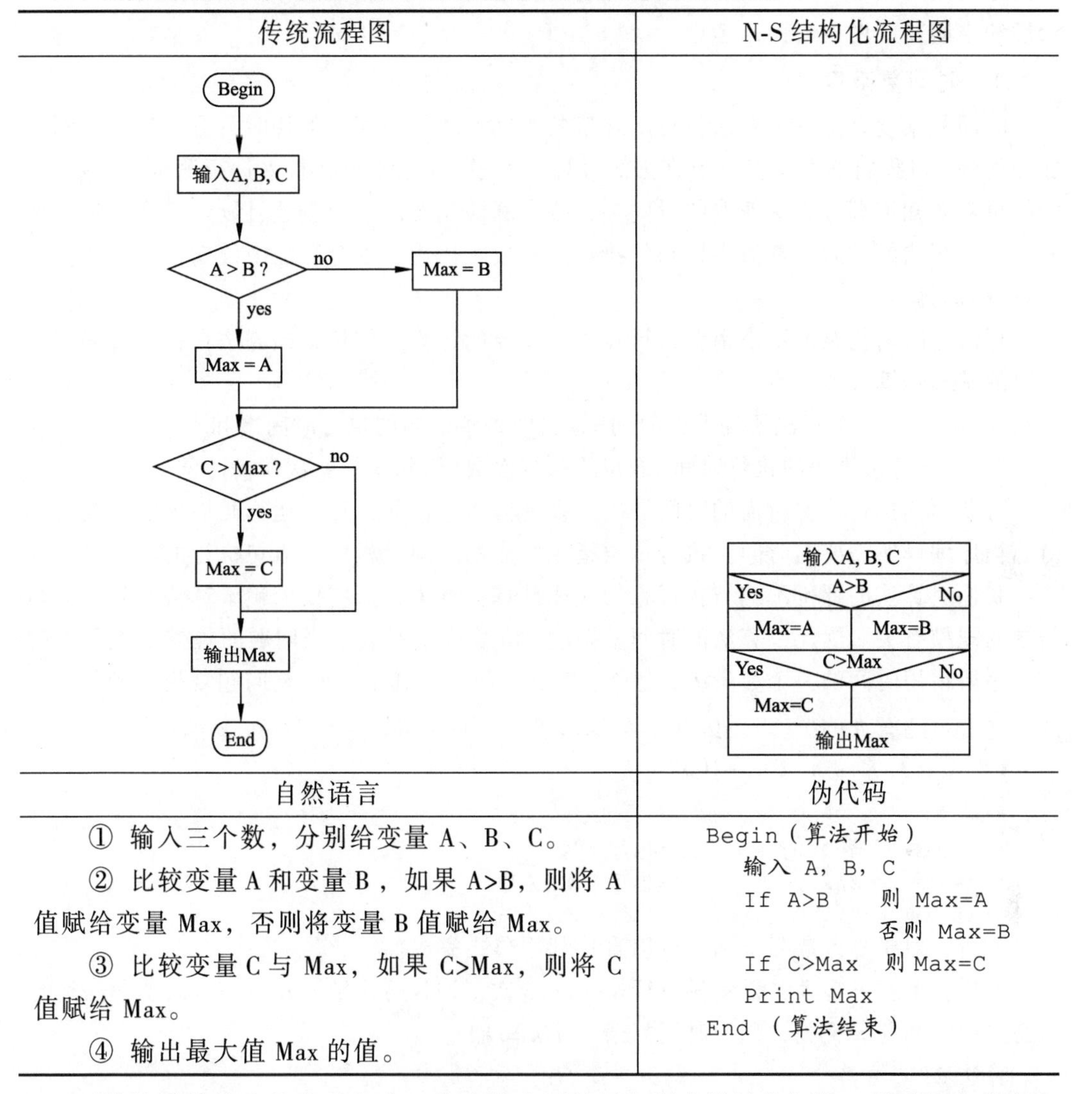

自然语言	伪代码
① 输入三个数，分别给变量 A、B、C。 ② 比较变量 A 和变量 B，如果 A>B，则将 A 值赋给变量 Max，否则将变量 B 值赋给 Max。 ③ 比较变量 C 与 Max，如果 C>Max，则将 C 值赋给 Max。 ④ 输出最大值 Max 的值。	Begin（算法开始） 输入 A，B，C If A>B 则 Max=A 否则 Max=B If C>Max 则 Max=C Print Max End （算法结束）

不管是哪种算法的表示方法，描述算法只是用在程序设计的初期，帮助写出程序流程。简单的程序一般都不用写流程、写思路，但是复杂的代码，最好还是把流程写下来，总体上考虑整个功能如何实现。写出的流程不仅可以用来作为以后测试、维护的基础，还可用来与他人交流。

6.1.3 算法的评价

同一问题可能有多种不同的解法，也就对应多种不同的算法，而一个算法的质量优劣将影响到算法乃至程序的效率。因此，我们当然想用一种最优的算法来进行具体实现。那么，如何评价算法的优劣呢？

算法复杂度的高低体现在运行该算法所需要的计算机资源的多少上。所需要的资源越多，算法的复杂度就越高；反之，所需资源越少，该算法的复杂度就越低。计算机最重要的资源是 CPU 和内存，CPU 的利用体现在占用时间的多少，而内存的利用体现在占用内存空间的大小。因此，在算法正确的前提下，对一个算法的评价我们主要从时间复杂度和空间复杂度两方面来考虑。

1. 时间复杂度

时间复杂度是指一个算法执行所耗费的时间。执行程序时的耗时只有上机运行测试才能得到，但我们不可能将每个算法都编写成程序，然后上机运行来进行测试。事实上，我们只需要知道哪个算法花费的时间多，哪个算法花费的时间少就可以了。在算法实现时，一个算法的耗时与算法中语句的执行次数成正比例，哪个算法中语句执行次数多，它花费时间就多。

算法的时间复杂度用来衡量执行算法所需要的计算工作量，即算法在执行过程中所需要的基本运算次数：

一个算法所耗费的时间=算法中每条语句的执行时间之和

每条语句的执行时间=语句的执行次数×语句执行一次所需时间

每条语句执行一次所需的时间取决于多种因素。比如：程序运行时输入的数据量、对源程序编译所需要的时间、执行每条指令所需的时间及程序中语句执行的次数等。

我们对算法的评价不应与执行它的人或计算机有关，而应仅依赖于算法本身，即与问题的规模有关。因此，算法的时间复杂度 $T(n)$实际上是表示当问题的规模 n 充分大时该程序所占用时间的一个数量级，记作：$T(n)=O(f(n))$，其中，$f(n)$是问题规模的函数，一般情况下，随着 n 的增大，$T(n)$增长最慢的算法为最优算法。

【例 6-2】求 s=1+2+…+100。

算法 1：

```
int sum=0,n=100;        /*执行 1 次*/
sum=(1+n)*n/2;          /*执行 1 次*/
printf("%d",sum);       /*执行 1 次*/
```

分析：对于等差数列求和，可以直接利用公式完成。

这样，不管 n 多大，语句只执行 1+1+1=3 次，即执行次数 $f(n)=3$，这表明程序运行所需要的时间与 n 无关，称为时间复杂度 $T(n)=O(1)$。

算法 2：

```
int i,sum=0,n=100;      /*执行 1 次*/
for(i=1;i<=n;i++)       /*执行 n+1 次 */
{
    sum=sum+i;          /*执行 n 次*/
}
printf("%d",sum);       /*执行 1 次*/
```

分析：利用计算机最擅长的重复操作来实现，循环语句会执行 n 次。

这样，语句执行了 $1+(n+1)+n+1=2n+3$ 次，即执行次数 $f(n)=2n+3$，表明程序运行所需要的时间与 n 成正比，因此时间复杂度 $T(n)=O(n)$。

如果算法的时间复杂度与 n^2 有关，则时间复杂度 $T(n)=O(n^2)$。依此类推，还有 $O(n^3)$、

$O(2^n)$、$O(n!)$、$O(n^n)$、$O(\log_2 n)$、$O(n\log_2 n)$)等。

显然，对于处理同样问题的算法来说，时间复杂度按数量级递增排列依次为：常数阶 $O(1)$、线性阶 $O(n)$、平方阶 $O(n^2)$……k 次方阶 $O(n^k)$、指数阶 $O(2^n)$。

2. 空间复杂度

空间复杂度是指算法在计算机内执行时所需存储空间的大小。而算法执行期间所需要的存储空间一般包括三部分：①算法程序所占的空间；②输入的初始数据所占的存储空间；③算法执行过程中所需要的额外空间。

一个程序在计算机上运行所占用的空间同样也是 n 的一个函数，称为算法的空间复杂度，记为 $S(n)$。

算法的空间复杂度一般也是以数量级的形式给出。当一个算法的空间复杂度不随问题规模 n 的大小而改变时，则表示空间复杂度 $S(n)=O(1)$；当一个算法的空间复杂度与 n 呈线性关系时，则表示空间复杂度 $S(n)=O(n)$；当一个算法的空间复杂度与 n^2 成正比时，则表示空间复杂度 $S(n)= O(n^2)$。

根据时间复杂度和空间复杂度的定义可知，两者并不相关。在实际应用中常常会对算法进行分析，即指对一个算法的运行时间和占用空间做定量的分析，其目的是降低算法的时间复杂度和空间复杂度，提高算法的执行效率，但是，在许多情况下各种因素是互相制约的，比如，如果要求算法的可读性好，则其效率就不一定理想；如果要求执行时间短，则所需的存储量就可能比较大，这种场合是以空间为代价来换取时间；如果要求使用的存储量较小，则执行时间就可能较大，这种场合是以时间为代价来换取空间的。

6.2 程序设计基础

程序设计是指设计、编制、调试程序的方法和过程。常用的程序设计方法有结构化程序设计方法和面向对象方法。

6.2.1 计算机程序的组成

著名科学家沃思提出过一个经典公式：

程序=数据结构+算法

我们知道，计算机程序描述了计算机处理数据、解决问题的过程。因此，一个程序中就应该包括以下两个方面的内容。

① 对数据的描述，指定程序要处理的数据类型和数据的组织形式，也就是常说的数据结构。

② 对操作的描述，是指对数据的操作步骤说明。

实际上，一个程序除了以上两个要素外，还应当采用程序设计方法进行设计，并用一种程序语言来实现。

6.2.2 程序设计方法

1. 结构化程序设计方法

结构化程序设计的总体思想是采用模块化结构，自顶向下，逐步求精。首先把一个复杂的大问题分解为若干相对独立的小问题。如果小问题仍比较复杂，则可以把这些小问题继续分解成若干子问题，这样不断地分解，使得小问题或子问题容易用计算机来解决。这种把功能模块分离的程序设计方法，就称为结构化程序设计。

结构化程序有顺序、选择、循环三种基本结构。

（1）顺序结构

顺序结构是一种最简单、最基本和最常用的程序设计结构，表示程序中的各操作是按照它们出现的先后顺序执行的。

这种结构的特点是：程序从入口点开始，按顺序执行所有操作，直到出口点处，所以称为顺序结构。如表 6-2 所示，两个处理操作按照出现的先后顺序，先执行 A 操作，然后执行 B 操作。事实上，不论程序中包含了什么样的结构，而程序的总流程都是顺序结构的。

（2）选择结构

选择结构又称分支结构，表示程序的处理步骤出现了分支，它需要根据某一特定的条件选择其中的一个分支执行。选择结构有单分支选择、双分支选择和多分支选择三种形式。

表 6-2 中的结构是典型的双分支选择结构形式，它就像是有两个去向的路口，你必须选择走其中一条，究竟走哪条由“条件”决定。从图中也可以清楚地看出，在这两个分支中只能选择一条且必须选择一条执行，但不论选择了哪一条分支执行，最后流程都一定到达结构的出口点处。

（3）循环结构

循环结构表示程序反复执行某个或某些操作，直到某个条件为假（或为真）时才可终止循环。在循环结构中最主要的是：什么情况下执行循环？哪些操作需要循环执行？

循环结构的基本形式有两种：当型循环和直到型循环，表 6-2 中矩形框 A 表示要执行的循环体，即需要循环执行的部分，而什么情况下执行循环体 A 则要根据条件判断之后才能决定。

① 当型循环结构：先判断条件，当条件满足时执行循环，循环一直执行到条件为假时为止，所以称为当型循环。

② 直到型循环结构：先执行循环，后判断条件，循环一直执行直到条件为假（或为真）时为止，所以称为直到型循环。

结构化程序设计过程中，我们常常用流程图来表示算法的过程，不同的控制结构用不同的图形来表示。表 6-2 是传统流程图与 N-S 结构化流程图形的对比。

表 6-2　传统流程图与 N-S 结构化流程图的对比

结构名称	传统流程图	N-S 流程图
顺序结构	A B	A B
选择结构	Y 条件 N A　B	P Y　N A　B
当型循环	条件 N Y A	P A
直到型循环	A N 条件 Y	A P

结构化程序设计的这种自顶向下、逐步求精的方法就是将问题逐步分解成一个个小问题或子问题，然后编写出功能上相对独立的程序块来，这种程序块被称为模块。每个模块能解决一个问题，最后将所有模块统一组装，这样一个复杂问题的解决就变成了对若干简单问题的求解。从程序设计角度来看，功能模块分割使程序清晰易读，也使最重要的维护工作更容易。

编制程序与建大楼一样，首先考虑大楼的整体结构而暂时忽略一些细节的问题，待把整体框架搭起来后，再逐步解决每个房间的细节问题。在程序设计中就是首先考虑问题的顶层设计，然后再逐步细化，完成底层设计。

使用自顶向下、逐步细化的设计方法符合人们解决复杂问题的一般规律，是人们习惯接受的方法，可以显著地提高程序设计的效率。在这种自顶向下、分而治之的方法的指导下，实现了先全局后局部、先整体后细节、先抽象后具体的逐步细化过程。这样编写的程序具有结构清晰的特点，提高程序的可读性和可维护性。

2．面向对象的程序设计方法

随着程序设计复杂性的增加，结构化程序设计方法已经不能满足需求了，这主要体现在以下两个方面。

① 难以适应大型软件的开发设计。通过前面的分析，我们知道计算机程序有两个基本要素：一是要操作的数据，另一个是对数据的处理操作。在结构化的程序设计方法中，数据和对数据的操作是分离的，两者之间并没有约束关系。这种方式在大型系统开发时容易出错，且维护困难。

② 程序的可重用性差。因为数据和对数据的操作是分离的，当数据类型发生变化或对数据的处理方式发生改变时都会导致程序需要重新设计，原来的代码不能重复使用了。

因此，一种全新的程序设计方法出现了，即面向对象的程序设计（Object Oriented Programming, OOP）。面向对象的程序设计方法是20世纪80年代初提出的，问题分解不再采用自顶向下、逐步求精的结构化方法，而是将问题分解为对象。对象既具有自己的数据（称为属性），又有作用于数据上的操作（称为方法）。再将对象的属性和方法封装成一个整体，称为类。

在使用面向对象的程序设计方法时，需要事先创建好所需的类，程序设计过程就如同搭积木一样，通过已有的类来新建对象，通过操作对象来实现各项功能。

比如我们熟悉的Windows，在Windows的界面设计和软件开发环境中，可以说处处贯穿着面向对象的思想。在Windows中，程序的基本单位不是过程和函数，而是窗口。一个窗口是一组数据的集合和处理这些数据的方法和窗口函数。从面向对象的角度来看，窗口本身就是一个对象，Windows程序的执行过程就是窗口和其他对象的创建、处理和消亡过程，Windows中的消息的发送可以理解为一个窗口对象向别的窗口对象请求对象的服务过程。

因此，用面向对象方法来进行Windows程序的设计与开发是极其方便的和自然的，用Windows进行操作也是方便和自然的。同时，采用面向对象的方法来进行Windows程序设计还可以简化对资源的管理。比如，当将资源映射成一个C++对象时，对资源的使用可以翻译成以下C++的执行顺序：①创建一个对象，如定义一个画笔对象；②使用对象，如用画笔绘图；③撤销该对象。

值得注意的是，采用面向对象的程序设计方法并不是要抛弃结构化程序设计方法，而是站在一个更高、更抽象的层面去解决问题。如果说面向过程的语言仍然反映了计算机的思维方式，那么面向对象的程序设计语言则充分体现了人们看待周围事物所采用的面向对象的观点。当要解决的问题被分解为一些小的问题后，仍然需要用结构化程序设计中的方法和技巧来实现。

因此从本质上说，结构化方法强调的是如何做（How to do），强调代码如何实现，关心的是系统功能；而面向对象方法强调的是做什么（What to do），关心的是要处理的数据，程序设计过程中大量的工作是在创建各种类，设计类中的对象具有什么属性、可以执行什么操作。

面向对象的技术进一步缩小了人脑与计算机思维方式上的差异，并可以使人们在利用计算机解决问题时，不是将主要精力花在如何描述解决问题的过程上（即编程上），而是花在对要解决问题的分析上。

6.2.3 程序设计语言

程序设计语言是人与计算机交流的工具，只有用计算机指令编写的程序才能被计算机直接执行，而用其他任何语言编写的程序必须通过中间的翻译过程，翻译成机器指令后程序才能执行。

程序设计语言有几百种，但常用的不过十多种。按照程序设计语言发展的过程，程序设计语言大致可以分为三类。

1. 机器语言

机器语言是由0或1二进制代码按一定规则组成的、能被机器直接理解和执行的指令集合。机器语言中的每一条语句实际上是一条二进制形式的指令代码，一般指令格式如下：

```
操作码   操作数
```

其中，操作码是指要完成的操作，操作数是要操作的数本身或它在内存中的地址。

例如，计算 A=10+8 的机器语言如下：

```
10110000 00001010:  把10放入累加器A中
00101100 00001000:  8与累加器A的值相加，结果仍放入A中
11110100         :  结束，停机
```

用机器语言写的程序代码不需要翻译，所占空间少，执行速度快。但用机器语言来编写程序工作量太大，而且机器指令难学、难记、难修改。

由于不同的计算机指令系统不同，机器语言随机器而异，因此机器语言写的程序通用性差，所以机器语言是一种面向机器的语言，现在几乎没有人用机器语言直接编写程序。

2. 汇编语言

为了克服机器语言的缺点，汇编语言采用助记符来表示机器指令代码或地址。比如，汇编语言用 ADD 表示加，用 SUB 表示减，用 JMP 表示程序跳转等，上述计算 A=10+8 的汇编程序如下：

```
MOV  A, 10: 把10放入累加器A中
ADD  A, 8 : 8与累加器A相加，结果存入A中
HLT       : 结束，停机
```

可以看出，汇编语言在一定程度上克服了机器语言难读、难修改的缺点，但仍然比较冗长、复杂、容易出错，而且使用汇编语言编程需要有更多的计算机专业知识。但汇编语言的优点也是显而易见的，用汇编语言所能完成的操作不是一般高级语言所能实现的，源程序经汇编生成的可执行文件不仅比较小，而且执行速度很快。目前对实时性要求较高的地方，如过程控制等还会选择使用汇编语言来进行编程。

汇编语言的实质和机器语言是相同的，虽然对机器语言进行了符号化处理，但它仍然是直接对硬件操作，是面向机器的语言，通用性差，不具有可移植性。

3. 高级语言

不管是用机器语言还是汇编语言来编写程序，都要求编程人员对机器的指令系统非常了解。而高级语言是一种接近自然语言和数学公式的程序设计语言，这样程序员就可以不用再与计算机的硬件打交道，能将精力集中在问题的解决上，极大地提高了编程效率。

比如，上述计算 A=10+8，用 Python 语言（3.0 以上版本）实现代码如下：

```
A=10+8          '10 与 8 相加的结果放入 A 中
print(A)        '输出 A
```

一般将用高级语言编写成的程序称为源程序。对于源程序，计算机是不能识别和执行的，必须先将它翻译成计算机能识别和执行的二进制机器指令，然后才能让计算机执行。

计算机将源程序翻译成机器指令时，通常有两种翻译方式：

（1）编译方式

编译程序对源程序进行编译处理，会产生一个与源程序同名的目标程序（*.obj），但目标程序还不能直接执行，因为程序中可能调用一些系统提供的库函数或其他语言编写的程序，所以这些库函数或程序需要通过连接程序将目标程序和相关的程序连接成一个完整的可执行程序（*.exe），如图 6-1 所示。

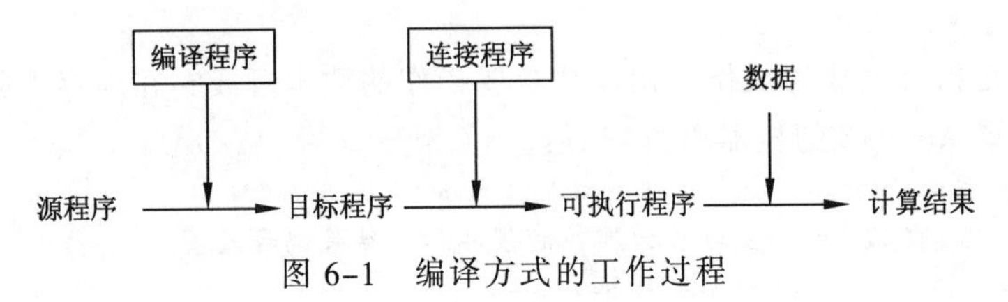

图 6-1　编译方式的工作过程

最后产生的可执行程序可以脱离编译程序和源程序而独立使用，因此执行速度快。但如果对源程序中的代码进行修改，就必须重新对源程序进行编译。大多数的高级语言都采用编译方式。

（2）解释方式

解释方式是对源程序进行逐句分析，翻译一句执行一句，边翻译边执行。若没有错误，将将语句翻译成一个或多个机器语言指令，然后立即执行这些指令。若翻译时发现错误，会立即停止，报错并要求用户修改代码。解释方式不生成目标程序。

采用解释方式时，每次运行程序就必须重新解释，解释一条语句就执行一条语句，故程序执行速度比较慢。

从 1954 年第一个完全脱离机器硬件的高级语言 FORTRAN 问世以来，共有 200 多种高级语言出现，影响较大、使用较普遍的只有几十种，如 FORTRAN、ALGOL、COBOL、BASIC、LISP、SNOBOL、PL/1、Pascal、C、PROLOG、Ada、C++、VC、VB、Delphi、Java 等。这么多种语言，每一种语言的出现都带有某些新特征，而且程序设计语言也还在不断地革新中。

独立评估机构 TIOBE 每年都会发布程序设计语言的排行榜。它反映了程序设计语言流行趋势的一个指标，反映某个程序设计语言的热门程度，但它并不能说明一门程序设计语言的好坏，或者一门语言所编写的代码数量的多少。表 6-3 列举了 TIOBE 发布的 2021 年 1 月的统计数据。

表 6-3　2021 年 1 月编程语言的排行榜

2021 年 1 月	2020 年 1 月	变化	程序设计语言	占比	占比变化
1	2	⬆	C	17.38%	+1.61%

续表

2021年1月	2020年1月	变化	程序设计语言	占比	占比变化
2	1	↓	Java	11.96%	-4.96%
3	3		Python	11.72%	+2.01%
4	4		C++	7.56%	+1.99%
5	5		C#	3.95%	-1.40%
6	6		Visual Basic	3.84%	-1.44%
7	7		JavaScript	2.20%	-0.25%
8	9	↓	PHP	1.99%	-0.41%
9	18	↑↑	R	1.90%	+1.10%
10	23	↑↑	Groovy	1.84%	+1.23%
11	15	↑↑	Assembly Language	1.64%	+0.76%
12	10	↓	SQL	1.61%	+0.10%
13	9	↓↓	Swift	1.43%	-0.36%
14	14		Go	1.41%	+0.51%
15	11	↓↓	Ruby	1.30%	+0.24%
16	20	↑↑	MATLAB	1.15%	+0.41%
17	19	↑	Perl	1.02%	+0.27%
18	13	↓↓	Objective-C	1.00%	+0.07%
19	12	↓↓	Delphi/Object Pascal	0.79%	-0.20%
20	16	↓↓	Classic Visual Basic	0.79%	-0.04%

下面介绍几种最常见的程序设计语言。

(1) C/C++

1972年，美国Bell实验室Ken Thompson和Dennis M. Ritchie设计开发了C语言，并用它完成了UNIX操作系统开发。虽然C语言是高级语言，但它具有与计算机硬件打交道的底层处理能力，而且编译产生的代码短，执行速度快，同时还具有强大的移植性，保持着良好跨平台的特性，可以使用在任意架构的处理器上，只要那种架构的处理器具有对应的C语言编译器和库即可。C语言的表达式简洁，具有丰富的运算符，是一种面向过程的结构化程序设计语言。C语言已不限于系统软件的开发，而成为当前最流行的程序设计语言之一。

C++在C语言的基础上加入了面向对象的概念，是一种面向对象的程序设计语言。由于C++对C语言完全兼容，因此应用极为广泛。

(2) Java

Java是Sun公司于1995年推出的面向对象的程序设计语言，主要用于网络应用开发。Java语言在语法上类似于C++，但简化并去除了C++语言中一些不安全因素，把C程序中的指针也取消了，并提供了诸多安全保障机制，例如异常处理、代码检查等，这使得Java程序更加严谨、可靠。

Java是一种与平台无关的语言，它既有解释性语言的特征，也有编译性语言的特征。

先将 Java 程序进行编译生成字节代码（Byte-Code），然后字节代码通过解释方式在 Java 虚拟机上执行，其执行过程如图 6-2 所示。

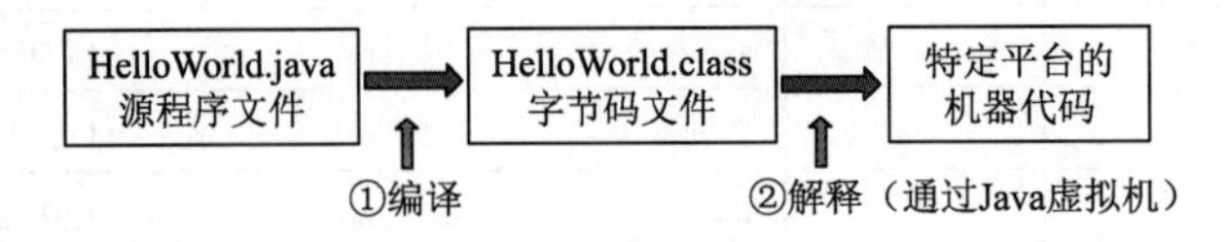

图 6-2　Java 程序的执行过程

一个操作系统平台只要提供 Java 虚拟机，Java 程序就可以在上面运行，具有良好的跨平台优点。其次，Java 采用了可移动代码技术，在网络上不仅可以进行无格式的数据信息交换，而且可以进行程序交换。

（3）Python

自从 20 世纪 90 年代初 Python 语言诞生至今，已经成为最受欢迎的程序设计语言之一。2011 年 1 月，它被 TIOBE 编程语言排行榜评为 2010 年度语言。

Python 是一种面向对象的程序设计语言。语法简洁清晰，特别是有意设计了限制性很强的语法，如强制用空白符作为语句缩进，使得不好的编程习惯（如 if 语句的下一行不向右缩进）都不能通过编译。

同时，Python 有着丰富、强大的扩展库，可以轻易完成各种高级任务，开发者可以用 Python 实现完整应用程序所需的各种功能。它能够把用其他语言制作的各种模块（尤其是 C/C++）很轻松地连接在一起。例如，使用 Python 快速生成程序的原型（有时甚至是程序的最终界面），然后对其中有特别要求的部分，用更合适的语言改写，比如 3D 游戏中的图形渲染模块，性能要求特别高，就可以用 C/C++重写，而后封装为 Python 可以调用的扩展类库。

（4）Visual Basic

Visual Basic 是在 Basic 基础上发展而成的，是面向对象的可视化编程语言。在语法结构上同 C、Pascal 相似，但它可以利用系统提供的可视化工具，方便、快速地设计出复杂的工作窗口，极大地减少了代码的编写，提高了程序设计的自动化程序，而且容易掌握。

6.2.4　数据的类型与本质

在计算机世界中，数据是计算机操作的对象，是能被计算机识别、存储并能被计算机程序所处理的符号集合。计算机中的数据不仅包含整型、实型等常见的数值型数据，还包括字符、字符串、图形、图像、声音、视频等非数值型数据。非数值型数据可以通过一定的编码方式转换成二进制数据。

计算机程序是要对数据进行处理操作，因此对数据的描述就是程序的基本要素。数据的属性不同，能对其进行的运算也会不同。在用任何一门计算机语言编写程序时，都必须首先明确在这门语言中数据类型如何描述、不同类型数值的取值范围、能做的操作等。

下面就来看看数据类型的本质是什么。

1. 数据类型决定数值的范围

任何一个数据只要是输入到计算机中就要在内存中占用存储空间来保存，不同类型的数据所占的存储空间大小是不同的。即便是同一种类型的数据，在不同的编程语言或不同的编译器中所占的存储空间也可能不一样。因此，在编写程序前，必须明确数据在内存中所占的空间大小，即数据在内存中用几位二进制来表示。例如，在 Visual C++中整型（int）占 4 个字节（32 位），字符（char）占 1 个字节（8 位），单精度实型（float）占 4 个字节（32 位），而双精度实型（double）占 8 个字节（64 位）。

根据数据在内存中所占的字节，我们可以确定数值的取值范围。例如，字符型占 1 个字节，则它能表示的数值范围为-128～127，其内存中的二进制与十进制对应如表 6-4 所示。

表 6-4 占 1 个字节的数值取值范围

二进制数	10000000	10000001	…	11111111	00000000	…	01111111
对应的十进制数	-128	-127	…	-1	0	…	127

2. 数据类型决定了数据的存储方式

在计算机中，虽然数据统一采用二进制表示，但不同类型的数据在内存中的存储方式是不一样的。例如，整数采用定点数方式存放，而实型则采用浮点方式存储。虽然在实现时存储方式由编译程序来确定，但在编写程序时程序员必须要了解清楚，以便决定对数据做何种操作。

3. 数据类型决定了数据的操作

通常，各种高级语言可实现的运算包括算术运算、关系运算、逻辑运算等。虽然在不同的程序设计语言中运算符不完全相同，但操作规则基本上相同，不同类型的数据可以实施的运算也不同。“/”“%”是除运算符和求余运算符，在不同的程序设计语言中，对参与运算的操作数、运算的结果会不同的规定或要求。在 C、VB、Python 中除运算、求余运算的差异如表 6-5 所示。

表 6-5 除和求余运算在不同程序设计语言中的差异

程序设计语言	表 达 式	计 算 结 果	说 明
C	1/2	0	两个整数相除，结果是整数
	1.0/2	0.5	实数参与除运算，结果就是实数
	10%3	1	“%”是求余运算符，C 语言规定只能对整数操作
	12.5%3	×	错误，C 规定实数不能做求余运算
VB	1/2	0.5	“/”是除运算符，结果是实数
	1\2	0	“\”是整除运算符，结果是整数
Python	1/2	0	两个整数相除，结果是整数
	1.0/2	0.5	有实数做除运算，结果就是实数
	12.5%3	0.5	实数可以做求余运算
	12.5%3.5	2.0	实数可以做求余运算

6.3 Python程序设计

6.3.1 Python简介

1. Python语言的起源及发展

Python的创始人为Guido van Rossum，1989年的圣诞节，Guido决定在ABC语言的基础上开发一个新型的基于互联网社区的脚本解释程序，这样Python就在键盘敲击声中诞生了。Python的诞生让Guido兴奋不已，但问题来了，这门新语言该用哪个名字来命名？某天，Guido在欣赏他最喜爱的喜剧团体Monty Python演出时，突然灵光一闪，这门新语言有了自己的命名——Python（大蟒蛇的意思）。

Python本身也是由诸多其他语言发展而来的，包括ABC、Modula-3、C、C++、Algol-68、SmallTalk、Unixshell和其他的脚本语言等。

像Perl语言一样，Python源代码同样遵循GPL（GNU General Public License）协议。现在Python是由一个核心开发团队在维护，Guido van Rossum仍然起着至关重要的作用，指导其进展。Python从诞生一直到现在，经历了多个版本。截至目前，官网仍保留的版本主要是基于Python 2.x和Python 3.x系列。

Python 2.7是Python 2.x系列的最后一个版本，已经停止开发，于2020年终止支持。Guido决定清理Python 2.x系列，并将所有最新标准库的更新改进体现在Python 3.x系列中。Python 3.x系列的一个最大改变就是使用UTF-8作为默认编码，从此在Python 3.x系列中就可以直接编写中文程序了。

另外，Python 3.x系列比Python 2.x系列更规范统一，其中去掉了某些不必要的关键字和语句。由于Python 3.x系列支持的库越来越多，开源项目支持Python 3.x的比例已大大提高。鉴于以上理由，本书推荐读者直接学习Python 3.x系列。

在Windows上安装Python和安装普通软件一样简单，下载安装包后，单击“下一步”即可。Python 安装包下载地址为https://www.python.org/downloads/，打开该链接，可以看到有两个版本的Python，分别是Python 3.x和Python 2.x。单击其中的版本号或者Download按钮进入对应版本的下载页面即可下载。

2. Python语言的优点

① 易于学习：Python有相对较少的关键字，结构简单，具有明确定义的语法，学习起来更加简单。

② 易于阅读：Python代码定义清晰。

③ 易于维护：Python的源代码是相当容易维护的。

④ 一个广泛的标准库：Python具有丰富的库，可跨平台使用，在UNIX，Windows和Macintosh兼容很好。

⑤ 互动模式：互动模式的支持，用户可以从终端输入执行代码并获得结果，互动地测试和调试代码片断。

⑥ 可移植可扩展：基于其开放源代码的特性，Python已经被移植到许多平台。如果需要一段运行很快的关键代码，或者是想要编写一些不愿开放的算法，可以使用C或

C++完成那部分程序，然后从 Python 程序中调用。

⑦ 数据库：Python 提供主要的商业数据库的接口。

⑧ GUI 编程：Python 支持 GUI 可以创建和移植到许多系统调用。

⑨ 可嵌入：可以将 Python 嵌入到 C/C++程序，让程序的用户获得“脚本化”的能力。

⑩ 免费、开源：Python 是 FLOSS（自由/开放源码软件）之一。任何人可以自由地发布某软件的副本，阅读它的源代码，对它做改动，把它的一部分用于新的自由软件中。这也是为什么 Python 如此优秀的原因之一——它是由一群希望看到一个更加优秀的 Python 的爱好者创造并经常加以改进的。

3. 重要的 Python 库

（1）SciPy

SciPy 是一款方便、易于使用、专为科学和工程设计的 Python 工具包。它包括统计、优化、整合、线性代数模块、傅里叶变换、信号和图像处理、常微分方程求解器等，可以处理插值、积分、优化、图像处理、常微分方程数值解的求解、信号处理等问题。它还可以用于有效计算 NumPy 矩阵，使 NumPy 和 SciPy 协同工作，高效解决问题。

（2）Pillow

Pillow 是在 PIL（Python Imaging Library）的基础上创建的图像处理标准库。由于 PIL 仅支持到 Python 2.7，加上年久失修，于是一群志愿者在 PIL 的基础上又加入了许多新特性创建了支持最新 Python 3.x 的版本，起名为 Pillow。

（3）cv2

cv2 即 OpenCV2，是一个基于 BSD 许可（开源）发行的跨平台计算机视觉库，实现了图像处理和计算机视觉方面的很多通用算法，可以运行在 Linux、Windows、Android 和 MacOS 操作系统上。它轻量级而且高效——由一系列 C 函数和少量 C++类构成，同时提供了 Python、Java、Ruby、MATLAB 等语言的接口，实现了图像处理和计算机视觉方面的很多通用算法，从而使得图像处理和图像分析变得更加易于上手，让开发人员可以将更多的精力花在算法的设计上。

（4）Matplotlib

Matplotlib 是一款命令式、较底层、可定制性强、图表资源丰富、简单易用、出版质量级别的 Python 2D 绘图库。它能让使用者很轻松地将数据图形化，并且提供多样化的输出格式。

（5）NumPy

NumPy 是高性能科学计算和数据分析的基础包。NumPy 系统是 Python 的一种开源的数值计算扩展。NumPy（Numerical Python）提供了许多高级的数值编程工具，如矩阵数据类型、矢量处理，以及精密的运算库，专为进行严格的数字处理而产生。

（6）Pandas

Pandas 是 Python 的一个数据分析包，最初由 AQR Capital Management 于 2008 年 4 月开发，并于 2009 年底开源，目前由专注于 Python 数据包开发的 PyData 开发团队继续开发和维护，属于 PyData 项目的一部分。Pandas 纳入了大量库和一些标准的数据模型，提供了高效地操作大型数据集所需的工具，能帮助用户轻松解决数据分析任务。Pandas最初被作为金融数据分析工具而开发，因此为时间序列分析提供了很好的支持。Pandas的名称来自于面板数据（Panel Data）和Python数据分析（Data Analysis）。Panel Data是经济学中关于多维数据集的一个术语，在Pandas中也提供了Panel的数据类型。

4. Python的主要应用领域

（1）Web开发

随着Python的Web开发框架逐渐成熟，Web开发可以使用Python快速地开发功能强大的Web应用。目前有四种主流Python网络框架：Django、Tornado、Flask、Twisted，其中Django定义了服务发布、路由映射、模板编程、数据处理的一整套功能，是当前Python世界里最负盛名且最成熟的网络框架。

（2）网络爬虫

爬虫的真正作用是从网络上获取有用的数据或信息，应用爬虫可以节省大量人工时间。能够编写网络爬虫的编程语言有不少，但Python绝对是其中的主流之一。Python自带的urllib库、第三方的requests库和Scrappy框架让开发爬虫变得非常容易。使用Python，简单几行代码就可以编写出爬虫程序。

（3）科学计算与数据分析

自1997年开始，NASA就在大量使用Python在进行各种复杂的科学运算。随着NumPy、SciPy、Matplotlib、Enthought Librarys等众多程序库的开发，Python越来越适合做科学计算、绘制高质量的2D和3D图像。与科学计算领域最流行的商业软件MATLAB相比，Python是一门通用的程序设计语言，比MATLAB所采用的脚本语言的应用范围更广泛。

（4）人工智能

Python在人工智能大范畴领域内的机器学习、神经网络、深度学习等方面都是主流的编程语言，得到广泛的支持和应用。流行的神经网络框架如Facebook的PyTorch和Google的TensorFlow都采用了Python语言。

（5）自动化运维

在很多操作系统里，Python是标准的系统组件。Python标准库包含了多个调用操作系统功能的库。通过pywin32这个第三方软件包，Python能够访问Windows的COM服务及其他Windows API。使用IronPython，Python程序能够直接调用.Net Framework。一般说来，Python编写的系统管理脚本在可读性、性能、代码重用度、扩展性几方面都优于普通的Shell脚本。

（6）云计算

Python的最强大之处在于模块化和灵活性，而目前最知名的构建云计算平台IaaS（基础即服务）服务的OpenStack云计算框架就是采用的Python。

（7）金融分析

金融公司使用的很多分析程序、高频交易软件就是用Python编写的。目前，Python是金融分析、量化交易领域里应用最多的语言。

（8）网络编程

Python提供了丰富的模块支持Sockets编程，能方便快速地开发分布式应用程序。

很多大规模软件开发计划例如 Zope、Mnet、BitTorrent 和 Google 都在广泛地使用它。

（9）游戏开发

很多游戏使用 C++编写图形显示等高性能模块，而使用 Python 或者 Lua 编写游戏的逻辑、服务器。相较于 Python，Lua 的功能更简单、体积更小，然而 Python 则支持更多的特性和数据类型，有更高阶的抽象能力，可以用更少的代码描述游戏业务逻辑。Python 的 PyGame 库也可用于直接开发一些简单游戏。

6.3.2 Python 编程环境

Python 是一种解释型的脚本编程语言，这样的编程语言一般支持两种代码运行方式。

1. 交互式编程

在命令行窗口中直接输入代码，按 Enter 键就可以运行代码，并立即看到输出结果；执行完一行代码，可以继续输入下一行代码，再次按 Enter 键并查看结果。整个过程就像在和计算机对话，所以称为交互式编程。

进入 Python 交互式编程环境的一般有两种方法：

① 在命令行工具或者终端（Terminal）窗口中输入 python 命令，看到>>>提示符就可以开始输入代码了，如图 6-3 所示。

② 打开 Python 自带的 IDLE 工具，默认进入交互式编程环境，如图 6-4 所示。

```
C:\WINDOWS\system32\cmd.exe
C:\WINDOWS\system32>python
Python 3.9.2 (tags/v3.9.2:1a79785, Feb 19 2021, 13:44:55) [MSC v.1928 64 bit (AMD64)] on win32
Type "help", "copyright", "credits" or "license" for more information.
>>> a=100
>>> b=4
>>> a*b
400
>>> print("学好Python并不难")
学好Python并不难
>>> ^Z

C:\WINDOWS\system32>
```

图 6-3 命令行编程环境

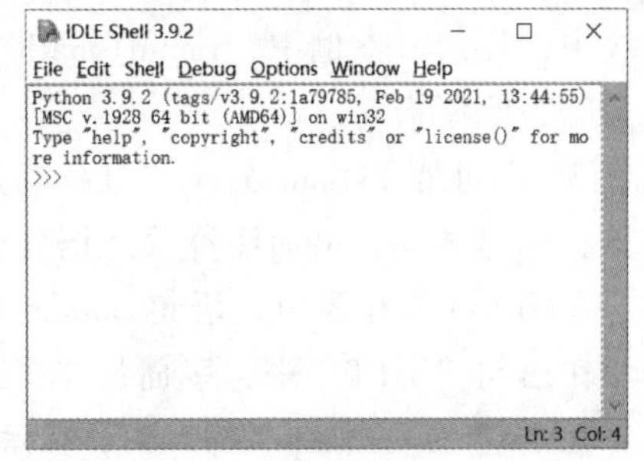

图 6-4 Python 自带的 IDLE

IDLE 支持代码高亮，看起来更加清爽，所以推荐使用 IDLE 编程。实际上，可以在交互式编程环境中输入任何复杂的表达式（包括数学计算、逻辑运算、循环语句、函数调用等），Python 总能帮助得到正确的结果。这也是很多非专业程序员喜欢 Python 的重要原因之一：即使不是程序员，只要输入需执行的运算，Python 就能得出正确的答案。

从这个角度来看，Python 的交互式编程环境相当于一个功能强大的“计算器”。

2. 编写源文件

创建一个源文件，将所有代码放在源文件中，让解释器逐行读取并执行源文件中的代码，直到文件末尾，也就是批量执行代码。这是最常见的编程方式，也是我们要重点学习的。

Python 源文件是一种纯文本文件，内部没有任何特殊格式，可以使用任何文本编辑器打开它，比如：Windows 下的记事本程序，Linux 下的 Vim、gedit 等，Mac OS 下的 TextEdit 工具，跨平台的 Notepad++、EditPlus、UltraEdit 等，以及更加专业和现代化的 VS Code 和 Sublime Text（也支持多种平台）。

不能使用写字板、Word、WPS 等排版工具编写 Python 源文件，因为排版工具一般都有内置的特殊格式或者特殊字符，这些会让代码变得“乱七八糟”，不能被 Python 解释器识别。

Python 源文件的扩展名为.py。

6.3.3 Python 基础语法

【例 6-3】已知圆的半径，求圆的面积。

提示：假设圆的半径为 r，则圆的面积 $s=\pi r^2$。求圆的面积的 Python 源程序如下：

```
import math                      #引入 math 包
r=1.0                            #圆的半径
s=math.pi*r*r                    #计算圆的面积
print(s)                         #输出圆的面积
```

程序运行结果：

```
3.141592653589793
```

Python 程序的构成：Python 程序可以分解为模块、语句、表达式和对象。

① Python 程序由模块组成，模块对应扩展名为.py 的源文件。一个 Python 程序由一个或多个模块构成。Python 源程序由模块*.py 和内置模块 math 组成。

② 模块由语句组成。模块即 Python 源文件。在运行 Python 程序时按顺序依次执行模块中的语句。本例中，import math 为导入模块语句；print(s)为调用函数表达式语句；其余的为赋值语句。

③ 语句是 Python 程序的过程构造块，用于创建对象、变量赋值、调用函数、控制分支、创建循环、增加注释等。语句包含表达式。

在例 6-3 的程序中，语句 import math 用来导入 math 模块，并依次执行其中的语句。

在语句“r=1.0”中，字面量 1.0 创建一个值为 1.0 的 float 型对象，并绑定到变量 r。

在语句“s=math.pi*r*r”中，算术表达式“math.pi*r*r”的运算结果为一个新的 float 型对象，并绑定到变量 s。

“#”引导注释语句。

在语句 print(s)中，调用内置函数 print()，输出对象 s 的值。

Python 语句分为简单语句和复合语句。简单语句包括表达式语句、赋值语句、assert 语句、pass 语句、del 语句、return 语句、yield 语句、raise 语句、break 语句、continue 语句、import 语句、global 语句、nonlocal 语句等。

复合语句包括 if 语句、while 语句、for 语句、try 语句、with 语句、函数定义、类定义等，这些复合类型的语句在编写时，要遵循 Python 的语法风格。

④ 表达式用于创建和处理对象。在例 6-3 的语句“s=math.pi*r*r”中，表达式“math.pi*r*r”的运算结果为一个新的 float 型对象，math.pi 调用模块 math 中的常量 pi。

⑤ 支持两种形式的注释，即单行注释与多行注释。单行注释以“#”开始，到该行末尾结束；多行注释以三个引号作为开始和结束符号，其中三个引号可以是三个单引号''' 或三个双引号""" 。

6.3.4 基本数据类型与运算

任何编程语言都需要处理数据，比如数字、字符串、字符等，用户可以直接使用数据，也可以将数据保存到变量中，方便以后使用。每个变量都拥有独一无二的名字，通过变量的名字就能找到变量中的数据。从底层看，程序中的数据最终都要放到内存（内存条）中，变量其实就是这块内存的名字。和变量相对应的是常量，变量保存的数据可以被多次修改，而常量一旦保存某个数据之后就不能修改了。

每个变量在使用前都必须赋值，变量赋值以后该变量才会被创建。等号“=”用来给变量赋值。变量是标识符的一种，它的命名要遵守 Python 标识符命名规范，还要避免和 Python 内置函数以及 Python 保留字重名。

Python 标识符的命名要遵守一定的规则：

- 标识符是由字符、下画线和数字组成，但第一个字符不能是数字。
- 标识符不能和 Python 中的保留字相同。
- 不能包含空格、@、%、$等特殊字符。
- 标识符中的字母是严格区分大小写的，也就是说，两个同样的单词，如果大小格式不一样，多代表的意义也是完全不同的。
- 以下画线开头的标识符有特殊含义。

在不同场景中标识符的命名，也有一定的规范可循：当标识符用作模块名时，应尽量短小，并且全部使用小写字母，可用下画线分割。当标识符用作包的名称时，应尽量短小，也全部使用小写字母，不推荐使用下画线。当标识符用作类名时，应采用单词首字母大写的形式。模块内部的类名，可以采用“下画线+首字母大写”的形式。函数名、类中的属性名和方法名，应全部使用小写字母，可用下画线分割。常量名应全部使用大写字母，单词之间可用下画线分割。

1. 数据类型

不同类型数据占据的空间大小不同，为更充分地利用内存空间，可为不同的数据指定不同的数据类型。Python 的数据类型如图 6-5 所示。

Python 的数据类型包括数值类型（int、float、complex、bool）、字符串类型、列表类型、元组类型、字典类型和集合类型。

在 Python 中，变量赋值不需要声明类型，可以直接赋值，对一个不存在的变量赋值就相当于定义了一个新变量。变量的数据类型也可以随时改变，同一个变量可以一会儿被赋值为整数，一会儿被赋值为字符串。

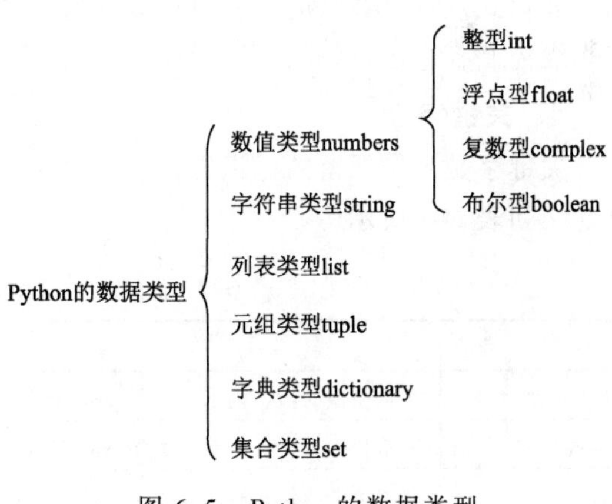

图 6-5 Python 的数据类型

用户可以使用 type() 内置函数类检测某个变量或者表达式的类型。

2．运算符

Python包括算术运算符、比较（关系）运算符、赋值运算符、逻辑运算符、位运算符、成员运算符和身份运算符等。Python运算符优先级如表6-6所示。

表6-6　Python运算符优先级

运　算　符	描　　述
**	指数（最高优先级）
~、+、-	按位翻转，一元加号和减号
*、/、%、//	乘、除、取模和取整除
+、-	加法减法
>>、<<	右移、左移运算符
&	位 'AND'
^、|	位运算符
<=、<、>、>=	比较运算符
==、!=	等于运算符
=、%=、/=、//=、-=、+=、*=、**=	赋值运算符
is、is not	身份运算符
in、not in	成员运算符
not、and、or	逻辑运算符

3．表达式

表达式是将各种类型的数据用运算符连接起来的式子，由操作数和运算符构成。表达式通过运算后产生运算结果，返回结果对象。运算结果对象的类型由操作数和运算符共同决定。

表达式既可以非常简单，也可以非常复杂。当表达式包含多个运算符时，运算符的优先级控制各个运算符的计算顺序。

4．关键字

关键字是预先保留的标识符，每个关键字都有其特殊含义。Python常用的关键字及其含义如表6-7所示。

表6-7　Python常用的关键字及其含义

关　键　字	含　　义
False	布尔类型的值，表示假，与True相对
None	表示什么也没有，数据类型NoneType
True	布尔类型的值，表示真，与False相反
and	用于表达式运算，逻辑与操作
as	用于类型转换
assert	断言，用于判断变量或者条件表达式的值是否为真
break	中断循环语句的执行

续表

关键字	含义
class	用于定义类
continue	跳出本次循环，继续执行下一次循环
def	用于定义函数或方法
del	删除变量或序列的值
elif	条件语句，与 if、else 结合使用
else	条件语句，与 if、else 结合使用，也可用于异常和循环语句
except	包含捕获异常后的操作代码块，与 try、finally 结合使用
finally	用于异常语句，出现异常后，始终要执行 finally 包含的代码块。与 try、except 结合使用
for	for 循环语句
from	用于导入模块，与 import 结合使用
global	定义全局变量
if	条件语句，与 elif、else 结合使用
import	用于导入模块，与 from 结合使用
in	判断变量是否在序列中
is	判断变量是否为某个类的实例
lambda	定义匿名函数
nonlocal	用于标识外部作用域的函数
not	用于表达式运算，逻辑非操作
or	用于表达式运算，逻辑或操作
pass	空的类、方法或函数的占位符
raise	异常抛出操作
return	用于从函数返回计算结果
try	包含可能会出现异常的语句，与 except、finally 结合使用
while	while 循环语句
with	简化 Python 的语句
yield	用于从函数依次返回值

6.3.5 Python 程序基础

1. 顺序结构

程序中的语句按各语句出现位置的先后次序执行,称为顺序结构，如图 6-6 所示。

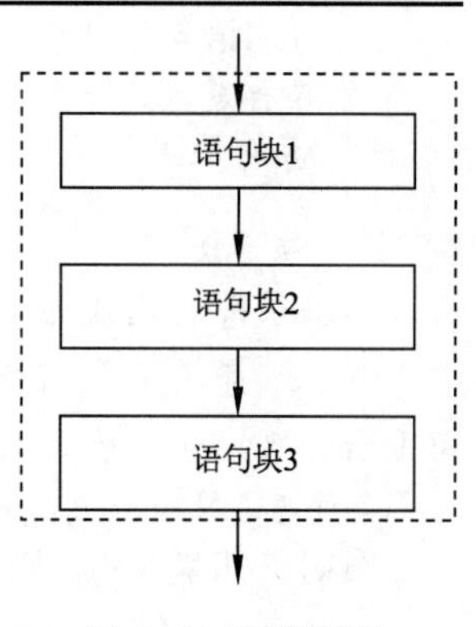

图 6-6 顺序结构

（1）输入函数：input()

input()是 Python 的内置函数，用于从控制台读取用户输入的内容，并以字符串的形式来处理用户输入的内容，所以用户输入的内容可以包含任何字符。其常见格式为：

```
变量名=input("提示语")
```

因函数输入时获得的数据类型是字符串，若要用输入的数据进行计算或者其他数值操作，则需要先进行数据转换。

（2）输出函数：print()

print()函数用于打印输出，是 python 中最常见的一个函数。其基本格式为：

```
print(*objects, sep=' ', end='\n')
```

参数的具体含义：objects --表示输出的对象。输出多个对象时，需要用“,”（逗号）分隔。sep -- 用来间隔多个对象。end -- 用来设置以什么结尾。默认值是换行符“\n”，也可以换成其他字符。

2. 选择结构（条件语句）

条件语句可以给定一个判断条件，并在程序执行过程中判断该条件是否成立。程序根据判断结果执行不同的操作，这样就可以改变代码的执行顺序，从而实现不同的功能。

Python 中的条件语句有 if 语句、if...else 语句和 if...elif 语句。

（1）单分支结构 if 语句

if 语句用于在程序中有条件地执行某些语句，其语法格式如下：

```
if 条件表达式
   语句块                    # 当条件表达式为 True 时，执行语句块
```

如果条件表达式的值为 True，则执行其后的语句块，否则不执行该语句块。其中：

① 条件表达式可以是关系表达式、逻辑表达式、算术表达式等。

② 语句/语句块可以是单个语句，也可以是多个语句。多个语句的缩进必须一致。

条件表达式最后被评价为 bool 值 True（真）或 False（假）。如果表达式的结果为数值类型（0）、空字符串（""）、空元组（()）、空列表（[]）、空字典（{}），其 bool 值为 False（假），否则其 bool 值为 True（真）。例如，123、"abc"、(1,2)的值均为 True。当条件表达式的值为真（True）时，执行 if 后的语句（块），否则不做任何操作，控制将转到 if 语句的结束点。

if 语句流程如图 6-7 所示。

（2）双分支结构 if...else 语句

在使用 if 语句时，它只能做到满足条件时执行其后的语句块。如果需要在不满足条件时执行其他语句块，则可以使用 if...else 语句。

if...else 语句用于根据条件表达式的值决定执行哪块代码，其语法格式如下：

```
if 条件表达式:
    语句块 1              #当条件表达式为 True,则执行其后的语句块 1
else:
    语句块 2              #当条件表达式为 False 时,则执行其后的语句块 2
```

如果条件表达式为 True，则执行其后的语句块 1，否则执行语句块 2。

Python 提供了下列条件表达式来实现等价于其他语言的三元条件运算符（(条件)?语句 1:语句 2）的功能：

```
条件为真时的值 if(条件表达式) else 条件为假时的值
```

例如，如果 x>0，则 y=x，否则 y=0，可以表述为：

```
y=x if(x>0) else 0
```

if...else 语句流程如图 6-8 所示。

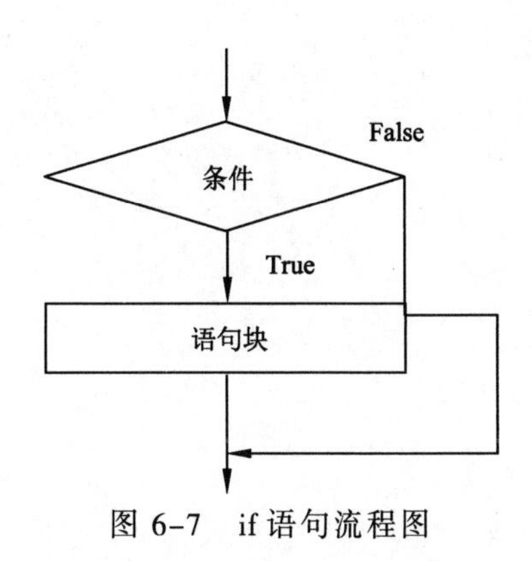

图 6-7　if 语句流程图

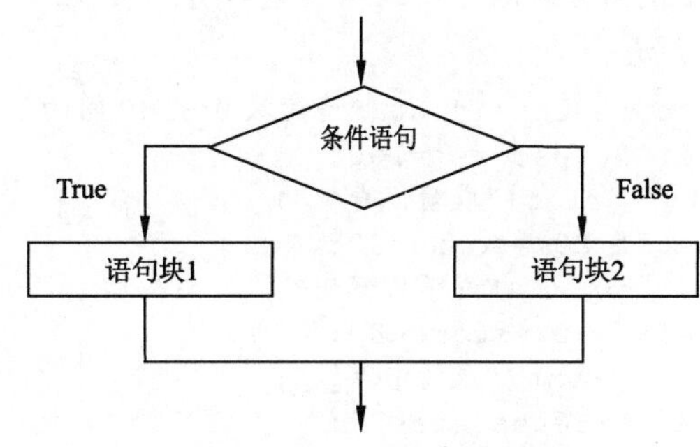

图 6-8　if...else 语句流程图

（3）多分支结构 if...elif 语句

在现实生活中经常需要进行多重判断。例如，考试成绩在 90～100 区间内，称为成绩优秀；在 80～90 区间内，称为成绩良好；在 70～80 区间内，称为成绩中等；在 60～70 区间，称为成绩及格；低于 60 的，称为成绩不及格。

在程序中，多重判断可以通过 if...elif 语句实现，其语法格式如下：

```
if 条件表达式 1:
    语句块 1                    #当条件表达式 1 为 True 时，执行语句块 1
elif 条件表达式 2:
    语句块 2                    #当条件表达式 2 为 True 时，执行语句块 2
...
elif 条件表达式 n-1:
    语句块 n-1                  #当条件表达式 n-1 为 True 时，执行语句块 n-1
[else:
    语句块 n]                   #当所有条件都为 False 时，执行语句块 n
```

该语句的作用是根据不同条件表达式的值确定执行哪个语句（块）。当执行该语句时，程序依次判断条件表达式的值，当出现某个表达式的值为 True 时，则执行其对应的语句块，然后跳出 if...elif 语句继续执行其后的代码。if...elif 语句的执行流程如图 6-9 所示。

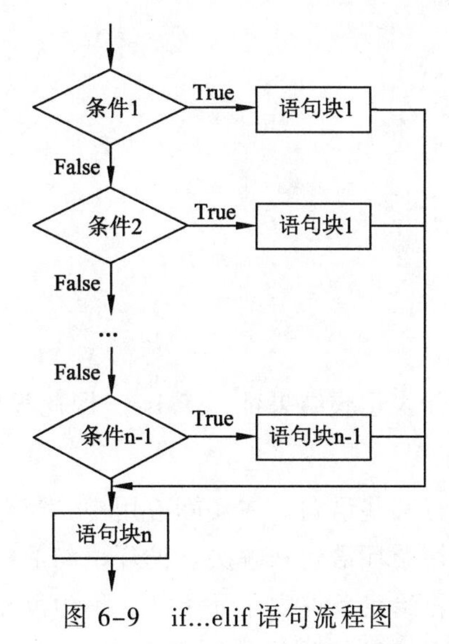

图 6-9　if...elif 语句流程图

【例 6-4】用分支结构实现百分制转换。

方法一：

```
score=int(input("请输入 0～100 间的整数"))
if 90<=score<=100:
    print("成绩优秀！")
elif 80<=score<90:
    print("成绩良好！")
elif 70<=score<80:
    print("成绩中等！")
elif 60<=score<70:
    print("成绩及格！")
elif 0<=score<60:
  print("成绩不及格！")
```

首先判断表达式 90<=score<=100 的结果为 False，然后接着判断表达式 80<=score<90 的结果为 True，则执行其后的语句块。最后，程序跳出 if...elif 语句，执行该语句后面的代码。

此外，if...elif 语句后还可以使用 else 语句，用来表示 if...elif 语句所有条件不满足时执行的语句块，其语法格式如下：

```
if 条件表达式 1:
    语句块 1 #当条件表达式 1 为 True 时，执行语句块 1
elif 条件表达式 1:
    语句块 1 #当条件表达式 2 为 True 时，执行语句块 2
...
else:
    语句块 n  # 当以上条件表达式均为 False 时，执行语句块 n
```

方法二：

```
score=int(input("请输入 0～100 间的整数"))
if 90<=score<=100:
    print("成绩优秀！")
elif 80<=score<90:
    print("成绩良好！")
elif 70<=score<80:
    print("成绩中等！")
elif  60<=score<70:
    print("成绩及格！")
elif  0<=score<60:
  print("成绩堪忧！")
else:
  print("成绩有误！")
```

if...elif 语句中所有的条件表达式结果都为 False，因此程序将执行 else 语句块。

3. 循环结构

循环即让程序重复地执行某些语句。在实际应用中，当碰到需要多次重复地执行一个或多个任务时，可考虑使用循环语句来解决。循环语句的特点是在给定条件成立时，重复执行某个程序段。通常称给定条件为循环条件，称为反复执行的程序段为循环体。Python 使用 for 语句和 while 语句来实现循环结构。

（1）可迭代对象

可迭代对象（iterable）一次返回一个元素，因此适用于循环。Python 包括以下几种可迭代对象：序列（sequence），例如字符串（str）、列表（list）、元组（tuple）等；字典（dict）；文件对象；迭代器对象（iterator）；生成器函数（generator）。

迭代器是一个对象，表示可迭代的数据集合，包括方法__iter__()和__next__()，可以实现迭代功能。生成器是一个函数，使用 yield 语句，每次产生一个值，也可以用于循环迭代。

（2）range 对象

Python 3 中的内置对象 range 是一个迭代器对象，在迭代时产生指定范围的数字序列，其格式如下：

```
range(start,stop[,step])
```

range 返回的数字序列从 start 开始，至 stop 结束（不包含 stop）。如果指定了可选的步长 step，则序列按步长 step 增长。例如：

```
for i in range(1,11): print(i,end=' ')    #输出: 1 2 3 4 5 6 7 8 9 10
for i in range(1,11,3): print(i,end=' ') #输出: 1 4 7 10
```

注意：Python 2 中 range 的类型为函数，是一个生成器；Python 3 中 range 的类型为类，是一个迭代器。

（3）while 语句

在 while 语句中，当条件表达式为 True 时，就重复执行语句块；当条件表达式为 False 时，就结束执行语句块。while 语句的语法格式如下：

```
while 条件表达式:
    循环体          #此处语句块也称循环体
```

while 语句中循环体是否执行，取决于条件表达式是否为 True，当条件表达式为 True 时，循环体就会被执行，循环体执行完毕后继续判断条件表达式，如果条件表达式为 True，则会继续执行，直到条件表达式为 False 时，整个循环过程才会执行结束。

while 语句的执行流程如图 6-10 所示。

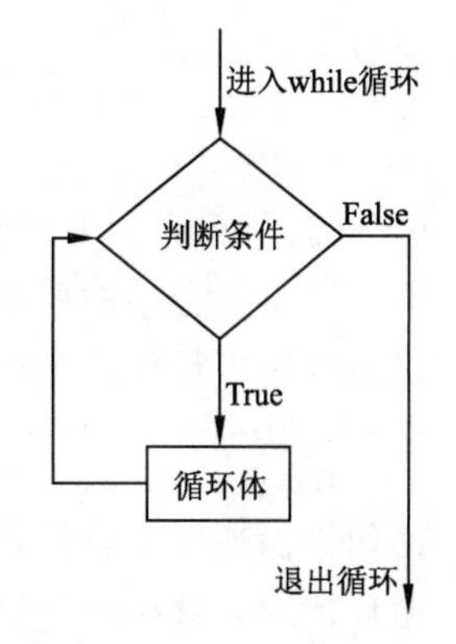

图 6-10　while 语句的执行流程

while 循环语句的执行过程如下：

① 计算条件表达式。

② 如果条件表达式的结果为 True，控制将转到循环语句（块），即进入循环体。当到达循环语句序列的结束点时转①，即控制转到 while 语句的开始，继续循环。

③ 如果条件表达式的结果为 False，退出 while 循环，即控制转到 while 循环语句的后继语句。

条件表达式是每次进入循环之前进行判断的条件，可以为关系表达式或逻辑表达式，其运算结果为 True（真）或 False（假）。在条件表达式中必须包含控制循环的变量。

循环语句序列可以是一条语句，也可以是多条语句。

在循环语句序列中至少应包含改变循环条件的语句，以使循环趋于结束，避免“死循环”。

下面通过例题来学习 while 语句的用法，

【例 6-5】 while 语句的用法：求 S=1+2+⋯+100。

```
i=1                    #定义循环变量 i，并初始化
sumN=0                 #定义累加和变量 sumN，并初始化
while i<101:           #循环变量 i 小于 101 则继续进行累加
    sumN+=i
    i+=1
print("1+2+…+100=",sumN)
```

运行结果：

```
1+2+…+100=5050
```

程序功能是实现 1～100 的累加和。当 i=1 时，i<101，此时执行循环体语句块，执行循环体后，sum 为 1，i 为 2。当 i=2 时，i<101，此时执行循环体语句块，执行完循环体后，sum 为 3，i 为 3。依此类推，直到 i=101 时间，条件式 i < 101 的结果为 False，不满足循环条件，此时程序执行输出语句。

【例 6-6】利用 while 循环求 1～100 中所有奇数的和及所有偶数的和。

```
i=1; sum_odd=0; sum_even=0
while(i<=100):
    if(i%2==0):          #偶数
        sum_even+=i      #偶数和
    else:                #奇数
        sum_odd+=i       #奇数和
    i+=1
print("奇数和=%d，偶数和=%d" % (sum_odd,sum_even))
```

运行结果：

```
奇数和=2500，偶数和=2550
```

（4）for 语句

for 语句用于遍历可迭代对象集合中的元素，并对集合中的每个元素执行一次相关的嵌入语句。当集合中的所有元素完成迭代后，控制传递给 for 之后的下一个语句。for 语句可以循环遍历任何序列中的元素，如列表、元组、字符串等，其语法格式如下：

```
for 变量/元素 in 对象集合/序列:
    循环体/语句块
```

语句中循环体是否执行，取决于条件表达式的值是否为 True，当条件表达式为 True 时，循环体就会被执行，循环体执行完毕后继续判断条件表达式，如果条件表达式仍然为 True，则会继续执行，直到条件表达式为 False 时，整个循环过程才会执行结束。

其中，for、in 为关键字，for 后面是每次从序列中取出的一个元素。例如：

```
for i in (1,2,3):
   print(i,i**2,i**3)
1 1 1
2 4 8
3 9 27
```

【例 6-7】 for 语句的用法。

```
for word in "Python":
    print(word)
```

运行结果：

```
P
y
t
h
o
n
```

for 语句将字符串中的每个字符逐个赋值给 word，然后通过 print()函数输出。

当需要遍历数字序列时，可以使用 range()函数，它会生成一个数列。

【例 6-8】range()函数的用法。

```
sumN=0
for i in range(1,101):
    sumN+=i
print("1+2+…+100=%d" % sumN)
```

运行结果：

```
1+2+…+100=5050
```

通过 range()函数可以生成一个 1～100 组成的数字序列，当使用 for 遍历时，依次从这个数字序列中取值。

【例 6-9】 利用 for 循环求 1～100 中所有奇数的和以及所有偶数的和。

```
sum_odd=0
sum_even=0
for i in range(1,101):
    if i%2!=0:              #奇数
        sum_odd+=i          #奇数和
    else:                   #偶数
        sum_even+=i         #偶数和
print("1～100 中所有奇数的和：",sum_odd)
print("1～100 中所有偶数的和：",sum_even)
```

运行结果：

```
1～100 中所有奇数的和：2500
1～100 中所有偶数的和：2550
```

小　　结

本章主要介绍了算法的概念、特性以及算法的表示；让读者了解程序设计可有多种通用语言且都能用来编写程序，程序是算法的实现。程序设计是一个系统过程，包括理解问题、设计方案、编写代码、测试、编写文档以及运行和维护等步骤，构成一个复杂的系统需要选择合适的语言，并介绍了 Python 程序设计基础。

习　　题

一、选择题

1. 理论上已经证明，有（　　）三种基本控制结构，就可以编写出任何复杂的计算机程序。

A. 转子（程序）、返回、处理

B. 输入、输出、处理

C. 顺序、选择（分支）、循环（重复）

D. 输入/输出、转移、循环

2. 关于计算机语言的描述，正确的是（　　）。

A. 机器语言因为是面向机器的低级语言，所以执行速度慢

B. 机器语言的语句全部由 0 和 1 组成，指令代码短，执行速度快

C. 汇编语言已将机器语言符号化，所以它与机器无关

D. 汇编语言比机器语言执行速度快

3. 计算机可以直接执行的程序是（　　）。

A. 高级语言程序　　B. 汇编语言程序

C. 机器语言程序　　D. 低级语言程序

4. 用 Python 语言编写的程序被称为（　　）。

A. 可执行程序　　B. 源程序　　C. 目标程序　　D. 编译程序

5. 对计算机软件正确的态度是（　　）。

A. 计算机软件不需要维护

B. 计算机软件只要能复制到就不必购买

C. 计算机软件不必备份

D. 受法律保护的计算机软件不能随便复制

二、问答题

1. 一般高级语言有哪几种数据类型？如何理解各种数据类型的表示范围？

2. 指令、指令系统、程序、机器语言、汇编语言这些名词所指的意义是什么？它们之间有什么关系？

3. 什么是变量？变量的实际意义是什么？

第 7 章 ›› 大数据与智能技术

大数据已成为社会各界关注的新焦点，“大数据时代”已然来临。世界各国政府都高度重视大数据技术的研究和产业发展，将大数据上升为国家战略，并重点推进。大数据的影响力和作用力正迅速触及人们社会生活中的每个角落。

7.1 大 数 据

7.1.1 大数据时代

近几年，大数据迅速发展成为科技界和企业界甚至各国政府关注的热点。*Nature* 和 *Science* 等相继出版专刊探讨大数据带来的机遇和挑战。著名管理咨询公司麦肯锡称：“数据已经渗透到当今每一个行业和业务智能领域，成为重要的生产因素。人们对于大数据的挖掘和运用，预示着新一波生产力增长和消费盈余浪潮的到来。”一个国家拥有数据的规模和运用数据的能力将成为综合国力的重要组成部分，对数据的占有和控制将成为国家间和企业间新的争夺焦点。

大数据技术的战略意义不在于掌握庞大的数据信息，而在于对这些含有意义的数据进行专业化处理。换而言之，如果把大数据比作一种产业，那么这种产业实现盈利的关键，在于提高对数据的“加工能力”，通过“加工”实现数据的“增值”。

1. 大数据的定义

对于“大数据”（Big Data），研究机构 Gartner 给出了这样的定义：“大数据”是需要新处理模式才能具有更强的决策力、洞察发现力和流程优化能力来适应海量、高增长率和多样化的信息资产。麦肯锡研究所给出的定义是：一种规模大到在获取、存储、管理、分析方面大大超出了传统数据库软件工具能力范围的数据集合，具有海量的数据规模、快速的数据流转、多样的数据类型和价值密度低四大特征。

从宏观世界的角度来讲，大数据是融合物理世界（Physical World）、信息空间（Cyberspace）和人类社会（Human Society）三元世界的纽带，因为物理世界通过互联网、物联网等技术有了在信息空间中的大数据反映，而人类社会则借助人机界面、脑机界面、移动互连等手段在信息空间中产生自己的大数据映像。

从信息产业角度来讲，大数据还是新一代信息技术产业的强劲推动力。新一代信息技术产业本质上是构建在第三代平台上的信息产业，主要是指大数据、云计算、移动互联网（社交网络）等。

从社会经济角度来讲，大数据是第二经济（Second Economy）的核心内涵和关键支撑。第二经济的概念是由美国经济学家 Auther 在 2011 年提出的。他指出，由处理器、连接器、传感器、执行器以及运行在其上的经济活动形成了人们熟知的物理经济（第一经济）之外的第二经济（不是虚拟经济）。第二经济的本质是为第一经济附着一个“神经层”，使国民经济活动能够变得智能化，这是 100 年前电气化以来最大的变化。Auther 还估算了第二经济的规模，他认为到 2030 年，第二经济的规模将逼近第一经济。而第二经济的主要支撑是大数据，因为大数据是永不枯竭并不断丰富的资源产业。借助于大数据，未来第二经济下的竞争将不再是劳动生产率，而是知识生产率的竞争。

从技术上看，大数据与云计算的关系就像一枚硬币的正反面一样密不可分。大数据必然无法用单台的计算机进行处理，必须采用分布式架构。它的特色在于对海量数据进行分布式数据挖掘。但它必须依托云计算的分布式处理、分布式数据库和云存储、虚拟化技术。大数据需要特殊的技术，以有效地处理大量的容忍经过时间内的数据。适用于大数据的技术，包括大规模并行处理（MPP）数据库、数据挖掘、分布式文件系统、分布式数据库、云计算平台、互联网和可扩展的存储系统。

2．大数据的特征

相较于传统的数据，IBM 提出了大数据 5V 特点。

① Volume：数据量大，包括采集、存储和计算的量都非常大。大数据的起始计量单位至少是 P（1 000个 T）、E（100万个 T）或 Z（10亿个 T）。

② Variety：种类和来源多样化。包括结构化、半结构化和非结构化数据，具体表现为网络日志、音频、视频、图片、地理位置信息等，多类型的数据对数据的处理能力提出了更高的要求。

③ Value：数据价值密度相对较低，或者说是沙里淘金却又弥足珍贵。随着互联网以及物联网的广泛应用，信息感知无处不在，信息海量，但价值密度较低，结合业务逻辑并通过强大的机器算法来挖掘数据价值，是大数据时代最需要解决的问题。

④ Velocity：数据增长速度快，处理速度也快，时效性要求高。比如，搜索引擎要求几分钟前的新闻能够被用户查询到，个性化推荐算法尽可能要求实时完成推荐。这是大数据区别于传统数据挖掘的显著特征。

⑤ Veracity：数据的准确性和可信赖度，即数据的质量。大数据的主要难点并不在于数据量大，因为通过对计算机系统的扩展可以在一定程度上缓解数据量大带来的挑战。其实，大数据真正难以对付的挑战来自于数据类型多样、要求及时响应和数据的不确定性。因为数据类型多样使得一个应用往往既要处理结构化数据，同时还要处理文本、视频、语音等非结构化数据，这对现有数据库系统来说难以应付；而在快速响应方面，许多应用中时间就是利益；在不确定性方面，数据真伪难辨是大数据应用的最大挑战。追求高数据质量是对大数据的一项重要要求，最好的数据清理方法也难以消除某些数据固有的不可预测性。

3．大数据的应用

① 电商领域：电商平台利用大数据技术，对用户信息进行分析，为用户推送用户感兴趣的产品，从而刺激消费。

② 政府领域："智慧城市"已经在多地尝试运营，通过大数据，政府部门得以感知社会的发展变化需求，从而更加科学化、精准化、合理化地为市民提供相应的公共服务以及资源配置。

③ 医疗领域：医疗行业通过临床数据对比、实时统计分析、远程病人数据分析、就诊行为分析等，辅助医生进行临床决策，规范诊疗路径，提高医生的工作效率。

④ 传媒领域：传媒相关企业通过收集各式各样的信息，进行分类筛选、清洗、深度加工，实现对新闻需求的准确定位和把握，并追踪用户的浏览习惯，不断进行信息优化。

⑤ 安防领域：安防行业可实现视频图像模糊查询、快速检索、精准定位，并能够进一步挖掘海量视频监控数据背后的价值信息，反馈内涵知识辅助决策判断。

⑥ 金融领域：在用户画像的基础上，银行可以根据用户的年龄、资产规模、理财偏好等，对用户群进行精准定位，分析出潜在的金融服务需求。

⑦ 电信领域：电信行业拥有庞大的数据，大数据技术可以应用于网络管理、客户关系管理、企业运营管理等，并且使数据对外商业化，实现单独盈利。

⑧ 教育领域：通过大数据进行学习分析，能够为每位学生创设量身定做的个性化课程，为学生的多年学习提供富有挑战性的学习计划。

⑨ 交通领域：大数据技术可以预测未来交通情况，为改善交通状况提供优化方案，有助于交通部门提高对道路交通的把控能力，防止和缓解交通拥堵，提供更加人性化的服务。

7.1.2 NoSQL 技术的崛起

近几年出现的 NoSQL（最常见的解释是 Non-Relational，或 Not SQL，Not only SQL）仅仅是一个概念，泛指非关系型的数据库，区别于关系数据库，它们不保证关系数据的 ACID 特性。NoSQL 是一项全新的数据库革命性运动，其拥护者提倡运用非关系型的数据存储，相对于铺天盖地的关系型数据库运用，这一概念无疑是全新的。

随着互联网 Web 2.0 的兴起，传统的关系数据库在应付 Web 2.0 上，特别是超大规模和高并发的 SNS 类型的 Web 2.0 纯动态网站上已经力不从心，暴露了很多难以克服的问题，而非关系型的数据库则由于其本身的特点得到了非常迅速的发展。NoSQL 就是为了解决大规模数据集和多重数据类型带来的挑战，尤其是大数据应用难题而产生的。

1. 基本特点

NoSQL 不是一种技术，而是一类技术，其主要特点是采用了与关系模型不同的数据模型。NoSQL 并没有一个明确的范围和定义，但普遍存在下面一些共同特征：

① 易扩展。NoSQL 数据库种类繁多，一个共同的特点是去掉了关系数据库的关系型特性。数据之间无关系，这样就非常容易扩展。无形之间，在架构的层面上带来了可扩展的能力。

② 大数据量，高性能。NoSQL 数据库都具有非常高的读写性能，尤其在大数据量下，同样表现优秀。这得益于它的无关系性，数据库的结构简单。一般 MySQL 使用 Query Cache。NoSQL 的 Cache 是记录级的，是一种细粒度的 Cache，所以 NoSQL 在这个层面上

来说性能就要高很多。

③ 灵活的数据模型。NoSQL 无须事先为要存储的数据建立字段，可以随时存储自定义的数据格式。而在关系数据库里，增删字段是一件非常麻烦的事情。

④ 高可用。NoSQL 在不太影响性能的情况，就可以方便地实现高可用的架构。比如 Cassandra、HBase 模型，通过复制模型也能实现高可用。

各类 NoSQL 技术在设计的时候，考虑了一系列新的原则，首要的问题是如何对大数据进行有效处理。对大数据的操作不仅要求读取速度要快，对写入的性能要求也是极高的，这对于写入操作密集（Write Heavy）的应用来讲非常重要。这些新的原则包括：

① 采用横向扩展的方式（Scale Out）应对大数据的挑战，通过大量节点的并行处理获得高性能，包括写入操作的高性能，需要对数据进行分区（Partitioning）并行处理。

② 放松对数据的 ACID 的一致性约束，允许数据暂时出现不一致的情况，接受最终一致性（Eventualconsistency）。

③ 对各个分区数据进行备份（一般是三份），以应对节点失败的状况。

2. 适用场景

NoSQL 数据库适用于以下场景：

① 数据模型比较简单。

② 需要灵活性更强的 IT 系统。

③ 对数据库性能要求较高。

④ 不需要高度的数据一致性。

⑤ 对于给定 key，比较容易映射复杂值的环境。

关系模型是一种严格的数据建模方法。但是，对于类型多样的数据，包括图、高维时空数据等，关系模型显得过于严格，人们希望通过列表、集合、哈希表等概念对数据进行建模。使用关系模型也能对这些对象进行建模，但是某些操作的执行效率却不尽如人意，比如图的遍历等。

7.1.3 大数据分析技术

为了应对大数据带来的困难和挑战，以 Google、Linkedin、Microsoft 等为代表的互联网企业近几年推出了各种不同类型的大数据处理系统。借助新型的处理系统，深度学习、知识计算等大数据分析技术也已得到迅速发展，逐渐被广泛应用于不同的行业和领域。

1. 深度学习

大数据的出现催生了更加复杂的模型（如前文所说的 NoSQL）来更有效地表征数据、解释数据。深度学习就是利用层次化的架构学习出对象在不同层次上的表达，这种层次化的表达可以帮助解决更加复杂抽象的问题。在层次化中，高层的概念通常是通过低层的概念来定义的。

深度学习通常使用人工神经网络，常见的具有多个隐层的多层感知机（MLP）就是典型的深度架构。近几年，深度学习在语音、图像以及自然语言理解等应用领域取得一系列重大进展，很大程度上推动了人工智能的发展。

2. 知识计算

基于大数据的知识计算是大数据分析的基础。知识计算是国内外工业界开发和学术界研究的一个热点。要对数据进行高端分析，就需要从大数据中先抽取出有价值的知识，并把它构建成可支持查询、分析和计算的知识库。支持知识计算的基础是构建知识库，这包括三部分，即知识库的构建、多源知识的融合与知识库的更新。知识库的构建就是要构建几个基本的构成要素，包括抽取概念、实例、属性和关系。

从构建方式上，可以分为手工构建和自动构建。手工构建是依靠专家知识编写一定的规则，从不同的来源收集相关的知识信息，构建知识的体系结构。比较典型的例子是知网。自动构建是基于知识工程、机器学习、人工智能等理论自动从互联网上采集并抽取概念、实例、属性和关系。手工构建知识库，需要构建者对知识的领域有一定的了解，才能编写出合适的规则，开发过程中也需要投入大量的人力物力。相反地，自动构建的方法依靠系统自动学习经过标注的语料来获取规则，如属性抽取规则、关系抽取规则等，在一定程度上可以减少人工构建的工作量。随着大数据时代的到来，面对大规模网页信息中蕴含的知识，自动构建知识库的方法越来越受到人们的重视和青睐。

尽管大数据是社会各界都高度关注的话题，但时下大数据从底层的处理系统到高层的分析手段仍然存在许多问题，包括数据复杂性、计算复杂性和系统复杂性等方面。

3. 大数据应用领域

大数据时代的出现是海量数据同完美计算能力结合的结果，是移动互联网、物联网产生了海量的数据，大数据计算技术完美地解决了海量数据的收集、存储、计算、分析的问题。

（1）医疗大数据

除了较早前就开始利用大数据的互联网公司，医疗行业是让大数据分析最先发扬光大的传统行业之一。医疗行业拥有大量的病例、病理报告、治愈方案、药物报告等。如果这些数据可以被整理和应用，将会极大地帮助医生和病人。我们面对的数目及种类众多的病菌、病毒，以及肿瘤细胞，其都处于不断的进化过程中。在发现诊断疾病时，疾病的确诊和治疗方案的确定是最困难的。

在未来，借助于大数据平台可以收集不同病例和治疗方案，以及病人的基本特征，可以建立针对疾病特点的数据库。如果未来基因技术发展成熟，可以根据病人的基因序列特点进行分类，建立医疗行业的病人分类数据库。在医生诊断病人时可以参考病人的疾病特征、化验报告和检测报告，并参考疾病数据库来快速帮助病人确诊，明确定位疾病。在制定治疗方案时，医生可以依据病人的基因特点，调取相似基因、年龄、人种、身体情况的有效治疗方案，制定出适合病人的治疗方案，帮助更多人及时进行治疗。同时，这些数据也有利于医药行业开发出更加有效的药物和医疗器械。

医疗行业的数据应用一直在进行，但是数据没有打通，都是孤岛数据，没有办法进行大规模应用。未来需要将这些数据统一收集起来，纳入统一的大数据平台，为人类健康造福。政府和医疗行业是推动这一趋势的重要动力。

（2）生物大数据

自人类基因组计划完成以来，以美国为代表，世界主要发达国家纷纷启动了生命科学基础研究计划，如国际千人基因组计划、DNA 百科全书计划、英国十万人基因组计划等。这些计划引领生物数据呈爆炸式增长，目前每年全球产生的生物数据总量已达艾字节级，生命科学领域正在爆发一次数据革命，生命科学某种程度上已经成为大数据科学。

当下，我们所说的生物大数据技术主要是指大数据技术在基因分析上的应用，通过大数据平台人类可以将自身和生物体基因分析的结果进行记录和存储，利用建立基于大数据技术的基因数据库。大数据技术将会加速基因技术的研究，快速帮助科学家进行模型的建立和基因组合模拟计算。基因技术是人类未来战胜疾病的重要武器，借助于大数据技术的应用，人们将会加快自身基因和其他生物的基因的研究进程。未来，利用生物基因技术来改良农作物，利用基因技术来培养人类器官，利用基因技术来消灭害虫都将实现。

（3）金融大数据

大数据在金融行业应用范围较广，典型的案例有花旗银行利用 IBM 沃森计算机为财富管理客户推荐产品；美国银行利用客户点击数据集为客户提供特色服务，如有竞争的信用额度；招商银行利用客户刷卡、存取款、电子银行转账、微信评论等行为数据进行分析，每周给客户发送针对性广告信息，里面有顾客可能感兴趣的产品和优惠信息。

可见，大数据在金融行业的应用可以总结为：精准营销、风险管控、决策支持、效率提升和产品设计五方面。

（4）零售大数据

零售行业大数据应用有两个层面：一个层面是零售行业可以了解客户消费喜好和趋势，进行商品的精准营销，降低营销成本；另一个层面是依据客户购买产品，为客户提供可能购买的其他产品，扩大销售额，也属于精准营销范畴。另外，零售行业可以通过大数据掌握未来消费趋势，有利于热销商品的进货管理和过季商品的处理。零售行业的数据对于产品生产厂家是非常宝贵的，零售商的数据信息将会有助于资源的有效利用，降低产能过剩，厂商依据零售商的信息按实际需求进行生产，减少不必要的生产浪费。

未来考验零售企业的不再只是零供关系的好坏，而是要看挖掘消费者需求，以及高效整合供应链满足其需求的能力，因此信息科技技术水平的高低成为获得竞争优势的关键要素。不论是国际零售巨头，还是本土零售品牌，要想立于不败之地，就必须思考如何拥抱新科技，并为顾客们带来更好的消费体验。

想象一下这样的场景，当顾客在地铁候车时，墙上有某一零售商的巨幅数字屏幕广告，可以自由浏览产品信息，对感兴趣的或需要购买的商品用手机扫描下单，约定在晚些时候送到家中。而在顾客浏览商品并最终选购商品后，商家已经了解顾客的喜好及个人详细信息，按要求配货并送达顾客家中。未来，甚至顾客都不需要有任何购买动作，利用之前购买行为产生的大数据，当你的沐浴露剩下最后一滴时，你中意的沐浴露就已送到你的手上。虽然顾客和商家从未谋面，但已如朋友般熟识。

（5）电商大数据

电商是最早利用大数据进行精准营销的行业。除了精准营销之外，电商还可以依据

客户消费习惯来提前为客户备货，并利用便利店作为货物中转点，在客户下单 15 分钟内将货物送上门，提高客户体验。

电商可以利用其交易数据和现金流数据，为其生态圈内的商户提供基于现金流的小额贷款，电商业也可以将此数据提供给银行，同银行合作为中小企业提供信贷支持。由于电商的数据较为集中，数据量足够大，数据种类较多，因此，未来电商数据应用将会有更多的想象空间，包括预测流行趋势，消费趋势、地域消费特点、客户消费习惯、各种消费行为的相关度、消费热点、影响消费的重要因素等。依托大数据分析，电商的消费报告将有利于品牌公司产品设计，生产企业的库存管理和计划生产，物流企业的资源配置，生产资料提供方产能安排等，有利于精细化社会化大生产，有利于精细化社会的出现。

（6）农牧大数据

大数据在农业应用主要是指依据未来商业需求的预测来进行农牧产品生产，降低菜贱伤农的概率。同时，大数据的分析将会更见精确预测未来的天气气候，帮助农牧民做好自然灾害的预防工作。大数据同时也会帮助农民依据消费者消费习惯决定来增加哪些品种的种植，减少哪些品种农作物的生产，提高单位种植面积的产值，同时有助于快速销售农产品，完成资金回流。牧民可以通过大数据分析来安排放牧范围，有效利用牧场。渔民也可以利用大数据安排休渔期、定位捕鱼范围等。

由于农产品不容易保存，因此合理种植和养殖农产品对十分重要。如果没有规划好，容易产生菜贱伤农的悲剧。过去出现的猪肉过剩、卷心菜过剩、香蕉过剩的原因就是农牧业没有规划好。借助于大数据提供的消费趋势报告和消费习惯报告，政府可以为农牧业生产提供合理引导，建议依据需求进行生产，避免产能过剩，造成不必要的资源和社会财富浪费。农业关乎国计民生，科学的规划将有助于社会整体效率提升。大数据技术可以帮助政府实现农业的精细化管理，实现科学决策。在数据驱动下，结合无人机技术，农民可以采集农产品生长信息和病虫害信息。成本将大大降低，同时精度也将大大提高。

（7）交通大数据

交通作为人类行为的重要组成和重要条件之一，对于大数据的感知也是最急迫的。近年来，我国的智能交通已实现了快速发展，许多技术手段都达到了国际领先水平。但是，问题和困境也非常突出，从各个城市的发展状况来看，智能交通的潜在价值还没有得到有效挖掘：对交通信息的感知和收集有限，对存在于各个管理系统中的海量的数据无法共享运用、有效分析，对交通态势的研判预测乏力，对公众的交通信息服务很难满足需求。这虽然有各地在建设理念、投入上的差异，但是整体上智能交通的现状是效率不高，智能化程度不够，使得很多先进技术设备发挥不了应有的作用，也造成了大量投入上的资金浪费。这其中很重要的问题是小数据时代带来的硬伤：从模拟时代带来的管理思想和技术设备只能进行一定范围的分析，而管理系统的那些关系型数据库只能刻板地分析特定的关系，对于海量数据尤其是半结构、非结构数据无能为力。

尽管现在已经基本实现了数字化，但是数字化和数据化还根本不是一回事，只是局部提高了采集、存储和应用的效率，本质上并没有太大的改变。而大数据时代的到来必然带来破解难题的重大机遇。大数据必然要求我们改变小数据条件下一味的精确计算，而是更好地把握宏观态势；大数据必然要求我们不再热衷因果关系而是相关关系，使得处理海量非结构化数据成为可能，也必然促使我们努力把一切事物数据化，最终实现管理的便捷高效。

目前，交通的大数据应用主要在两个方面。一方面，可以利用大数据传感器数据来了解车辆通行密度，合理进行道路规划包括单行线路规划。另一方面，可以利用大数据来实现即时信号灯调度，提高已有线路运行能力。科学地安排信号灯是一个复杂的系统工程，利用大数据计算平台才能计算出一个较为合理的方案。科学的信号灯安排将会提高 30%左右已有道路的通行能力。在美国，政府依据某一路段的交通事故信息来增设信号灯，降低了 50%以上的交通事故率。机场的航班起降依靠大数据将会提高航班管理的效率，航空公司利用大数据可以提高上座率，降低运行成本。铁路利用大数据可以有效安排客运和货运列车，提高效率、降低成本。

（8）教育大数据

随着技术的发展，信息技术已在教育领域有了越来越广泛的应用。考试、课堂、师生互动、校园设备使用、家校关系等，只要技术达到的地方，各个环节都被数据包裹。

在课堂上，数据不仅可以帮助改善教育教学，在重大教育决策制定和教育改革方面，大数据更有用武之地。可以利用数据来诊断处在辍学危险期的学生、探索教育开支与学生学习成绩提升的关系、探索学生缺课与成绩的关系。例如，教师的高考成绩和所教学生的成绩有关吗？究竟如何，不妨借助数据来看。比如某中小学的数据分析显示，在语文成绩上，教师高考分数和学生成绩呈现显著的正相关。也就是说，教师的高考成绩与他们现在所教语文课上的学生学习成绩有很明显的关系，教师的高考成绩越好，学生的语文成绩也越好。这个关系让我们进一步探讨其背后真正的原因。其实，教师高考成绩高低某种程度上是教师的某个特点在起作用，而正是这个特点对教好学生起着至关重要的作用，教师的高考分数可以作为挑选教师的一个指标。如果有了充分的数据，便可以发掘更多的教师特征和学生成绩之间的关系，从而为挑选教师提供更好的参考。

大数据还可以帮助家长和教师甄别出孩子的学习差距和有效的学习方法。比如，可借助预测评估工具，帮助学生评估他们已有的知识和达标测验所需程度的差距，进而指出学生有待提高的地方。评估工具可以让教师跟踪学生学习情况，从而找到学生的学习特点和方法。有些学生适合按部就班，有些则更适合图式信息和整合信息的非线性学习。这些都可以通过大数据搜集和分析很快识别出来，从而为教育教学提供坚实的依据。

在国内，尤其是北京、上海、广东等城市，大数据在教育领域就已有了非常多的应用，如慕课、在线课程、翻转课堂等，其中就应用了大量的大数据工具。

毫无疑问，在不远的将来，无论是针对教育管理部门，还是校长、教师，以及学生和家长，都可以得到针对不同应用的个性化分析报告。通过大数据的分析来优化教育机制，也可以做出更科学的决策，这将引发潜在的教育革命。不久的将来，个性化学习终端将会更多地融入学习资源云平台，根据每个学生的不同兴趣爱好和特长，推送相关领域的前沿技术、资讯、资源乃至未来职业发展方向等，并贯穿每个人终身学习的全过程。

（9）体育大数据

从《点球成金》这部电影开始，体育界的有识之士们终于找到了向往已久的道路，

那就是如何利用大数据来让团队发挥最佳水平。从足球到篮球，数据似乎成为赢得比赛甚至是奖杯的“金钥匙”。

大数据对于体育的改变可以说是方方面面，从运动员本身来讲，可穿戴设备收集的数据可以让自己更了解身体状况。媒体评论员可以通过大数据提供的数据更好地解说比赛，分析比赛。数据已经通过大数据分析转化成了洞察力，为体育竞技中的胜利增加筹码，也为身处世界各地的体育爱好者随时随地观赏比赛提供了个性化的体验。

尽管鲜有职业网球选手愿意公开承认自己利用大数据来制定比赛策划和战术，但几乎每一个球员都会在比赛前后使用大数据服务。有教练表示：“在球场上，比赛的输赢取决于比赛策略和战术，以及赛场上连续对打期间的快速反应和决策，但这些细节转瞬即逝，所以数据分析成为一场比赛最关键的部分。对于那些拥护并利用大数据进行决策的选手而言，他们毋庸置疑地将赢得足够竞争优势。”

（10）环保大数据

气象对社会的影响涉及方方面面。传统上依赖气象的主要是农业、林业和水运等行业部门，而如今，气象俨然成为社会发展的资源，并支持定制化服务满足各行各业用户需要。借助于大数据技术，天气预报的准确性和实效性会大大提高，预报的及时性也会大大提升，同时对于重大自然灾害，例如龙卷风，通过大数据计算平台，人们将会更加精确地了解其运动轨迹和危害的等级，有利于帮助人们提高应对自然灾害的能力。天气预报准确度的提升和预测周期的延长将会有利于农业生产的安排。

（11）食品安全大数据

随着科学技术和生活水平的不断提高，食品添加剂及食品品种越来越多，传统手段难以满足当前复杂的食品监管需求，从不断出现的食品安全问题来看，食品监管成为食品安全的棘手问题。此刻，通过大数据管理将海量数据聚合在一起，可以将离散的数据需求聚合能形成数据长尾，从而满足传统中难以实现的需求。在数据驱动下，采集人们在互联网上提供的举报信息，可以掌握更加全面的信息，提高执法透明度，降低执法成本。国家可以参考医院提供的就诊信息，分析出涉及食品安全的信息，及时进行监督检查，第一时间进行处理，降低已有不安全食品的危害。参考个体在互联网的搜索信息，掌握流行疾病在某些区域和季节的爆发趋势，及时进行干预，降低其流行危害，还可以帮助人们提高食品安全意识。

当然，有专业人士认为食品安全涉及从田头到餐桌的每一个环节，需要覆盖全过程的动态监测才能保障食品安全。以稻米生产为例，产地、品种、土壤、水质、病虫害发生、农药种类与数量、施肥、收获、储藏、加工、运输、销售等环节，无一不影响稻米安全状况，通过收集、分析各环节的数据，可以预测某产地将收获的稻米是否存在安全隐患。

大数据不仅能带来商业价值，亦能产生社会价值。随着信息技术的发展，食品监管也面临着众多的各种类型的海量数据，如何从中提取有效数据成为关键所在。可见，大数据管理是一项巨大挑战，一方面要及时提取数据以满足食品安全监管需求；另一方面需在数据的潜在价值与个人隐私之间进行平衡。相信大数据管理在食品监管方面的应用，可以为食品安全撑起一把有力的保护伞。

（12）政府调控和财政支出

政府利用大数据技术可以了解各地区的经济发展情况，各产业发展情况，消费支出和产品销售情况，依据数据分析结果，科学地制定宏观政策，平衡各产业发展，避免产能过剩，有效利用自然资源和社会资源，提高社会生产效率。大数据还可以帮助政府进行监控自然资源的管理，无论是国土资源、水资源、矿产资源、能源等，大数据都可以通过各种传感器来提高其管理的精准度。同时，大数据技术也能帮助政府进行支出管理，透明合理的财政支出将有利于提高公信力和监督财政支出。

大数据及大数据技术带给政府的不仅仅是效率提升、科学决策、精细管理，更重要的是数据治国、科学管理的意识改变，未来大数据将会从各个方面来帮助政府实施高效和精细化管理。政府运作效率的提升，决策的科学客观，财政支出合理透明都将大大提升国家整体实力，成为国家竞争优势。

（13）舆情监控大数据

国家正在将大数据技术用于舆情监控，其收集到的数据除了解民众诉求，降低群体事件之外，还可以用于犯罪管理。大量的社会行为正逐步走向互联网。社交媒体和朋友圈正成为追踪人们社会行为的平台。国家可以利用社交媒体分享的图片和交流信息，来收集个体情绪信息，预防个体犯罪行为。

大数据技术的发展带来企业经营决策模式的转变，驱动着行业变革，衍生出新的商机和发展契机。驾驭大数据的能力已被证实为领军企业的核心竞争力，这种能力能够帮助企业打破数据边界，绘制企业运营全景视图，做出最优的商业决策和发展战略。从大数据分析和应用场景中可以看到，大数据无法离开以人为中心所产生的各种用户行为数据，用户业务活动和交易记录，用户社交数据，这些核心数据的相关性，再加上可感知设备的智能数据采集，就构成一个完整的大数据生态环境。

7.2 智能技术

7.2.1 人工智能、专家系统和神经网络

1. 人工智能

人工智能（Artificial Intelligence，AI）是研究、开发用于模拟、延伸和扩展人的智能的理论、方法、技术及应用系统的一门技术科学。人工智能是计算机科学的一个分支，它企图了解智能的实质，并生产出一种新的能以人类智能相似的方式做出反应的智能机器，该领域的研究包括机器人、语言识别、图像识别、自然语言处理和专家系统等，研究成果已经广泛应用于各行各业。

1950年，图灵预言了创造出具有真正智能的机器的可能性。他提出了著名的图灵测试：如果一台机器能够与人类展开对话（通过电传设备）而不能被辨别出其机器身份，那么称这台机器具有智能。这一简化使得图灵能够令人信服地说明“思考的机器”是可能的。图灵试图解决长久以来关于如何定义思考的哲学争论，他提出一个虽然主观但可操作的标准：如果一台计算机表现（Act）、反应（React）和互相作用（Interact）都和有

意识的个体一样，那么它就应该被认为是有意识的。

什么是“智能”？斯洛曼认为：人工智能有三种：第一种是通常所认为的那样，试图让机器做你所做的事情；第二种是使机器接受不同大量的科学训练及日常生活的训练，使机器有可以理解不同种类的事情、语言、制造计划、测试计划、解决问题等的能力；第三种是包括动机、情感、情绪等能力的机器，例如感到孤独、自豪、窘迫等。

目前，人工智能发展迅速，而其中的发展多是第一种和第二种人工智能的发展，统称弱人工智能；第三种人工智能称为强人工智能，目前研究基本停滞不前而且颇有争议。弱人工智能可以简单理解为是没有感情的机器人，受人类支配，为人类所控制，但是强人工智能从某些层面上说是指比人类更具有“智能”且具有无限发展潜力的“大脑”：一个人工智能被允许教导输入人类的成长历程，可以模仿人类的语言、文字甚至思考方法。

如果人工智能有了自己的思想，那么人类与人工智能有何区别？此时人类的伦理道德该何去何从？

2. 专家系统

人工智能的一个重要应用就是专家系统，所谓专家就是那些“在越来越窄的领域懂的越来越多的人”，而专家系统是一类具有专门知识和经验的计算机智能系统。通过对人类专家的问题求解能力的建模，采用人工智能中的知识表示和知识推理技术来模拟通常由专家才能解决的复杂问题，达到具有与专家同等解决问题能力的水平。这种基于知识的系统设计方法是以知识库和推理机为中心而展开的，即专家系统 = 知识库 + 推理机。

专家系统把知识从系统中与其他部分分离开来。专家系统强调的是知识而不是方法。很多问题没有基于算法的解决方案，或算法方案太复杂，采用专家系统，可以利用人类专家拥有丰富的知识，因此专家系统也称基于知识的系统（Knowledge-Based Systems）。一般说来，一个专家系统应该具备以下三个要素：

① 具备某个应用领域的专家级知识。

② 能模拟专家的思维。

③ 能达到专家级的解题水平。

建造一个专家系统的过程可以称为“知识工程”，它是把软件工程的思想应用于设计基于知识的系统。知识工程包括下面几个方面：

① 从专家那里获取系统所用的知识（即知识获取）。

② 选择合适的知识表示形式（即知识表示）。

③ 进行软件设计。

④ 以合适的计算机编程语言实现。

专家系统常常基于模糊的逻辑，所以一个知识库经常使用 if...then(如果…就)这样的规则形式来表现知识。比如，①如果机器不运转并且灯也不亮，那么就检查电池。②如果电池还有电，那么就检查电池连接器。人类所做出的大多数决定都有不确定性，所以许多现代专家系统都是基于模糊逻辑的。模糊逻辑允许使用概率（如有 70%的概率），而不是确定性地描述结论。

专家系统多应用于诊断人的疾病、农作物的病虫害，或者机器的故障，也应用在各种生产过程的专家控制系统中，为人提供了很好的咨询和参考。即使是内置的字处理软件中的语法检查器也可以被看作专家系统，因为它应用了许多语言专家给出的格式和语法规则。

应用专家系统的同时不得不面对的是责任问题。相对而言，商业企业更乐于接受并使用专家系统。例如，在保险公司，一个专家系统每天负责自动处理超过200件的保险索赔，使得办事员有更多的时间去处理那些需要人类判断的复杂情况。同样地，专家系统可以在石油勘探中定位可能开采的位置；为汽车和机器的维修提供帮助；预测天气，为航线控制提供建议；等等。

3. 神经网络

人工神经网络（ANNS）常简称为神经网络（NNS），是以计算机网络系统模拟生物神经网络的智能计算系统，是对人脑或自然神经网络的若干基本特性的抽象和模拟。网络上的每个节点相当于一个神经元，可以记忆（存储）、处理一定的信息，并与其他节点并行工作。人工神经网络是在现代神经科学的基础上提出来的。它虽然反映了人脑功能的基本特征，但远不是自然神经网络的逼真描写，而只是它的某种简化抽象和模拟。

求解一个问题是向人工神网络的某些节点输入信息，各节点处理后向其他节点输出，其他节点接受并处理后再输出，直到整个神经网工作完毕，输出最后结果。如同生物的神经网络，并非所有神经元每次都一样地工作。如视、听、摸、想不同的事件（输入不同），各神经元参与工作的程度不同。当有声音时，处理声音的听觉神经元就要全力工作，视觉、触觉神经元基本不工作，主管思维的神经元部分参与工作；阅读时，听觉神经元基本不工作。在人工神经网络中以加权值控制节点参与工作的程度。正权值相当于神经元突触受到刺激而兴奋，负权值相当于受到抑制而使神经元麻痹直到完全不工作。

人们可以用一堆的样本数据来让计算机进行运算，样本数据可以是有类标签的，并设计惩罚函数，通过不断迭代，机器就学会了怎样进行分类，使得惩罚最小。然后用学习到的分类规则进行预测等活动。

如果通过一个样板问题“教会”人工神经网络处理这个问题，即通过“学习”而使各节点的加权值得到肯定，那么，这一类的问题它都可以解。好的学习算法会使它不断积累知识，根据不同的问题自动调整一组加权值，使它具有良好的自适应性。此外，它本来就是一部分节点参与工作。当某节点出故障时，它就让功能相近的其他节点顶替有故障节点参与工作，使系统不致中断。所以，它有很强的容错能力。

人工神经网络通过样板的“学习和培训”，可记忆客观事物在空间、时间方面比较复杂的关系，适合于解决各类预测、分类、评估匹配、识别等问题。例如，将人工神经网络上的各个节点模拟各地气象站，根据某一时刻的采样参数（压强、湿度、风速、温度），同时计算后将结果输出到下一个气象站，则可模拟出未来气候参数的变化，作出准确预报。即使有突变参数（如风暴、寒流）也能正确计算。所以，人工神经网络在经济分析、市场预测、金融趋势、化工最优过程、航空航天器的飞行控制、医学、环境保护等领域都有应用的前景。

Google 的计算机视觉专家对深度学习机器进行了训练，使其可以识别出任何图片的

位置。在这方面，机器的识别能力明显超过了人类，而且，它甚至能够对室内拍摄的图片、缺乏线索的图片（食物、宠物）进行位置确认。

人工神经网络的特点和优越性使它近年来引起人们的极大关注，主要表现在三个方面：

第一，具有自学习功能。例如，实现图像识别时，只需把许多不同的图像样板和对应的应识别的结果输入人工神经网络，网络就会通过自学习功能，慢慢学会识别类似的图像。自学习功能对于预测有特别重要的意义。人工神经网络计算机将为人类提供经济预测、市场预测、效益预测，其前途是很远大的。

第二，具有联想存储功能。人的大脑是具有联想功能的。例如，如果有人和你提起你幼年的同学张某某，你就会联想起张某某的许多事情。用人工神经网络的反馈网络就可以实现这种联想。

第三，具有高速寻找最优解的能力。寻找一个复杂问题的最优解，往往需要很大的计算量，利用一个针对某问题而设计的人工神经网络，发挥计算机的高速运算能力，可能很快找到最优解。

人工神经网络是未来微电子技术应用的新领域，智能计算机的构成就是作为主机的冯·诺依曼计算机与作为智能外围机的人工神经网络的结合。

MATLAB 语言是 Mathworks 公司推出的一套高性能计算机编程语言，集数学计算、图形显示、语言设计于一体，其强大的扩展功能为用户提供了广阔的应用空间。它附带有 30 多个工具箱，神经网络工具箱就是其中之一。

7.2.2 机器学习与深度学习

1. 机器学习

机器学习（Machine Learning）是一种让计算机在没有事先明确的编程的情况下做出正确反应的科学。在过去的十年中，机器学习已经给我们在自动驾驶汽车、实用语音识别、有效的网络搜索，以及提高人类基因组的认识方面带来大量帮助。今天的机器学习是如此普遍，你可能每天使用它几十次却不了解它。许多研究人员也认为这是最好的达到真正的“人工智能”的方法。

机器学习，简单地说就是让机器学习人思维的过程。机器学习的宗旨就是让机器学会“人识别事物的方法”，我们希望人从事物中了解到的东西和机器从事物中了解到的东西一样，这就是机器学习的过程。

在机器学习中有一个很经典的问题：“假设有一张色彩丰富的油画，画中画了一片茂密的森林，在森林远处的一棵歪脖树上，有一只猴子坐在树上吃东西。如果我们让一个人找出猴子的位置，正常情况下不到一秒钟就可以指出猴子，甚至有的人第一眼就能看到那只猴子。”

那么问题就来了，为什么人能在上千种颜色混合而成的图像中一下就能识别出猴子呢？在我们的生活中，各种事物随处可见，我们是如何识别出各种不同的内容呢？也许你可能想到了——经验。没错，就是经验。经验理论告诉我们认识的所有东西都是通过学习得到的。比如，提起猴子，我们脑海里立刻就会浮现出我们见过的各种猴子，只要画中的猴子的特征与我们意识中的猴子雷同，我们就可能会认定画中是猴子。当画中猴子的特征与我们所认识某一类猴子的特征完全相同时，我们还会认定画中的猴子是哪一类。

另一种情况是我们认错的时候。其实人识别事物的错误率有的时候也是很高的。例如，当我们遇见不认识的字时会潜意识地念字中我们认识的部分。我们之所以犯错，就是因为在我们没有见过这个字的前提下，我们会潜意识地使用经验来解释未知。

目前科技如此发达，就有研究人员考虑可不可以让机器模仿人的这种识别方法来达到机器识别的效果，机器学习也就应运而生了。

从根本上说，识别是一个分类的结果。看到四条腿的生物，我们可能会立即把该生物归为动物一类，因为我们常常见到的四条腿的、活的东西，九成以上是动物。这里，就牵扯出了概率的问题。我们对身边的事物往往识别率很高，是因为人的潜意识几乎记录了肉眼看到的事物的所有特征。比如，我们进入一个新的集体，刚开始大家都不认识，有的时候人和名字都对不上号，主要原因就是我们对事物的特征把握不够，还不能通过现有特征对身边的人进行分类。这个时候，我们常常会有这种意识：哎，你好像叫张三来着？哦，不对，你好像是李四。这就是分类中的概率问题，有可能是 A 结果，有可能是 B 结果，甚至可能是更多结果，主要原因就是我们的大脑收集的特征不够多，还无法进行准确分类。当大家都彼此熟悉了之后，一眼就能识别出谁是谁来，甚至只听声音不见人都能进行识别，这说明我们已经对该事物的特征把握相当精确。

所以人识别事物有四个基本步骤：学习、提取特征、识别、分类。那么机器可不可以模仿这个过程来实现识别呢？答案是肯定的，但是没有那么容易。

难题有三：第一，人的大脑有无数神经元进行数据交换和处理，在目前的机器中还达不到同等的处理条件；第二，人对事物特征的提取是潜意识的，提取无意识情况下的信息，误差很大；第三，也是最重要的一点，人的经验来自于人每时每刻的生活中，也就是人无时无刻都处在学习中，如何让机器进行各个方面的自主学习？因此，目前在人工智能领域始终还没达到人类的水平，主要原因就是机器没有潜意识。人的潜意识其实并不完全受人的意识支配，却可以提高人类识别事物的概率。我们无法给机器加载潜意识，因为主动加载的意识就是主观意识，在机器里无法完成人类潜意识的功能。所以，以目前的发展情况来看，要达到完全类人，还有不短的时间。但即便如此，与人的思维差别很大的机器依然可以为我们的生活带来帮助。比如，在线翻译、搜索系统、专家系统等，都是机器学习的产物。

那么，如何实现机器学习呢？

整体上看，机器学习就是模仿人识别事物的过程，即学习、提取特征、识别、分类。由于机器不能跟人类思维一样根据事物特征自然而然地选择分类方法，所以机器学习方法的选择依然需要人工选择。目前，机器学习的方法主要有三种：监督学习、半监督学习和无监督学习。监督学习是利用一组已知类别的样本调整分类器的参数，使其达到所要求性能的过程。就是根据已知的，推断未知的。代表方法有 Nave Bayes、SVM、决策树、KNN、神经网络以及 Logistic 分析等。半监督方法主要考虑如何利用少量的标注样本和大量的未标注样本进行训练和分类，也就是根据少量已知的和大量未知的内容进行分类。代表方法有最大期望、生成模型和图算法等。无监督学习是利用一组已知类别的样本调整分类器的参数，使其达到所要求性能的过程。也就是机器自己学。代表方法有

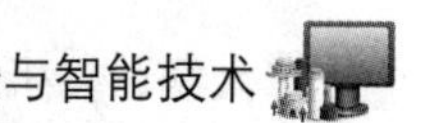

Apriori、FP 树、K-means 以及 Deep Learning。从这三方面看，无监督学习是最智能的，有能实现机器主动意识的潜质，但发展还比较缓慢；监督学习是不可靠的，从已知的推断未知的，就必须要把事物所有可能性全都学到，这在现实中是不可能的；半监督学习是“没办法中的办法”，既然无监督学习很难，监督学习不可靠，就取个折中，各取所长。目前的发展是，监督学习技术已然成熟，无监督学习还在起步，所以对监督学习方法进行修改实现半监督学习是目前的主流。但这些方法基本只能提取信息，还不能进行有效预测。

2. 深度学习

深度学习是机器学习领域中对模式（声音、图像等）进行建模的一种方法，它也是一种基于统计的概率模型。在对各种模式进行建模之后，便可以对各种模式进行识别了。例如，如果待建模的模式是声音，那么这种识别便可以理解为语音识别。而类比来理解，如果将机器学习算法类比为排序算法，那么深度学习算法便是众多排序算法当中的一种（如冒泡排序），这种算法在某些应用场景中会具有一定的优势。

机器学习（Machine Learning）是一门专门研究计算机怎样模拟或实现人类的学习行为，以获取新的知识或技能，重新组织已有的知识结构，使之不断改善自身的性能的学科。机器能否像人类一样能具有学习能力呢？1959 年美国的塞缪尔设计了一个下棋程序，这个程序具有学习能力，它可以在不断的对弈中改善自己的棋艺。四年后，这个程序战胜了设计者本人。又过了三年，这个程序战胜了美国一个保持八年之久的常胜不败的冠军。这个程序向人们展示了机器学习的能力，也提出了许多令人深思的社会问题与哲学问题。

机器学习虽然发展了几十年，但还是存在很多没有良好解决的问题。例如，图像识别、语音识别、自然语言理解、天气预测、基因表达、内容推荐等。目前我们通过机器学习去解决这些问题的思路如下（以视觉感知为例）：从开始的通过传感器（如 CMOS）来获得数据。然后经过预处理、特征提取、特征选择，再到推理、预测或者识别。最后是机器学习的部分，绝大部分的工作是在这方面做的。而中间的三部分，概括起来就是特征表达。良好的特征表达对最终算法的准确性起着非常关键的作用，而且系统主要的计算和测试工作都耗在这一大部分。但这块实际中一般都是人工完成的。

现在也出现了一些很好的特征。好的特征应具有不变性（大小、尺度和旋转等）和可区分性。例如，SIFT 的出现是局部图像特征描述子研究领域一项里程碑式的工作。由于 SIFT 对尺度、旋转以及一定视角和光照变化等图像变化都具有不变性，并且具有很强的可区分性，因此让很多问题的解决变为了可能。

手工选取特征是一件非常费力、启发式（需要专业知识）的方法，其效果很大程度上依赖经验和运气，而且调节需要大量时间。既然手工选取特征不太好，那么能不能自动地学习一些特征呢？答案是能！Deep Learning 就是用来做这个事情的，它的一个别名是 Unsupervised Feature Learning，Unsupervised 的意思就是不需要人参与特征的选取过程。

那它是怎么学习的呢？怎么知道哪些特征好哪些不好呢？我们说机器学习是一门

专门研究计算机怎样模拟或实现人类的学习行为的学科。那么人的视觉系统是怎么工作的呢？人脑那么厉害，我们能不能参考人脑、模拟人脑呢？

近几十年以来，认知神经科学、生物学等学科的发展，让我们对大脑不再那么的陌生，也推动了人工智能的发展。

1981 年的诺贝尔医学奖颁发给了 David Hubel、Torsten Wiesel，以及 Roger Sperry。前两位的主要贡献是发现了视觉系统的信息处理。1958 年，David Hubel 和 Torsten Wiesel 在 John Hopkins University 研究瞳孔区域与大脑皮层神经元的对应关系。他们在猫的后脑头骨上，开了一个 3 mm 的小洞，向洞里插入电极，测量神经元的活跃程度。然后，他们在小猫的眼前，展现各种形状、各种亮度的物体。并且，在展现每一件物体时改变物体放置的位置和角度。他们期望通过这个办法，让小猫瞳孔感受不同类型、不同强弱的刺激。

之所以做这个试验，是为了证明一个猜测。位于后脑皮层的不同视觉神经元，与瞳孔所受刺激之间，存在某种对应关系。一旦瞳孔受到某一种刺激，后脑皮层的某一部分神经元就会活跃。经历了很多天反复的试验，同时牺牲了若干只可怜的小猫，David Hubel 和 Torsten Wiesel 发现了一种被称为“方向选择性细胞（Orientation Selective Cell）”的神经元细胞。当瞳孔发现了眼前的物体的边缘，而且这个边缘指向某个方向时，这种神经元细胞就会活跃。

这个发现激发了人们对于神经系统的进一步思考。神经—中枢—大脑的工作过程，或许是一个不断迭代、不断抽象的过程。

这里的关键词有两个：一个是抽象；一个是迭代。从原始信号做低级抽象，逐渐向高级抽象迭代。人类的逻辑思维，经常使用高度抽象的概念。

总地来说，人的视觉系统的信息处理是分级的。从低级的 V1 区提取边缘特征，再到 V2 区的形状或者目标的部分等，再到更高层，整个目标、目标的行为等。也就是说，高层的特征是低层特征的组合，从低层到高层的特征表示越来越抽象，越来越能表现语义或者意图。而抽象层面越高，存在的可能猜测就越少，就越利于分类。例如，单词集合和句子的对应是多对一的，句子和语义的对应又是多对一的，语义和意图的对应还是多对一的，这是个层级体系。

这里的关键词是分层。而 Deep Learning 的 Deep 就是表示存在多少层，也就是多深。那 Deep Learning 是如何借鉴这个过程的呢？毕竟是归于计算机来处理，面对的一个问题就是怎么对这个过程建模。因为我们要学习的是特征的表达，那么关于特征，或者说关于这个层级特征，我们就需要了解的更为深入。

深度学习的优点：为了进行某种模式的识别，通常的做法首先是以某种方式提取这个模式中的特征。这个特征的提取方式有时候是人工设计或指定的，有时候是在给定相对较多数据的前提下由计算机自己总结出来的。深度学习提出了一种让计算机自动学习出模式特征的方法，并将特征学习融入建立模型的过程中，从而减少了人为设计特征造成的不完备性。目前以深度学习为核心的某些机器学习应用，在满足特定条件的应用场景下，已经达到了超越现有算法的识别或分类性能。

深度学习的缺点：深度学习虽然能够自动学习模式的特征，并可以达到很好的识别精度，但这种算法工作的前提是使用者能够提供“相当大”量级的数据。也就是说，在只能提供有限数据量的应用场景下，深度学习算法不能够对数据的规律进行无偏差估计，因此在识别效果上可能不如一些已有的简单算法。另外，由于深度学习中，图模型的复杂化导致这个算法的时间复杂度急剧提升，为了保证算法的实时性，需要更高的并行编程技巧以及更多的硬件支持。

7.2.3 数据分析与决策

从数据时代的数据分析目的来看，数据挖掘更侧重于机器对未来的预测，一般应用于分类、聚类、推荐、关联规则等；而数据分析一般是对历史数据进行统计学上的一些分析。从分析的过程来看，数据分析更侧重于统计学上面的一些方法，经过人的推理演绎得到结论；数据挖掘更侧重由机器进行自学习，进而得到结论。从分析的结果看，数据分析的结果是准确的统计量，而数据挖掘得到的一般是模糊的结果。“数据分析”的重点是观察数据，“数据挖掘”的重点是从数据中发现“知识规则”。“数据分析”需要人工建模，而“数据挖掘”则自动完成数学建模。

希腊有一个著名的谷堆悖论。“如果 1 粒谷子落地不能形成谷堆，2 粒谷子落地不能形成谷堆，3 粒谷子落地也不能形成谷堆，依此类推，无论多少粒谷子落地都不能形成谷堆。但是，事实并非如此。”

这个悖论说的，就是量变产生质变，需要一个明显的分割线。如果说，量是一个量化的数据，质是一个结论，那么，数据分析做的，就是要分析量，从而引向“定性”“定质”。定量地了解规律（“质”），从而预测未来，给决策提供依据。

关于了解历史规律，常见的数据分析思路大概有四种：分组对比、趋势分析、异常分析、排名分析。目的主要是三个：找到周期规律；找到各个分类的特征；找到异常、极值。

找到了周期规律，就可以知道哪些波动是正常的，哪些是需要引起注意的。了解了特征，就可以总结一些相同分类的事务可能也具备这一特征；了解了异常和极值，就可以深入分析，找到解决它的原因并规避。

决策分析常用方法：对于不同的情况有不同的决策方法。

① 确定性情况：每一个方案引起一个，而且只有一个结局。当方案个数较少时可以用穷举法，当方案个数较多时可以用一般最优化方法。

② 随机性情况：也称风险性情况，即由一个方案可能引起几个结局中的一个，但各种结局以一定的概率发生。通常在能用某种估算概率的方法时，就可使用随机性决策，例如决策树的方法。

③ 不确定性情况：一个方案可能引起几个结局中的某一个结局，但各种结局的发生概率未知。这时可使用不确定型决策，例如，拉普拉斯准则、乐观准则、悲观准则、遗憾准则等来取舍方案。

④ 多目标情况：由一个方案同时引起多个结局，它们分别属于不同属性或所追求的不同目标。这时一般采用多目标决策方法。例如，化多为少的方法、分层序列法、直接找所有非劣解的方法等。

⑤ 多人决策情况：在同一个方案内有多个决策者，他们的利益不同，对方案结局的评价也不同。这时可以采用对策论、冲突分析、群决策等方法。

决策树（Decision Tree）一般都是自上而下生成的。每个决策或事件（即自然状态）都可能引出两个或多个事件，导致不同的结果，把这种决策分支画成图形很像一棵树，故称决策树。决策树提供了一种展示在什么条件下会得到什么值这类规则的方法。

比如一种群决策方法，简单来说可以等价于平均序，选举不再是只投一票，而是给出优先顺序的序号。例如，A、B、C 三人竞选，选民有 5 人，其偏好分别表示如下：

选民 1：A>B>C 记分：A 3 B 2 C1；

选民 2：B>A>C 记分：B 3 A 2 C1；

选民 3：A>C>B 记分：A 3 C 2 B1；

选民 4：A>C>B 记分：C 3 A 2 B1；

选民 5：B>C>A 记分：B 3 C 2 A1；

综合 5 个选民的总分：A=3+2+3+2+1=11，B=2+3+1+1+3=10，C=1+1+2+3+2=9，最终 A>B>C，所以，A 当选。这样的选举决策会更好地反应选民的意愿。而如果是 1 人 1 票制，那么 A 和 B 的票数都是 2，则还需投一轮票，则 A 不一定当选。

7.2.4 粗糙集

面对日益增长的数据库，人们将如何从这些浩瀚的数据中找出有用的知识？我们如何将所学到的知识去粗取精？什么是对事物的粗线条描述？什么是细线条描述？

粗糙集的主要思想是基于不可分辨的关系，每一个对象与一些信息相联系，且对象仅能用获得的信息表示。因此，具有相同或相似信息的对象便不能被识别。这些不可分辨的对象形成了聚类，即知识粒度。在粗糙集理论中，“知识”被认为是一种分类能力。人们的行为是基于分辨现实的或抽象的对象的能力。例如，在远古时代，人们为了生存必须能分辨出什么可以食用，什么不可以食用；医生给病人诊断，必须辨别出患者得的是哪一种病。这些根据事物的特征差别将其分门别类的能力均可以看作某种“知识”。

传统的计算方法即所谓的硬计算（Hard Computing），使用精确、固定和不变的算法来表达和解决问题。而软计算的指导原则是利用所允许的不精确性、不确定性和部分真实性以得到易于处理和成本较低的解决方案，以便更好地与现实系统相协调。粗糙集就是属于这样的软计算。

在很多实际系统中不同程度地存在着不确定性因素，采集到的数据常常包含着噪声，不精确甚至不完整。作为一种较新的软计算方法，粗糙集近年来越来越受到重视。其有效性已在许多科学与工程领域的成功应用中得到证实，是当前国际上人工智能理论及其应用领域中的研究热点之一。

粗糙集方法的简单实用性是令人惊奇的，它能得到迅速应用是因为具有以下特点：

① 它能处理各种数据，包括不完整（Incomplete）的数据以及拥有众多变量的数据。

② 它能处理数据的不精确性和模棱两可（Ambiguity），即确定性和非确定性的情况。

③ 它能求得知识的最小表达（Reduct）和知识的各种不同颗粒（Granularity）层次。

④ 它能从数据中揭示出概念简单、易于操作的模式（Pattern）。

⑤ 它能产生精确而又易于检查和证实的规则，特别适于智能控制中规则的自动生成。

由于粗糙集的属性简约前需要把数据先进行离散化，所以粗糙集并不能处理连续的数据。

粗糙集与模糊集都能处理不完备（Imperfect）数据，但方法不同，模糊集注重描述信息的含糊（Vagueness）程度，粗糙集则强调数据的不可辨别（Indiscernibility）、不精确（Imprecision）和模棱两可。使用图像处理中的语言来作比喻，当论述图像的清晰程度时，粗糙集强调组成图像像素的大小，而模糊集则强调像素存在不同的灰度。粗糙集研究的是不同类中的对象组成的集合之间的关系，重在分类。

7.2.5 仿真和有限元分析

1. 仿真

生产企业将生产仿真研究作为研究生产系统的一个重要手段，如英特尔、戴尔、马士基等，在企业扩建和改造的前期、新产品生产的投入之前，都会运营计算机仿真技术对企业将要采用的生产系统进行仿真和预测，为生产系统的调度决策、生产能力预测、生产设备的合理匹配、生产线的效率提高提供量化依据，为生产系统的早日投入正常生产运行起到出谋划策的作用。

用专门的软件模拟实验环境，利用计算机辅助分析，模拟出运动规律、受力的变化等，然后得出实验结果，由于实验环境是“模拟”的，是“仿造真实情景”，因此简称仿真。

常见的仿真平台软件有 SimuWorks、VR-Platform、Infolytica、SolidWorks。

例如，经济管理教学实验中心需要模拟证券市场投资，可以采用专业市场真实使用的交易系统，严格按照交易所正式交易规则进行交易，支持 T+0 和 T+1 交易规则切换等自定义交易规则设置。学生通过录制的行情进行模拟交易，实现闭市期间任意时段动态行情教学，彻底解决市后教学的问题。这样的模拟交易系统可以模拟炒股、炒汇、炒期货等操作，可以节约大量的资金，降低教学成本。这样的依靠情景再现的仿真实验生动直观、安全可靠、经济可行又客观真实。

仿真软件中常常要做有限元分析。有限元分析就是将一个整体分解成很多个单位小量来求解，例如，求圆的面积就是将圆分解成很多的无穷小的三角形来求解的。

2. 有限元分析

有限元分析（Finite Element Analysis，FEA）就是利用数学近似的方法对真实物理系统（几何和载荷情况）进行模拟。利用简单且相互作用的元素，即单元，就可以用有限数量的未知量去逼近无限未知量的真实系统。

有限元面对的是真实的物理系统，可以利用其进行场的分析，如磁场、电场、应力场、流场等。因为往往我们只知道一个宏观的作用，但对微观（相对的）的情况不得而知，有限元通过把宏观的东西进行划分为一个个小的单元，把这些小的单元当做微观的东西，再进行分析，得到微观的一个情况。例如，一个篮球框架，当有人扣篮拉着球筐的时候，篮球架肯定会弯，但是弯多少呢？这个就可以利用有限元进行分析。先建立把篮筐架的物理模型，将模型划分为一个个很小的单元，添加载荷、约束条件后进行分析，就能得到结果，从而对篮球架的设计强度和使用寿命有一个判断。再如，建摩天大楼前都要利用这样的软件进行复杂的空气动力分析。

有限元分解所得解不是准确解，而是近似解，因为实际问题被较简单的问题所代替。由于大多数实际问题难以得到准确解，而有限元不仅计算精度高，而且能适应各种复杂形状，因而成为行之有效的工程分析手段，目的是减少直至替代在物理样机上的投入。

利用有限元分析的计算机辅助工程（CAE）主要作用包括以下七方面：

① 增加设计功能，借助计算机分析计算，确保产品设计的合理性，减少设计成本。

② 缩短设计和分析的循环周期。

③ CAE 分析起到的“虚拟样机”作用在很大程度上替代了传统设计中资源消耗极大的“物理样机验证设计”过程，虚拟样机作用能预测产品在整个生命周期内的可靠性。

④ 采用优化设计，找出产品设计最佳方案，降低材料的消耗或成本。

⑤ 在产品制造或工程施工前预先发现潜在的问题。

⑥ 模拟各种试验方案，减少试验时间和经费。

⑦ 进行机械事故分析，查找事故原因。

简言之，有限元分析可分成三个阶段：前处理、处理和后处理。前处理是建立有限元模型，完成单元网格划分；后处理则是采集处理分析结果，使用户能简便提取信息，了解计算结果。大型通用有限元商业软件包括 NASTRAN、ASKA、SAP、ANSYS、MARC、ABAQUS、JIFEX 等。

7.3 拓展阅读

科幻电影一直表达着人们对于未来高科技的向往和憧憬，我们总是能够在科幻电影看到令我们感到惊艳的新科技，我们也总是在想，这是真的吗？这个人类可以做到吗？随着科技的进步，一些曾经看似遥不可及的技术，如今或不久的将来可能成为现实的高科技。

1. 语音助手

现今，语音助手不仅出现在手机、平板、笔记本计算机等普及度很高的设备中，随着愈发受到用户重视的交互性，越来越多的厂商纷纷将这种技术融入自己的产品，带来贴合用户使用习惯的产品。其中，得到用户认可的有苹果的 Siri、谷歌的 Google Now 和微软的 Cortana 语音助手，并均在发展中带来了更好的交互实现。

在《星际迷航》中，剧中人物可以直接用语言和计算机交流，并能即时得到语音回馈，在当时看来过于神奇，是《星际迷航》中的科学幻想之一。相信随着语音助手更为智能化，拥有类似人类的情感表达，兼具私人助理等功能也将在不远的未来中实现。

2. 巨型显示器

随着高清大屏电视和摄像头进入商务办公领域，其让人们可以在实时进行视频会议，在全球范围内均可以轻松实现。该项技术在《星际迷航》系列中就有所介绍，巨型显示器让柯克船长方便与其他飞船的人们进行交流。

3. 万能翻译器

相信不少观看《星际迷航》系列的影迷都感到疑惑，明明是在宇宙中畅游，为什么除了英语之外，很难听到其他外星球语言？难道这也成为了全宇宙通用语言。当然，这并不是导演设定的 bug，一切都源于星际联邦广泛使用了宇宙翻译器，宇宙翻译器可以将所有的已知语言翻译为听者所懂的语言，而星际舰队成员别在胸前的徽章内置有宇宙翻译器。

这一设想看似复杂，而如今的翻译器也基本能够帮助人们跨越语言的障碍：谷歌翻译等其他在线翻译可以将其转换为文字，微软 Skype 能实现面对面语言交流的翻译。然而，地球语言众多，加上口音、方言等更是数不胜数，所以语言翻译器何时能够克服这些困难，还需要研究。

4. 无人驾驶汽车

无人驾驶汽车在近几年得到了更为强烈的关注。这一技术将对汽车行业产生革新，通过人工智能、视觉计算、雷达、全球定位系统的整合，在未来一定有越来越多无人驾驶汽车走进人们生活中。

无人驾驶汽车在电影中并不少见，其中包括《霹雳游侠》《变形金刚》系列，人工智能战车基特不仅会自动驾驶，还能与主角聊天。

5. 全息投影技术

全息投影技术早在 1977 年乔治·卢卡斯就通过《星球大战》为人们展现，影片中绝地武士只需通过一个指南针大小的设备，就可以与他人进行全息式的视频通话。在《阿凡达》中，3D 全息投影技术变得更为逼真、清晰，能够显示出更多细节和注释。在科幻电影中全息投影已越来越多。

1947 年，英国匈牙利裔物理学家丹尼斯·盖伯在英国 BTH 公司研究增强电子显微镜性能手段时偶然发现了全息投影术，他因此项工作获得了 1971 年的诺贝尔物理学奖。这项技术从发明开始就一直应用于电子显微技术中，在这个领域中被称为电子全息投影技术，但是全息投影技术一直到 1960 年激光的发明才取得了实质性的进展。

全息投影技术（Front-Projected Holographic Display）也称虚拟成像技术，是利用干涉和衍射原理记录并再现物体真实的三维图像的记录和再现的技术。目前研制的投影芯片可以实现全息三维投影，立体影像可以飘浮在空气中，看上去就像是一个真实存在的物体。这样“海市蜃楼”般地将三维画面悬浮在实景的半空中成像，营造了亦幻亦真的氛围，效果奇特，具有强烈的纵深感。全息投影技术在现实已经有了较大应用，在日本虚拟偶像《初音未来》的演唱会上，初音这个动画形象就通过 3D 全息投影技术展现，相当逼真。而在不少领域，这项技术也都不只一次应用，只不过投影设备还是相当庞大和昂贵，要想做到《星球大战》中般小巧，还尚需时日。

6. 隐身衣

还记得《哈利波特》里穿上就隐身的隐身斗篷吗？美国加州大学圣地亚哥分校的研究团队就制作出了厚度为 3 mm 的隐形斗篷，看起来就像普通衣料一样轻便。由于表面布满了陶瓷颗粒，它能够自主调节电磁波波长能量的比例，改变周围的光线折射，就能屏蔽可见光和雷达，达到隐身的效果。但如今隐身衣仍停留在视觉欺骗的阶段，并未能达到真正的隐身。

7. 意念控制

看过电影《阿凡达》的人肯定知道，其中有一幕是杰克·萨利躺在密封舱中，头上戴着各种复杂装备，可以利用意念操控人造的混血阿凡达。

看起来意念操控只有在科幻电影中出现的情节，但实际上它已经不再是人类的空想。一名 19 岁少年受一款简易游戏的启发（这款游戏让玩家用意念控制一个球），发现了球的不同运动方式与脑电波之间的特定联系。他机智地将这种方式用到了机械臂中，成功研发出可用大脑“意念”控制的机械手臂，斩获了国际科学工程大赛二等奖，震惊了科技界。

人类对于科学的探索是永无止境的，当一些技术没法实现的时候，我们会最先在电影、小说里看到，但不要以为它们都只是幻想，说不定哪一天这些高科技就会变为现实。

小　　结

人类已经步入大数据时代，人们的生活中要面对各种各样的数据，本章主要介绍了大数据的特征及应用领域，简要介绍了几种较常见智能技术的概念及其应用。

习　　题

一、问答题

1. 简述大数据的主要特征。
2. 简要说明机器学习与深度学习间的关系。
3. 举例说明大数据的应用？

第 8 章 前沿技术与交叉学科应用

随着时代的进步，各种令人耳目一新的科技成果在我们的生活中层出不穷，如虚拟行星探索、智能穿戴、3D 影像等，这些前沿技术都离不开计算机的支持。本章主要选取了几种关注度较高的计算机科学前沿技术，以展示无处不在的计算与各学科领域的交叉应用。

8.1 高性能计算和高通量计算

8.1.1 高性能计算

无论是大数据处理还是云计算都需要高性能计算。高性能计算（HPC）指通常使用很多处理器或者某一集群中组织的几台计算机的计算系统和环境。有许多类型的 HPC 系统，其范围从标准计算机的大型集群，到高度专用的硬件。

大多数基于集群的 HPC 系统使用高性能网络互连。基本的网络拓扑和组织可以使用一个简单的总线拓扑，在性能很高的环境中，网状网络系统在主机之间提供较短的潜伏期，可改善总体网络性能和传输速率。

尽管网络拓扑、硬件和处理硬件在 HPC 系统中很重要，但是使系统如此有效的核心功能是由操作系统和应用软件提供的。

对于典型 HPC 环境中的任务执行，有两个模型：单指令/多数据（SIMD）和多指令/多数据（MIMD）。SIMD 在跨多个处理器的同时执行相同的计算指令和操作，但对于不同数据范围，它允许系统同时使用许多变量计算相同的表达式。MIMD 允许 HPC 系统在同一时间使用不同的变量执行不同的计算，使整个系统看起来并不只是一个没有任何特点的计算资源（尽管它功能强大），可以同时执行许多计算。

不管是使用 SIMD 还是 MIMD，典型 HPC 的基本原理仍然是相同的：整个 HPC 单元的操作和行为像是单个计算资源，它将实际请求的加载展开到各个节点。HPC 解决方案也是专用的单元，被专门设计和部署为能够充当（并且只充当）大型计算资源。

总地来说，国外的高性能计算机应用已经具有相当的规模，在各个领域都有比较成熟的应用实例。在政府部门大量使用高性能计算机，能有效地提高政府对国民经济和社会发展的宏观监控和引导能力，包括打击走私、增强税收、进行金融监控和风险预警、环境和资源的监控和分析等。

福特用高性能计算机构造了一个网上集市，通过网络连到它的 3 万多个供货商。这种网上采购不仅能降低价格，减少采购费用，还能缩短采购时间。此外，制造、后勤运输、市场调查等领域也是高性能计算机大显身手的领域。

8.1.2 高通量计算

什么是高通量？就是指单位时间内产量或者输出很高。

高通量计算是计算机科学中用于描述使用很多计算资源，在很长的时间内完成计算任务的一种计算方式。其关键点为长时间，很多计算资源一起参与。所以，高通量计算需要更多地考虑长时间的健壮性和可靠性。这些大量的计算资源本身是不可靠的，用这些不可靠的资源构建可靠的高通量计算服务，确实是个大的挑战。这个应该和目前热门的云计算差不多。不过云计算主要在存储上，而高通量计算则偏重计算能力。

高通量计算（HTC）、高性能计算(HPC)和多任务计算（MTC）还有很多的不同。HPC侧重短时间高性能的计算服务，HTC则在提供高性能的同时侧重长时间稳定的服务。HPC可能经常使用FLOPS(Floating point operations per second)，而HTC则可能用FLOPM(per month）或者FLOPY（per year）来衡量。

HPC执行的任务可能是有很多紧密联系的并行任务构成，而HTC则可能需要将独立的串行任务在很多不同的计算资源上做独立调度。通常HTC需要使用网格计算技术实现。

MTC更像一个中和HTC和HPC的角色。通常关注于使用多个计算资源在短时间内完成多个计算任务，这些任务可以是独立的或者相互依赖的。量化衡量标准包括FLOPS、每秒执行任务数等，以秒为单位来量化。目前成熟的高通量计算机有威斯康星大学麦迪逊分校的Condor HTC系统和美国国家航空航天局的PBS系统。

为什么需要这类计算？现在我们使用计算机，基本都是开机、做事情、关机。手机即使需要长时间开机，也要不停地充电。到了物联网时代，很多计算服务可能需要长年累月地在某个地方运行，没有人负责开机和关机事宜。另外，在这些传感器信息最终汇集的地方，也需要持久高性能的计算保证。

最为常见的应用就是高通量筛选（High Throughput Screening，HTS）技术，是指以分子水平和细胞水平的试验方法为基础，以微板形式作为试验工具载体，以自动化操作系统执行试验过程，以灵敏快速的检测仪器采集试验结果数据，以计算机分析处理试验数据，在同一时间检测数以千万计的样品，并以得到的相应数据库支持运转的技术体系，它具有微量、快速、灵敏和准确等特点。简言之，就是可以通过一次试验获得大量的信息，并从中找到有价值的信息。多应用于材料、药物、基因筛选等。

高通量筛选每天要对数以千万计的样品进行检测，工作枯燥，步骤单一，操作人员容易疲劳、出错。自动化操作系统代替人工操作显然有诸多优势，它利用计算机通过操作软件控制整个实验过程，编程过程简洁明了。

例如，由于高通量筛选依赖数量庞大的样品库，实现了药物筛选的规模化，较大限度地利用了药用物质资源，提高了药物发现概率，同时提高了发现新药的质量。由于高通量筛选采用的是细胞、分子水平的筛选模型，样品用量一般在微克级，节省了样品资源，奠定了“一药多筛”的物质基础，同时节省了试验材料，降低了单药筛选成本。随着对高通量药物筛选的重视程度不断提高，用于高通量药物筛选操作设备和检测仪器都有了长足发展，实现了计算机控制的自动化，减少了操作误差的发生，提高了筛选效率和结果的准确性。

在高通量筛选过程中，不仅应用了普通的药理学技术和理论，而且与药物化学、分子生物学、细胞生物学、数学、微生物学、计算机科学等多学科紧密结合。这种多学科的有机结合，在药物筛选领域产生大量新的课题和发展机会，促进了药物筛选理论和技术的发展。

8.2 云计算、物联网和区块链

8.2.1 云计算

随着互联网应用爆发式的发展，网络中存储和正在处理的数据量越来越庞大，不管是 C/S 架构还是 B/S 架构的应用，都开始迫切需要一个具有强大存储空间和处理能力的服务器端。要处理或存储海量的数据，仅靠升级服务器硬件已经很难达成目标，还需要相应的适应于大规模数据处理的专用软件系统。要实现这样的目标，需要投入大量的财力、物力和人力，一些中小型企业是无法独立承担的。于是有条件的专门企业为其他企业或个人提供免费或收费的大规模数据处理或存储服务——云计算（Cloud Computing）。

1. 云计算的定义

"云"实质上就是一个网络。从狭义上讲，云计算就是一种提供资源的网络，使用者可以随时获取"云"上的资源，按需求量使用，并且可以看成是无限扩展的，只要按使用量付费即可。从广义上说，云计算是与信息技术、软件、互联网相关的一种服务，这种计算资源共享池称为"云"，云计算把许多计算资源集合起来，通过软件实现自动化管理，只需要很少的人参与，就能让资源被快速提供。也就是说，计算能力作为一种商品，可以在互联网上流通，就像水、电、燃气一样，可以方便地取用，且价格较为低廉。

云计算，其实就是将计算任务转移到服务器端，用户只需要显示器即可使用，且服务器的计算资源可以转包。它是分布式处理（Distributed Computing）、并行处理（Parallel Computing）和网格计算（Grid Computing）的发展，或者说是这些计算机科学概念的商业实现。其基本原理是，通过使计算分布在大量的分布式计算机上，而非本地计算机或远程服务器中，企业数据中心的运行将更与互联网相似。这使得企业能够将资源切换到需要的应用上，根据需求访问计算机和存储系统。云计算的目标是：①对资源的有效管理，管理的主要就是计算资源、网络资源、存储资源三个方面，将以上的三种资源通过信息技术实现虚拟化，形成资源池，达到不限时间以及空间，按需分配的效果；②对应用软件的弹性管理（即云化软件部署），将通用的应用软件（如数据库、运行环境）封装好、标准化，需要的时候调取自动部署即可。

2. 云计算的特点

云计算是一种商业计算模型，将计算任务分布在大量计算机构成的资源池上，使各种应用系统根据需要获得计算力、存储空间和各种软件的服务。最大的优势就是弹性扩展，其他功能有虚拟化、可靠性、可扩展性、按需服务、易操作性、超大规模、通用性、安全性。通过云计算，再也不用担心计算机丢失而导致泄密；不用担心计算机会因为损坏、病毒等原因，而导致硬盘上的数据无法恢复。当你的数据如文档、照片上传到网络服务器，即“云”中，就再也不用担心数据的丢失或损坏。因为在“云”中，有全世界最专业的团队来帮助管理信息，有全世界最先进的数据中心来帮助保存数据。同时，严格的权限管理策略可以帮助你放心地与指定的人共享数据。这样，你就可以享受到最好、最安全的服务。

3. 云计算的服务类型

目前有三个公众认可的云计算服务模式，分别称为 IaaS、SaaS 和 PaaS。

① IaaS（Infrastructure-as-a-Service，基础设施即服务）：用户通过 Internet 可以获得完善的计算机基础设施服务，如大数据存储、Web 服务器等。IaaS 是传统主机托管业务的延伸。

② SaaS（Software-as-a-Service，软件即服务）：它是一种通过 Internet 提供软件的模式，用户无须购买软件，而是向提供商租用基于 Web 的软件，来管理企业经营活动。相对于传统的软件，SaaS 解决方案有明显的优势，包括较低的前期成本、便于维护、快速展开使用等。

③ PaaS（Platform-as-a-Service，平台即服务）：PaaS 实际上是指将软件研发的平台作一种服务提供给用户。用户可以在 PaaS 平台上调用功能接口进行应用开发。PaaS 的出现可以加快 SaaS 的发展，尤其是开发速度。

4. 云计算的应用

简单的云计算技术互联网服务中，最为常见的就是网络搜索引擎和电子邮箱。搜索引擎如谷歌和百度，只要用过移动终端就可以在搜索引擎上搜索资源，通过云端共享数据资源。电子邮箱也是如此，在云计算技术和网络技术的推动下，电子邮箱成为了社会生活中的一部分，只要在网络环境下，就可以实现实时的邮件的寄发。云计算技术已经融入现今的社会生活，如存储云、医疗云、金融云、教育云等。

存储云，又称云存储，是在云计算技术上发展起来的一个新的存储技术。云存储是一个以数据存储和管理为核心的云计算系统。用户可以将本地的资源上传至云端上，可以在任何地方连入互联网来获取云上的资源。大家所熟知的谷歌、微软等大型网络公司均有云存储的服务，在国内，百度云和微云则是市场占有量最大的存储云。存储云向用户提供了存储容器服务、备份服务、归档服务和记录管理服务等，大大方便了使用者对资源的管理。

医疗云，是指在云计算、移动技术、多媒体、4G/5G 通信、大数据、物联网等新技术基础上，结合医疗技术，使用“云计算”来创建医疗健康服务云平台，实现了医疗资源的共享和医疗范围的扩大。因为云计算技术的运用与结合，医疗云可以提高医疗机构的效率，方便居民就医。现在医院的预约挂号、电子病历、医保等都是云计算与医疗领域结合的产物。医疗云还具有数据安全、信息共享、动态扩展、布局全国的优势。

金融云，是指利用云计算的模型，将信息、金融和服务等功能分散到庞大分支机构构成的互联网“云”中，旨在为银行、保险和基金等金融机构提供互联网处理和运行服务，同时共享互联网资源，从而解决现有问题并且达到高效、低成本的目标。2013 年 11 月 27 日，阿里云整合阿里巴巴旗下资源并推出阿里金融云服务。其实，这就是现在基本普

及了的快捷支付。因为金融与云计算的结合，现在只需要在手机上简单操作，就可以完成银行存款、购买保险和基金买卖。现在，不仅仅阿里巴巴推出了金融云服务，苏宁金融、腾讯等企业均推出了自己的金融云服务。

教育云，实质上是指教育信息化的一中发展。教育云可以将所需要的任何教育硬件资源虚拟化，然后将其传入互联网中，以向教育机构和学生、老师提供一个方便快捷的平台。现在流行的慕课就是教育云的一种应用。慕课（MOOC）指的是大规模开放的在线课程。现阶段慕课的平台包括 Coursera、edX 以及 Udacity 等，在国内，中国大学 MOOC 也是非常好的平台。在 2013 年 10 月 10 日，清华大学推出 MOOC 平台——学堂在线，许多大学现已使用学堂在线开设一些课程的 MOOC。

目前市场上的云计算提供商有 Amazon、Google、Microsoft 以及阿里云、百度云等。

8.2.2 物联网

物联网（Internet of Things，IOT）是指通过各种信息传感器、射频识别技术、全球定位系统、红外感应器、激光扫描器等装置与技术，实时采集任何需要监控、 连接、互动的物体或过程，采集其声、光、热、电、力学、化学、生物、位置等各种需要的信息，通过各类可能的网络接入，实现物与物、物与人的泛在连接，实现对物品和过程的智能化感知、识别和管理。物联网是一个基于互联网、传统电信网等的信息承载体，它让所有能够被独立寻址的普通物理对象形成互联互通的网络。它是新一代信息技术的重要组成部分，也是“信息化”时代的重要发展阶段。物联网的核心和基础仍然是互联网，是在互联网基础上的延伸和扩展的网络;其用户端延伸和扩展到了任何物品与物品之间，进行信息交换和通信，也就是物物相联。

物联网通过智能感知、识别技术与普适计算等通信感知技术，广泛应用于网络的融合中，也因此被称为继计算机、互联网之后世界信息产业发展的第三次浪潮。它利用局部网络或互联网等通信技术把传感器、控制器、机器、人员和物等通过新的方式连在一起。任何人无论何时何地都可以任意方式实现通信和服务的接入，这种接入的服务支持人与人、人与物、物与物之间的通信，由此形成无处不在的网络。

1. 物联网的基本特征

从通信对象和过程来看，物与物、人与物之间的信息交互是物联网的核心。物联网的基本特征可概括为：整体感知（可以利用射频识别、二维码、智能传感器等感知设备感知获取物体的各类信息）、可靠传输（通过对互联网、无线网络的融合，将物体的信息实时、准确地传送，以便信息交流、分享）和智能处理（使用各种智能技术，对感知和传送到的数据、信息进行分析处理，实现监测与控制的智能化）。

2. 物联网的关键技术

物联网对当前互联网计算，包括云计算、服务计算和网格的研究提出了新的挑战，其关键技术主要有射频识别技术、传感技术、M2M 系统框架和云计算等。

射频识别技术（Radio Frequency Identification，RFID）是一种简单的无线系统，由一个询问器（或阅读器）和很多应答器（或标签）组成。标签由耦合元件及芯片组成，每个标签具有扩展词条唯一的电子编码，附着在物体上标识目标对象，它通过天线将射频信息传递给阅读器，阅读器就是读取信息的设备。RFID 技术让物品能够“开口说话”。这就赋予了物联网一个特性，即可跟踪性。人们可以随时掌握物品的准确位置及其周边环境。

传感网：MEMS 是微机电系统（Micro-Electro-Mechanical Systems）的英文缩写。它是由微传感器、微执行器、信号处理和控制电路、通信接口和电源等部件组成的一体化的微型器件系统。其目标是把信息的获取、处理和执行集成在一起，组成具有多功能的微型系统，集成于大尺寸系统中，从而大幅度地提高系统的自动化、智能化和可靠性水平。它是比较通用的传感器。MEMS 赋予了普通物体新的生命，它们有了属于自己的数据传输通路，有了存储功能、操作系统和专门的应用程序，从而形成一个庞大的传感网。这让物联网能够通过物品来实现对人的监控与保护。未来，遇到酒后驾车的情况时，如果在汽车和汽车点火钥匙上都植入微型感应器，那么当喝了酒的司机掏出汽车钥匙时，钥匙能透过气味感应器察觉到一股“酒气”，就通过无线信号立即通知汽车“暂停发动”，汽车便会处于休息状态。同时“命令”司机的手机给他的亲朋好友发短信，告知司机所在位置，提醒亲友尽快来处理。未来衣服可以“告诉”洗衣机放多少水和洗衣粉最经济；文件夹会“检查”我们忘带了什么重要文件；食品蔬菜的标签会向顾客的手机介绍“自己”是否真正“绿色安全”。这就是物联网世界中被“物”化的结果。

M2M 系统框架：M2M 是 Machine-to-Machine/Man 的简称，是一种以机器终端智能交互为核心的、网络化的应用与服务。它将使对象实现智能化的控制。M2M 技术涉及五个重要的技术部分：机器、M2M 硬件、通信网络、中间件、应用。基于云计算平台和智能网络，可以依据传感器网络获取的数据进行决策，改变对象的行为进行控制和反馈。拿智能停车场来说，当该车辆驶入或离开天线通信区时，天线以微波通信的方式与电子识别卡进行双向数据交换，从电子车卡上读取车辆的相关信息，在司机卡上读取司机的相关信息，自动识别电子车卡和司机卡，并判断车卡是否有效和司机卡的合法性，核对车道控制计算机显示与该电子车卡和司机卡一一对应的车牌号码及驾驶员等资料信息；车道控制计算机自动将通过时间、车辆和驾驶员的有关信息存入数据库中，车道控制计算机根据读到的数据判断是正常卡、未授权卡、无卡还是非法卡，据此做出相应的回应和提示。另外，家中老人戴上嵌入智能传感器的手表，子女就可以随时通过手机查询父母的血压、心跳是否稳定。智能化的住宅在主人上班时，传感器自动关闭水电气和门窗，定时向主人的手机发送消息，汇报安全情况。

3. 物联网的应用

物联网的应用领域涉及方方面面，在工业、农业、环境、交通、物流、安保等基础设施领域的应用，有效地推动了这些方面的智能化发展，使得有限的资源更加合理地使用分配，从而提高了行业效率、效益。 在家居、医疗健康、教育、金融与服务业、旅游业等与生活息息相关的领域的应用，从服务范围、服务方式到服务的质量等方面都有了极大的改进，大大提高了人们的生活质量。在涉及国防军事领域方面，虽然还处在研究探索阶段，但物联网应用带来的影响也不可小觑，大到卫星、导弹、飞机、潜艇等装

备系统，小到单兵作战装备，物联网技术的嵌入有效提升了军事智能化、信息化、精准化，极大提升了军事战斗力，是未来军事变革的关键。

国内一些典型的物联网应用有列车车厢管理系统、第二代身份证、城市一卡通、ETC不停车收费系统等。随着技术发展和应用创新，未来将有越来越多的物联网应用出现。

8.2.3 区块链

区块链是一个信息技术领域的术语。区块链技术奠定了坚实的“信任”基础，创造了可靠的“合作”机制，具有广阔的运用前景。目前，“区块链”已走进大众视野，成为社会的关注焦点。

1. 区块链的概念定义

从科技层面来看，区块链涉及数学、密码学、互联网和计算机编程等很多科学技术问题。从应用视角来看，简单来说，区块链是一个分布式的共享账本和数据库，具有去中心化、不可篡改、全程留痕、可以追溯、集体维护、公开透明等特点。这些特点保证了区块链的“诚实”与“透明”，为区块链创造信任奠定了基础。而区块链丰富的应用场景，基本上都基于区块链能够解决信息不对称问题，实现多个主体之间的协作信任与一致行动。区块链是分布式数据存储、点对点传输、共识机制、加密算法等计算机技术的新型应用模式。它本质上是一个去中心化的数据库。

2. 区块链的类型

区块链的类型可分为公有区块链、联合（行业）区块链和私有区块链。

公有区块链（Public Block Chains）是指：世界上任何个体或者团体都可以发送交易，且交易能够获得该区块链的有效确认，任何人都可以参与其共识过程。公有区块链是最早的区块链，也是应用最广泛的区块链。

行业区块链（Consortium Block Chains）：由某个群体内部指定多个预选的节点为记账人，每个块的生成由所有的预选节点共同决定（预选节点参与共识过程），其他接入节点可以参与交易，但不过问记账过程（本质上还是托管记账，只是变成分布式记账，预选节点的多少，如何决定每个块的记账者成为该区块链的主要风险点），其他任何人可以通过该区块链开放的API进行限定查询。

私有区块链（Private Block Chains）：仅仅使用区块链的总账技术进行记账，可以是一个公司，也可以是个人，独享该区块链的写入权限，与其他分布式存储方案没有太大区别。

3. 区块链的特征

区块链的特征主要有去中心化、开放性、独立性、安全性和匿名性。

去中心化：区块链技术不依赖额外的第三方管理机构或硬件设施，没有中心管制，除了自成一体的区块链本身，通过分布式核算和存储，各个节点实现了信息自我验证、传递和管理。去中心化是区块链最突出最本质的特征。

开放性：区块链技术基础是开源的，除了交易各方的私有信息被加密外，区块链的数据对所有人开放，任何人都可以通过公开的接口查询区块链数据和开发相关应用，因此整个系统信息高度透明。

独立性：基于协商一致的规范和协议，整个区块链系统不依赖其他第三方，所有节点能够在系统内自动安全地验证、交换数据，不需要任何人为的干预。

安全性：只要不能掌控全部数据节点的51%，就无法肆意操控修改网络数据，这使区块链本身变得相对安全，避免了主观人为的数据变更。

匿名性：除非有法律规范要求，单从技术上来讲，各区块节点的身份信息不需要公开或验证，信息传递可以匿名进行。

4. 区块链的应用

区块链在国际汇兑、信用证、股权登记和证券交易所等金融领域有着潜在的巨大应用价值。将区块链技术应用在金融行业中，能够省去第三方中介环节，实现点对点的直接对接，从而在大大降低成本的同时，快速完成交易支付。比如，Visa推出基于区块链技术的 Visa B2B Connect，它能为机构提供一种费用更低、更快速和安全的跨境支付方式来处理全球范围的企业对企业的交易。

通过区块链可以降低物流成本，追溯物品的生产和运送过程，并且提高供应链管理的效率。该领域被认为是区块链一个很有前景的应用方向。区块链通过节点连接的散状网络分层结构，能够在整个网络中实现信息的全面传递，并能够检验信息的准确程度。这种特性在一定程度上提高了物联网交易的便利性和智能化。区块链+大数据的解决方案就利用了大数据的自动筛选过滤模式，在区块链中建立信用资源，可提高交易的安全性，并提高物联网交易便利程度。为智能物流模式应用节约时间成本。区块链节点具有十分自由的进出能力，可独立的参与或离开区块链体系，不对整个区块链体系有任何干扰。区块链+大数据解决方案就利用了大数据的整合能力，促使物联网基础用户拓展更具有方向性，便于在智能物流的分散用户之间实现用户拓展。

区块链在公共管理、能源、交通等领域都与民众的生产生活息息相关，但是这些领域的中心化特质也带来了一些问题。区块链提供的去中心化的完全分布式DNS服务通过网络中各个节点之间的点对点数据传输服务就能实现域名的查询和解析，可用于确保某个重要的基础设施的操作系统和固件没有被篡改，可以监控软件的状态和完整性，发现不良的篡改，并确保使用了物联网技术的系统所传输的数据没用经过篡改。

通过区块链技术，可以对作品进行鉴权，证明文字、视频、音频等作品的存在，保证权属的真实、唯一性。作品在区块链上被确权后，后续交易都会进行实时记录，实现数字版权全生命周期管理，也可作为司法取证中的技术性保障。在保险理赔方面，保险机构负责资金归集、投资、理赔，往往管理和运营成本较高。通过智能合约的应用，既无须投保人申请，也无须保险公司批准，只要触发理赔条件，即可实现保单自动理赔。区块链上存储的数据，高可靠且不可篡改，天然适合用在社会公益场景。公益流程中的相关信息，如捐赠项目、募集明细、资金流向、受助人反馈等，均可以存放于区块链上，并且有条件地进行透明公开公示，方便社会监督。

8.3 虚拟现实和增强现实

8.3.1 虚拟现实

虚拟现实技术正迎来井喷式发展，并成为资本市场的热门领域。VR-Platform（Virtual Reality Platform，VRP）即虚拟现实仿真平台。该仿真软件适用性强、操作简单、功能强大、高度可视化、所见即所得。

VR-Platform 平台所有的操作都是以美工可以理解的方式进行的，不需要程序员参与。如果需操作者有良好的 3ds Max 建模和渲染基础，只需对 VR-PLATFORM 平台稍加学习和研究就可以很快制作出自己的虚拟现实场景。

作为现代科技前沿的综合体现，虚拟现实（Virtual Reality，VR）是通过人机界面对复杂数据进行可视化操作与交互的一种新的艺术语言形式，它吸引艺术家的重要之处，在于艺术思维与科技工具的密切交融和二者深层渗透所产生的全新的认知体验。与传统视窗操作下的新媒体艺术相比，交互性和扩展的人机对话，是 VR 艺术呈现其独特优势的关键所在。从整体意义上说，VR 艺术是以新型人机对话为基础的交互性的艺术形式，其最大优势在于建构作品与参与者的对话，通过对话揭示意义生成的过程。

艺术家通过对 VR 等技术的应用，可以采用更为自然的人机交互手段控制作品的形式，塑造出更具沉浸感的艺术环境和现实情况下不能实现的梦想，并赋予创造过程以新的含义。如具有 VR 性质的交互装置系统可以设置观众穿越多重感官的交互通道以及穿越装置的过程，艺术家可以借助软件和硬件的顺畅配合来促进参与者与作品之间的沟通与反馈，创造良好的参与性和可操控性；也可以通过视频界面进行动作捕捉，存储访问者的行为片段，以保持参与者的意识增强性为基础，同步放映增强效果和重新塑造、处理过的影像；通过增强现实、混合现实等形式，将数字世界和真实世界结合在一起，观众可以通过自身动作控制投影的文本，如数据手套可以提供力的反馈，可移动的场景、360° 旋转的球体空间不仅增强了作品的沉浸感，而且可以使观众进入作品的内部，操纵它、观察它的过程，甚至赋予观众参与再创造的机会。

和大部分智能硬件一样，阻隔在 VR 产业面前的是“数据计算能力”与“数据传输速度”两座大山。VR 所做的是：第一，阻断人原有的视觉输入；第二，用虚拟影像光线占据全部视觉；第三，与影像的交互，达到欺骗大脑的效果。其实视觉剥夺并不难，难的是用足以欺骗大脑的影像替代原有的视觉输入，使人产生所谓的“沉浸感”。从这个角度来说，VR 又是所有智能硬件热门趋势中最接近科幻的。想想你每秒眼睛接受的信息全部数据化，这个数据文件有多大？是应该用 G 来计算还是用 T 来计算？

现在，我们需要用设备虚拟出一个能够足以欺骗大脑的影像，而且可以和意识反馈互动，驱动这个影像的计算芯片，每秒计算速度应该是多少？显然，我们还没有办法让人们把一台超级计算机直接戴在脸上。那么，在计算力发生指数飞跃之前，现在 VR 所能呈现的内容，无论是否有互动，和左右格式 3D 视频并没有本质的区别。当然，提升终端计算力并不是目前科技发展的主流趋势。大家更希望借助于速度越来越快的网络，将主要计算放在云端进行，而直接向终端下发计算结果。

这时遇到了第二个问题：我们的网络速度真的足够快了吗？且不说一个足以欺骗大脑的影像程序，就算是 3D 电影文件，一般大小都在 20 GB 左右。如果直接从云端点播，我们需要 2～4 Mbit/s 的下行速度——理论上这是可以实现的。不过不要忽略另外一件事情，很少有移动设备的电池能够支撑 20 GB 大小数据量的持续高速下载。其原因是计算芯片速度和功耗不够理想，电池本身也不够理想。

芯片、网络、电池——芯片还得考虑计算力和功耗的平衡——都不足以支撑用技术完全虚拟一种感觉的能力。和历史上所有技术演进一样，在基础技术不足时，把落后的技术用先进的方法组合起来，试图创造超越时代的产品，就是人类科技的前沿了。从某种意义上来说，在消费市场推动左右格式 3D 视频来带动 VR 的市场教育，也是同样的手法。与计算机出现之前的时代唯一有所区别的是：我们都知道现有的过渡技术是要被淘汰的。

但人不会变，最早接受用头盔看 3D 视频的人们，大概率会成为最早接受这种虚拟视觉输入的人。VR 背后的技术，代表的是在这个网络直接向人类或者机器人提供感官输入。

这个感官输入需要更高数量级的计算能力，更高数量级的数据传输能力。自然也会要求全新的硬件构架和软件语言。这不仅仅是 VR 所必须面对但一定会翻越的技术山峰，而且是整个智能硬件行业所面对的。

8.3.2 增强现实

虚拟现实就是在计算机中建立一个虚拟的世界，比如电子游戏，以及电子游览。增强现实就是把现实增强化，比如你用手机拍一个人，手机里的程序可以自动识别这个人，并把这个人的信息显示在屏幕。

电影《碟中谍 4》中，一名特工在一只眼睛中戴上了一种特制的隐形眼镜。这种隐形眼镜能够扫描走在大街上的人脸，进行人脸识别，从而能从人群中迅速找出要找的目标，截获密码文件。

现在已经有增强现实（Augmented Reality，AR）技术的应用。比如，圆明园遗址公园发布的“数字圆明园”，即借助虚拟现实及增强现实技术“恢复”圆明园原貌。科技人员用计算机把当年圆明园的场景用数字模型建立起来，再通过光学显示，将这些数字模型叠加到现存的废墟上，真实地再现圆明园原来的场景。通过网络下载圆明园移动导览系统，可以在家中虚拟游览圆明园，也可以到实地体验导览系统的增强现实效果。

增强现实技术是一种实时地计算摄影机影像的位置及角度并加上相应图像的技术，这种技术的目标是在屏幕上把虚拟世界套在现实世界并进行互动。随着随身电子产品运算能力的提升，预期增强现实的用途将会越来越广。

增强现实技术是一种将真实世界信息和虚拟世界信息“无缝”集成的新技术，是把原本在现实世界的一定时间空间范围内很难体验到的实体信息（视觉信息、声音、味道、触觉等），通过计算机等科学技术，模拟仿真后再叠加，将虚拟的信息应用到真实世界，被人类感官所感知，从而达到超越现实的感官体验。真实的环境和虚拟的物体实时地叠加到了同一个画面或空间同时存在。

增强现实技术不仅展现了真实世界的信息，而且将虚拟的信息同时显示出来，两种信息相互补充、叠加。在视觉化的增强现实中，用户利用头盔显示器，把真实世界与电脑图形多重合成在一起，便可以看到真实的世界围绕着它。

增强现实技术包含了多媒体、三维建模、实时视频显示及控制、多传感器融合、实时跟踪及注册、场景融合等新技术与新手段。增强现实提供了在一般情况下不同于人类可以感知的信息。

AR 系统具有三个突出的特点：①真实世界和虚拟世界的信息集成；②具有实时交互性；③是在三维尺度空间中增添定位虚拟物体。AR 技术可广泛应用到军事、医疗、建筑、教育、工程、影视、娱乐等领域。

AR 技术不仅在与 VR 技术相类似的应用领域，在尖端武器、飞行器的研制与开发、数据模型的可视化、虚拟训练、娱乐与艺术等领域具有广泛的应用，而且由于其具有能够对真实环境进行增强显示输出的特性，在医疗研究与解剖训练、精密仪器制造和维修、军用飞机导航、工程设计和远程机器人控制等领域，具有比 VR 技术更加明显的优势。

- 医疗领域：医生可以利用增强现实技术，轻易地进行手术部位的精确定位。
- 军事领域：部队可以利用增强现实技术，进行方位的识别，获得实时所在地点的地理数据等数据。
- 古迹复原和数字化文化遗产保护：文化古迹的信息以增强现实的方式提供给参观者，用户不仅可以通过 HMD 看到古迹的文字解说，还能看到遗址上残缺部分的虚拟重构。
- 工业维修领域：通过头盔式显示器将多种辅助信息显示给用户，包括虚拟仪表的面板、被维修设备的内部结构、被维修设备零件图等。
- 网络视频通信领域：该系统使用增强现实和人脸跟踪技术，在通话的同时在通话者的面部实时叠加帽子、眼镜等虚拟物体，在很大程度上提高了视频对话的趣味性。
- 电视转播领域：通过增强现实技术可以在转播体育比赛的时候实时地将辅助信息叠加到画面中，使得观众可以得到更多的信息。
- 娱乐、游戏领域：增强现实游戏可以让位于全球不同地点的玩家共同进入一个真实的自然场景，以虚拟替身的形式进行网络对战。
- 旅游、展览领域：人们在浏览、参观的同时，通过增强现实技术将接收到途经建筑的相关资料，观看展品的相关数据资料。
- 市政建设规划：采用增强现实技术将规划效果叠加真实场景中以直接获得规划的效果。

增强现实要努力实现的不仅是将图像实时添加到真实的环境中，而且还要更改这些图像以适应用户的头部及眼睛的转动，以便图像始终在用户视角范围内。使增强现实系统正常工作所需的三个组件：①头戴式显示器；②跟踪系统；③移动计算能力。增强现实的开发人员的目标是将这三个组件集成到一个单元中，放置在绑定的设备中，该设备能以无线方式将信息转播到类似于普通眼镜的显示器上。

这项技术有数百种可能的应用，其中游戏和娱乐是最显而易见的应用领域。可以给人们提供即时信息的不需要人们参与任何研究的系统，在相当多的领域对所有人都是有价值的。增强现实系统可以立即识别出人们看到的事物，并且检索和显示与该景象相关的数据。

AR与VR相比，需要的图像计算数据量显然小了很多。然而，需要的算法、数据库、应用等要求比VR要高。在基础技术充分的情况下，人们可以制作精美的VR程序交予用户使用和互动。游戏、（全沉浸式、互动的）影视会是VR最普及的消费场景。

但AR进入实用要滞后很多。首先，（无差别的）视频识别需要更强大的数据库与人工智能。这不是靠游戏或影视业的成熟后期工具就可以完成的。（当然你要制作一个demo很容易，比如某手机的发布会邀请函）实用AR在不限场景中应用的技术，就和摄影术诞生一样，用绘画记事和摄影纪实完全是两个时代的东西。

其次，VR是平台，而AR是一种应用，或者说是许多应用的交互终端。这意味着整个技术生态已经从平台开始走向应用化。

最后，AR的终极交互是无介质投影。这涉及把实体变成数据和把数据变成实体。

8.4 新媒体与社交网络服务

8.4.1 新媒体

1. 新媒体的定义

新媒体是相对于传统媒体而言的，是报刊、广播、电视等传统媒体以后发展起来的新的媒体形态，是利用数字技术、网络技术、移动技术，通过互联网、无线通信网、卫星等渠道以及计算机、手机、数字电视机等终端，向用户提供信息和娱乐服务的传播形态和媒体形态。严格来说，新媒体应该称为数字化媒体。清华大学的熊澄宇教授认为："新媒体是一个不断变化的概念。在今天网络基础上又有延伸，无线移动的问题，还有出现其他新的媒体形态，跟计算机相关的。这都可以说是新媒体。"

新媒体新在哪里，首先必须有革新的一面，技术上革新，形式上革新，理念上革新，笔者认为后者更重要。单纯形式上革新、技术上革新称为改良更合适，不足以证明其为新媒体。理念上革新是新媒体的定义的核心内容。

关于新媒体的定义有十多种，而被划归为新媒体的介质也从新兴媒体的"网络媒体""手机媒体""互动电视"，到新兴媒体的"车载移动电视""楼宇电视""户外高清视频"等不一而足。内涵与外延的混乱不清，边界与范畴的模糊不明，既反映出新媒体发展之快、变化之多，也说明关于新媒体的研究目前尚不成熟、不系统。

在当前新媒体已经从更为现实和务实的角度出发，抓住"数字技术、互联网技术、移动通信技术"的技术维度和"双向传播、用户创造内容"的传播维度两个指标，把新媒体限定为"网络媒体"和"移动媒体"两大类型，由此确定新媒体编辑的对象与框架。

2. 新媒体的类型

（1）手机媒体

手机媒体是借助手机进行信息传播的工具。随着通信技术、计算机技术的发展与普及，手机将逐渐成为具有通信功能的迷你型计算机。手机媒体是网络媒体的延伸，它除

了具有网络媒体的优势之外，还具有携带方便的特点。手机媒体真正跨越了地域和计算机终端的限制，拥有声音和振动的提示，能够做到与新闻同步；接收方式由静态向动态演变，受众的自主地位得到提高，可以自主选择和发布信息，信息的及时互动或暂时延宕得以自主实现；使得人际传播与大众传播完满结合。

（2）数字电视

数字电视就是指从演播室到发射、传输、接收的所有环节都是使用数字电视信号，或对该系统所有的信号传播都是通过由0和1数字串所构成的数字流来传播的电视类型。数字信号的传播速率是19.39 MB/s，如此大的数据流的传递保证了数字电视的高清晰度，克服了模拟电视的先天不足。

（3）互联网新媒体

互联网新媒体包括网络电视、博客、播客、视频、电子杂志等。

网络电视（Internet Protocol Television，IPTV）是以宽带网络为载体，通过电视服务器将传统的卫星电视节目经重新编码成流媒体的形式，经网络传输给用户收看的一种视讯服务。网络电视具有互动个性化、节目丰富多样、收视方便快捷等特点。

博客指写作或是拥有Blog（或Weblog）的人；Blog（或Weblog）指网络日志，是一种个人传播自己思想，带有知识集合链接的出版方式。博客（动词）指在博客的虚拟空间中发布文章等各种形式信息的过程。博客有三大主要作用：个人自由表达和出版；知识过滤与积累；深度交流沟通的网络新方式。

播客通常是指把那些自我录制广播节目并通过网络发布的人。

视频（Video）泛指将一系列的静态影像以电信号方式加以捕捉、记录、处理、存储、传送与重现的各种技术。连续的图像变化每秒超过24帧画面以上时，根据视觉暂留原理，人眼无法辨别单幅的静态画面，看上去是平滑连续的视觉效果，这样连续的画面称为视频。同时，视频也指新兴的交流、沟通工具，是基于互联网的一种设备及软件，用户可通过视频看到对方的仪容、听到对方的声音，是可视电话的雏形。视频技术最早是为了电视系统而发展，但是现在已经发展为各种不同的格式以利于消费者将视频记录下来。网络技术的发达也促使视频的记录片段以串流媒体的形式存在于因特网之上，并可被计算机接收与播放。

电子杂志一般是指用Flash的方式将音频、视频、图片、文字及动画等集成展示的一种新媒体，因展示形式有如传统杂志，具有翻页效果，故名电子杂志。一般一本电子杂志的体积都较大，小则几兆字节，多则上百兆字节，因此，一般电子杂志网站都提供客户端订阅器，供杂志的下载与订阅，而订阅器多采用流行的P2P技术，以提高下载速度。电子杂志是Web 2.0的代表性应用之一。它具有发行方便、发行量大等特点。

（4）户外新媒体

户外新媒体是新近产生的，有别于传统的户外媒体形式（广告牌、灯箱、车体等）的新型户外媒体。户外新媒体以液晶电视为载体，如楼宇电视、公交电视、地铁电视、列车电视、航空电视、大型LED屏等，主要是新材料、新技术、新媒体、新设备的应用，或与传统的户外媒体形式的相结合，使得传统的户外媒体形式有质的提升。

8.4.2 社交网络服务

社交网络服务（Social Network Service，SNS）包括了社交软件和社交网站，是指基于人与人之间共同的认知、兴趣、背景等属性而建立起社交关系的互联网平台，如因为相同话题聚集起来的 BBS、因为共同学习经历聚集起来的校友圈、因为相似兴趣爱好聚集起来的网络游戏社区等。SNS 也指 Social Network Software（社交网络软件），是一个采用分布式技术构建的基于个人的网络基础软件。

SNS 平台一般具有即时通信、聊天交友、音视频分享、博客、播客等丰富功能，附带实名制、隐私保护、个性化装扮、网络游戏等辅助功能，并与时俱进地加入朋友圈、定时销毁、阅后即焚、邀请回答等新兴功能。SNS 平台的用户也呈现数量庞大、准入门槛低、黏性高、自觉生产内容等特点。

互联网的普及也催生了各种 SNS 网站的流行，国内的 SNS 网站也可谓是百花齐放。国际知名的 SNS 平台包括 Google+、Myspace、Plurk 等。国内主流的 SNS 网站则有人人网、QQ 空间、百度贴吧、微博等。

目前针对移动互联网的软件或称 App（Application，应用）层出不穷，品种繁多，可分为系统安全、影音视听、新闻阅读、网络社交、购物旅游等。

移动社交是指用户以手机、平板等移动终端为载体，以在线识别用户及交换信息为基础，通过移动互联网络来实现的社交应用功能。移动社交不包括打电话、发短信等通信业务。与传统的 PC 端社交相比，移动社交具有人机交互、实时场景等特点，能够让用户随时随地创造并分享内容，让网络最大限度地服务于个人的现实生活。

同传统社交网络不同，手机比 PC 有着天然的联系人属性、实名属性和位置属性，可以大大降低信任成本，同时又具有很强的便利性，满足了人们时时社交、永不离线的需求，加上智能设备的快速普及，移动社交在发展规模和发展远景上都比互联网社交更具有想象力。

目前，国内最为活跃的移动社交应用有微信、QQ、微博、百度贴吧等，即时通信（聊天）类软件大部分也属于社交软件。

8.5 拓展阅读

1. 人工智能的突破口

有三个突破将推动人工智能的发展。

第一个是廉价的并行计算。直到最近几十年，计算机处理器一次都只能处理一个任务。这种状况在图形处理器（GPU）芯片被发明出来以处理电视游戏所要求的同时进行多像素计算的视觉任务时开始改变。到 2005 年，GPU 被大量生产出来并且变得更为廉价。在 GPU 上运行的网络使得网景这样的公司可以为它超过 5 000 万的用户提供可靠的推荐。

第二个是大数据的应用。智能是习得的。人工智能的突破需要依靠大数据的收集，这提供了改善人工智能所需要的材料。大规模数据库、浏览器数据、搜索结果都能成为使人工智能变得更聪明的老师。

第三个是更出色的算法。数字神经网络在20世纪50年代被发明，它的关键是层叠分析。比如，当要识别脸部时，神经网络中的智能传送要首先识别出一只眼睛，然后把两只眼睛组合起来，把这个数据块传送到另一个和鼻子相关的层次结构中，它需要采取数以万计的节点，通过15个层级才能把人脸识别出来。2006年，多伦多大学的杰夫辛顿对这个方法做出了调整。这个被称为深度学习的方法可以数字化地优化每一层的结果，使得这个分析过程变得更快。数年后，当深度学习算法被移植到GPU后，获得了更加快速的发展，它是现代人工智能技术的重要元素。

2. 无人机占领天空

如今，在智能硬件市场，无人机（见图8-1）已然成为当前科技消费领域的热点，而随着消费级无人机的不断推广，无人机更是越来越频繁地参与到人们日常的生活当中。无论是娱乐，抑或是运送快递，无人机都起着更为突出的作用。一些国家也对无人机的使用制定了相关法规。

无人机已经被证实在农业、搜索、救援、建筑等领域大有作为。当然也有很多质疑，包括对其安全性的担忧。但对无人机爱好者来说，这些问题只待技术就能解决。霍尔迪·穆尼奥斯是无人机的先驱之一，他对模型飞机尤为沉迷，曾从Nintendo Wii控制器中剥离运动场暗器，并将它们连接到一块GPS芯片和微型开源计算机里，结果这个自动驾驶系统将模型飞机转变为能进行预编程飞行“任务”的无人驾驶飞机。随后，他和《连线》编辑安德森决定一起创业，并把公司起名为3D机器人。

无人机的追随者预测，五年内，无人机将能就语音命令做出反应，能遛狗和照顾孩子。十年内，无人飞机将逐渐取代有人驾驶飞机，运载货物和乘客。

3. 3D打印技术

3D打印技术是快速成型技术的一种，它以数字模型文件为基础，运用粉末状金属或塑料等可黏合材料，通过逐层打印的方式来构造物体的技术。3D打印机出现在20世纪90年代中期，是一种利用光固化和纸层叠等技术的快速成型装置，如图8-2所示。它与普通打印机工作原理基本相同，打印机内装有液体或粉末等“印材料”，与计算机连接后，通过计算机控制把“打印材料”一层层叠加起来，最终把计算机上的蓝图变成实物。如今这一技术在多个领域得到应用，人们用它来制造服装、建筑模型、汽车、巧克力甜品等。

图8-1 无人机

图8-2 3D打印机

3D打印技术的优点：3D打印技术的魅力在于它不需要在工厂操作，桌面打印机可以打印出小物品，人们可以将其放在办公室一角、商店甚至房子里；而自行车车架、汽车方向盘甚至飞机零件等大物品，则需要更大的打印机和更大的放置空间。

3D打印技术发展趋势：现在3D打印技术还不够成熟，材料特定、造价高昂，打印出来的还都处于模型阶段，也就是说真正用于生活应用的还并不多，但3D打印技术的前景很好，未来将有可能得到普及，进入我们的生活。

3D打印通常是采用数字技术材料打印机来实现的。通常生产成本的80%是在设计阶段决定的，设计阶段是控制产品成本的重要环节。过去其常在模具制造、工业设计等领域被用于制造模型，现正逐渐用于一些产品的直接制造，已经有使用这种技术打印而成的零部件。

军事装备的零件大多是形状复杂，利用传统加工方法难以制造，无非就是打磨切割和铸造，利用3D打印可以直接打印出来，节约工时成本。3D打印技术简单，易于操作，避免了委外加工的数据泄密和巨大的耗时，对于军事行业尤为重要。军事行业对于设备研发、改进十分重视，经常进行单件试制、小批量出产，由于3D打印的制造准备和数据转换的时间大幅减少，生产研发周期和成本降低，可以减少费用支出，满足其他军事项目的需要。

4. 液体3D打印

一家名为Carbon3D的创业公司发明了一种新的3D打印技术，看起来犹如科幻电影《终结者2》中液态金属机器人。该公司采用的技术不同于以往的3D打印技术，但是却和传统技术有着相同的原理：通过在平台上一层层地堆叠物质使之成型。

北卡罗来纳州大学的科学家们已在著名学术期刊《科学》(*Science*)上发表了相关文章，并把这种技术成为“连续液面生长”(Continuous Liquid Interface Production，CLIP)，如图8-3所示。

图8-3　3D液体打印机

CLIP使用的打印物质是一种光致聚合作用的树脂，这种树脂在紫外线照射下会固化成型，其作用就如同雕刻产品的刀刃。液池下方的投影装置，让紫外线按照打印物件每一层剖面的形状照射液面。与此同时，当打印的某一层完成后，生长平台会向上提起，在刚刚长成的一层树脂上再长出新层。

小　　结

计算机科学前沿技术的分支有很多，本章简要介绍了几个共用性强的分支，对于本章的学习可以看作知识扩展，建议结合自己的专业需求提高面向问题求解的思维能力。

习　　题

一、问答题

1. 你所理解的云计算、物联网和区块链是什么？
2. 虚拟现实和增强现实有何区别异同？试举例说明。
3. 你认为的新媒体技术有哪些？

参考文献

[1] 教育部高等学校大学计算机课程教学指导委员会. 大学计算机基础课程教学基本要求[M]. 北京：高等教育出版社，2017.

[2] 何显文，钟琦，尹华. 大学信息技术基础[M]. 北京：电子工业出版社，2017.

[3] 陆汉权. 数据与计算[M]. 4 版. 北京：电子工业出版社，2019.

[4] 战德臣，张丽杰. 大学计算机[M]. 3 版. 北京：高等教育出版社，2019.

[5] 顾刚. 大学计算机基础[M]. 4 版. 北京：高等教育出版社，2019.

[6] 王移芝. 大学计算机[M]. 6 版. 北京：高等教育出版社，2019.

[7] 赵广辉. Python 语言及其应用[M]. 北京：中国铁道出版社有限公司，2019.

[8] 杜春涛. 新编大学计算机基础教程[M]. 北京：中国铁道出版社有限公司，2018.